Design Sketching
of Smart Interactive Products

Guide You from 0 to 1 for
a Quick Start

Weng Zhenhuan／Zhang Zhixuan／Li Xin
翁振环／张织璇／李昕 著

智能交互
产品设计手绘

带你从0到1快速入门

同济大学出版社·上海 Tongji University Press·Shanghai

作者简介

翁振环

同济大学工业设计工程硕士,德国包豪斯大学媒体建筑方向硕士;资深设计手绘导师,致力于研究交互设计、工业设计、服务设计等前沿设计领域的创新设计手绘。

曾获得同济大学创业"扬帆奖",入选"昆山人才"。她研发的"跟着包豪斯学姐学手绘——从0到1系统学手绘"课程,已经成功帮助数千名学生进入工业设计、交互设计等领域。

张织璇

深圳职业技术大学工业设计专业教师,主要研究方向为产品创新设计。

李昕

南通大学艺术学院数字媒体艺术专业教师,设计学博士。主要研究方向为数字媒体艺术、人工智能艺术、交互设计等。

序一
智能时代的"快"与"慢"

杨文庆

同济大学设计创意学院副教授
上海国际设计创新学院教授(长聘轨、设计实践型)
龙域创新 LOE DESIGN 创始人

在数字化与智能化深度融合的今天,设计的表达似乎越来越容易。AI 数秒便能生成数百张图片,AI 建模也逐步成熟。产品设计不但可以"脱口而出",甚至可以"出口成模"。因此,很多人都会产生疑问:对于设计师来说,手绘还有什么用?

在同济大学设计创意学院,基础课程"设计思维与表达"涉及诸多手绘训练环节,但其目的并非追求"炫酷"的画面效果,而是教会学生如何快速表达脑海中的想法。产品手绘的另一种说法叫"草图",这沿用了建筑学中对手绘效果图的简称。在概念设计阶段,建筑师常使用硫酸纸和笔,历经"一草""二草""三草",不断迭代优化设计方案。在没有计算机辅助设计的年代,绘制草图是一种低成本、高效率的设计方式。

欧美产品设计师也尤其青睐手工制作的"草模"。他们常常利用纸板、泡沫等看似不起眼的廉价材料,塑造多种产品造型方案,再逐步推敲、演进、细化,最终才着手进行建模和渲染。在与丹麦顶级视听品牌 B&O 的设计师交流时,他们把这一过程称为"煲汤"(stew)。在 B&O 的产品中,我相信你能体会到一种历经时间沉淀与凝固的独特韵味。

在数字产品设计的长期影响下,敏捷开发思维已渗透入硬件产品设计领域。如何将"研究—原型—测试—迭代"这一快速优化数字产品的流程转化应用在硬件产品设计中,是所有设计师都会面对的难题。其实,以手绘表达结合草模、原型样机等手段,是最为"敏捷"的产品设计方式。

另外,AIGC 的爆发,也让设计师陷入焦虑之中。文生图工具愈发便利,"人人都是设计师"的时代或许已经近在咫尺。这倒是一个重新定义"设计师"的好时机,或者干脆换用"造物师"这一称谓,以与目前定义的"设计师"相区别。但是,如果想更加精准地表达设计方案的形式、色彩、材质等细节,仅靠文生图工具还远远不够。相反,一张草图就能让 AI 更加了解你的想法——掌握了设计手绘,就多了一种与 AI 交流的"语言"。

总之,在算法辅助设计日益普及的当下,手绘的价值不仅在于快速表现创意,更在于助力设计思考,帮助设计师、设计学习者培养设计逻辑、设计意识等基本素养。作为一本设计手绘教材,本书突破性地将智能交互产品纳入教学框架，旨在构建一套适应智能产品设计需求的手绘教学体系，填补传统手绘教材在软硬件协同表达领域的缺失。传统手绘教学多聚焦于实体造型的透视与材质表现，而智能交互产品的设计需要处理好硬件物理形式与软件数字界面的关系。智能交互产品手绘已从传统的形态推演工具，演变为整合硬件结构、交互逻辑与用户体验的系统化表达语言。针对以上内容，本书都有较完整的教学篇幅，并结合案例以便读者理解。对于智能时代的设计爱好者和设计学习者，本书是一本学习手绘方法、打牢设计基础的优质书籍，它提供了一套从概念构思到产品落地的完整设计思维工具。

序二

王鹿
迎想创新咨询联合创始人 /CXO
飞利浦体验设计 Experience Lead
上海交通大学设计学院特聘行业导师

作为一个曾在工业设计领域工作多年的设计师，我深知手绘的重要性。它不仅是创意的起点，更是设计师与产品之间最直接的对话方式。

第一次看到《智能交互产品设计手绘》这本书时，我内心充满了震撼和感动。震撼在于，如此系统、深入地教授设计手绘的书籍，我还是第一次看到。本书从最基础的线条讲起，逐步带领读者掌握手绘的原理、方法和技巧，最后深入到复杂的软、硬件产品设计。它不仅适合初学者入门，也能帮助进阶者提升手绘能力。书中还特别强调了产品的智能交互属性，能引导读者在设计中融合先进技术与创新思维，从而开启智能设计的大门。

感动，则是因为书中的内容唤起了我太多回忆。十多年前，我在华硕上海设计中心工作时，曾带领工业设计团队设计新一代 ROG（Republic of Games）游戏笔记本电脑。彼时，几位设计师在会议室大桌上铺开草图评审方案。渐渐地，草图多到铺满了整个会议室的地面。大家专注地挑选、归类设计方案，用圆点贴纸投票决定哪些设计方向可以进入下一轮的泡沫模型制作环节。手绘图中的产品造型，在设计师的眼中、脑中和手中反复优化和迭代。每一次专注投入手绘，我都能感受到心流体验，往往会忘记时间，完全沉浸在设计之中。

这种对手绘的热爱和对设计的执着，一直伴随着我。即使在飞利浦从事体验设计工作期间，手绘的机会少了，但此前多年积累的形态与空间方面的扎实基础，仍然能帮助我更好地理解用户和产品的关系。无论是对造型与材质还是对比例与美感的把握，都在可用性测试等重要环节发挥着巨大的作用，让我在工作中更加自信和高效。例如，在一款医疗设备的可用性测试中，对人机尺寸比例的把握，使我能够更好地理解中国用户的使用习惯和需求，从而设计出更符合人体工程学原理的产品。

希望这本书能激发你对设计的热爱和探索精神。设计并非只是形态和技术的堆砌，更是对生活的理解和对未来的憧憬。愿你在学习手绘的过程中，不仅能掌握新技能，更能找到属于自己的设计之道。去练习手绘吧，这项本领将伴你终生！

CONTENTS 目录

序一　智能时代的"快"与"慢"　05
序二　07

PART 1
手绘基本功训练
Basic Hand-Drawing Training

第 1 章　线条的快速表现
Chapter 1　Quick Representation of Lines
1.1　线条的基础知识　13
　　　Basics of Lines
1.2　正确的绘图姿态　14
　　　The Correct Drawing Posture
1.3　线条的表现方法　16
　　　Representation Methods of Lines
1.4　线条的属性　22
　　　Properties of Lines

第 2 章　透视的原理与表现
Chapter 2　Principles and Representation of Perspective
2.1　透视的基础知识　32
　　　Basics of Perspective
2.2　透视的原理讲解　37
　　　Explanation of Perspective Principles

第 3 章　圆、椭圆与圆柱的快速表现
Chapter 3　Quick Representation of Circles, Ellipses and Cylinders
3.1　圆的绘制技巧　50
　　　Drawing Techniques of Circles
3.2　椭圆的绘制技巧　55
　　　Drawing Techniques of Ellipses
3.3　圆柱的绘制技巧　62
　　　Drawing Techniques of Cylinders

PART 2
产品造型基础
Basics of Product Styling

第 4 章　产品倒角的快速表现
Chapter 4　Quick Representation of Chamfering in Products
4.1　产品倒角的作用　73
　　　The Role of Chamfering in Products
4.2　产品倒角的分类及绘制方法　74
　　　Types and Drawing Methods of Chamfering in Products

第 5 章　产品转角度的快速表现
Chapter 5　Quick Representation of Product Rotation
5.1　产品转角度的作用及基本原则　86
　　　The Role and Basic Principles of Product Rotation
5.2　产品转角度的绘制技巧　88
　　　Drawing Techniques of Product Rotation

第 6 章　产品造型方法与技巧
Chapter 6　Methods and Techniques of Product Styling
6.1　产品造型设计原则　102
　　　Principles of Product Styling
6.2　产品造型设计技巧　104
　　　Techniques of Product Styling

PART 3
马克笔上色与产品分析
Coloring with Marker Pens and Product Analysis

第 7 章　马克笔使用与光影关系表达
Chapter 7　Marker Pens and Representation of Light and Shadow Relationship
7.1　马克笔特性介绍　117
　　　The Introduction to Characteristics of Marker Pens
7.2　马克笔上色技巧　119
　　　Techniques of Coloring with Marker Pens
7.3　光影的基础知识　122
　　　Basics of Light and Shadow

7.4 光影的表现技巧　124
　　Representation Techniques of Light and Shadow

第 8 章　不同材质的快速表现
Chapter 8　Quick Representation of Different Materials

8.1 塑料材质的表达　136
　　Representation of Plastic
8.2 金属材质的表达　137
　　Representation of Metal
8.3 橡胶材质的表达　139
　　Representation of Rubber
8.4 玻璃材质的表达　140
　　Representation of Glass
8.5 木头材质的表达　142
　　Representation of Wood
8.6 布料材质的表达　144
　　Representation of Fabric

第 9 章　产品设计与分析
Chapter 9　Product Design and Analysis

9.1 产品草图设计　153
　　Product Sketch Design
9.2 CMF 分析　158
　　CMF Analysis
9.3 产品细节表现　159
　　Representation of Product Details

PART 4
软硬件智能交互产品表达
Representation of Smart Interactive Hardware and Software Products

第 10 章　交互软件绘制技巧
Chapter 10　Drawing Techniques of Interactive Software

10.1 图标的设计原理与绘制技巧　165
　　Design Principles and Drawing Techniques of Icons
10.2 低保真界面及其绘制技巧　168
　　Low-Fidelity Interface and its Drawing Techniques
10.3 高保真界面及其绘制技巧　171
　　High-Fidelity Interface and its Drawing Techniques
10.4 交互界面手势表达　173
　　Representation of Gestures on Interactive Interface

第 11 章　智能交互产品表达（偏软件）
Chapter 11　Representation of Smart Interactive Software Products

11.1 智能手机界面　176
　　Smartphone Interface
11.2 智能手表界面　182
　　Smart Watch Interface
11.3 网页与 iPad 界面　184
　　Web Page & iPad Interface
11.4 智能车载 HMI　188
　　Smart Vehicle HMI

第 12 章　智能交互产品表达（偏硬件）
Chapter 12　Representation of Smart Interactive Hardware Products

12.1 增强 / 虚拟现实设备　196
　　AR/VR Devices
12.2 智能教育娱乐产品　204
　　Smart Educational and Entertaining Products
12.3 智能医疗产品　207
　　Smart Medical Products
12.4 智能可穿戴产品　212
　　Smart Wearables
12.5 智能户外产品　220
　　Smart Outdoor Products
12.6 智能家用电器　224
　　Smart Household Appliances
12.7 智能机器人　234
　　Smart Robots
12.8 智能交通工具　246
　　Smart Vehicles

PART 1

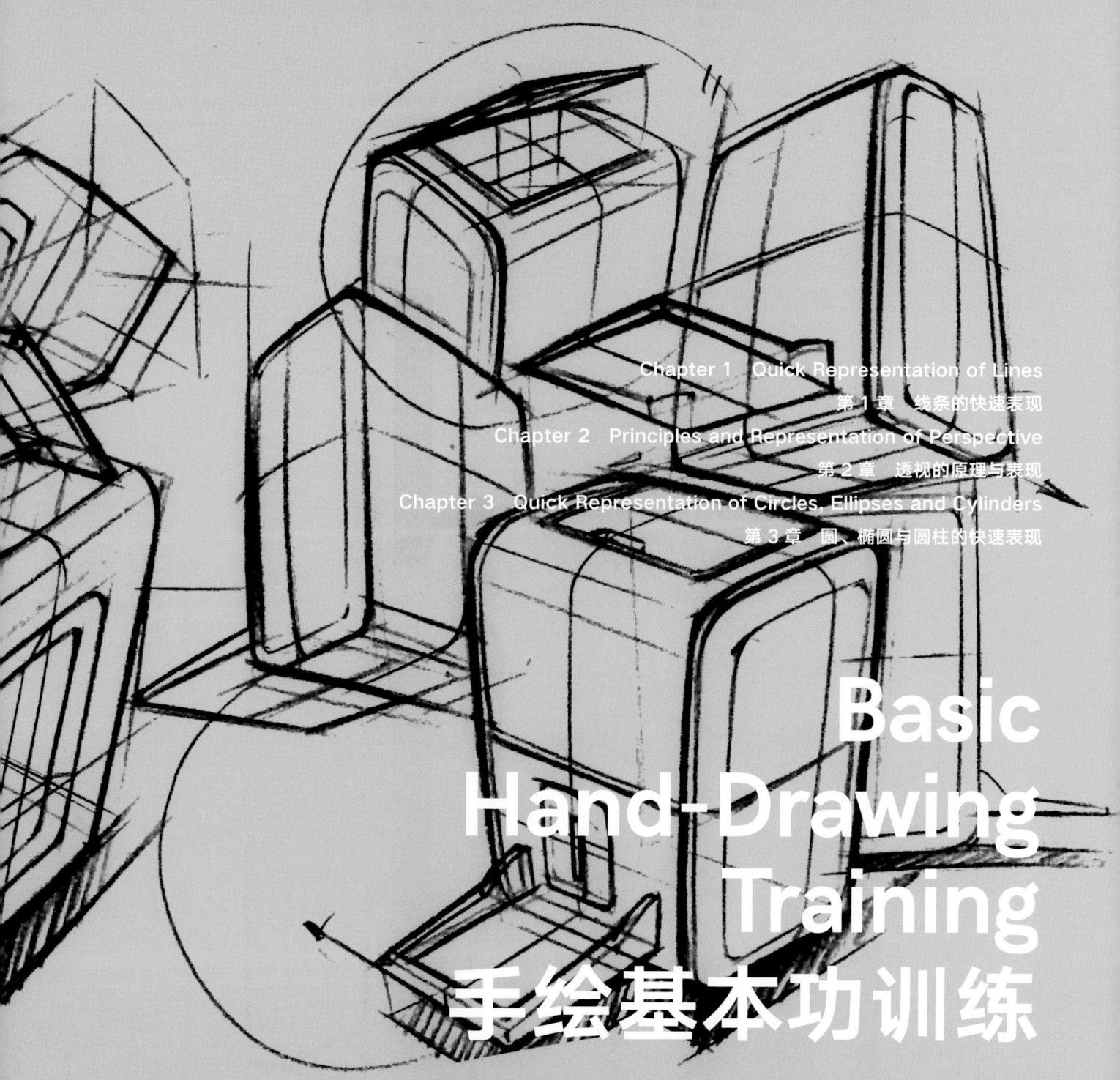

Chapter 1　Quick Representation of Lines
第 1 章　线条的快速表现

Chapter 2　Principles and Representation of Perspective
第 2 章　透视的原理与表现

Chapter 3　Quick Representation of Circles, Ellipses and Cylinders
第 3 章　圆、椭圆与圆柱的快速表现

Basic Hand-Drawing Training
手绘基本功训练

Chapter 1
第 1 章

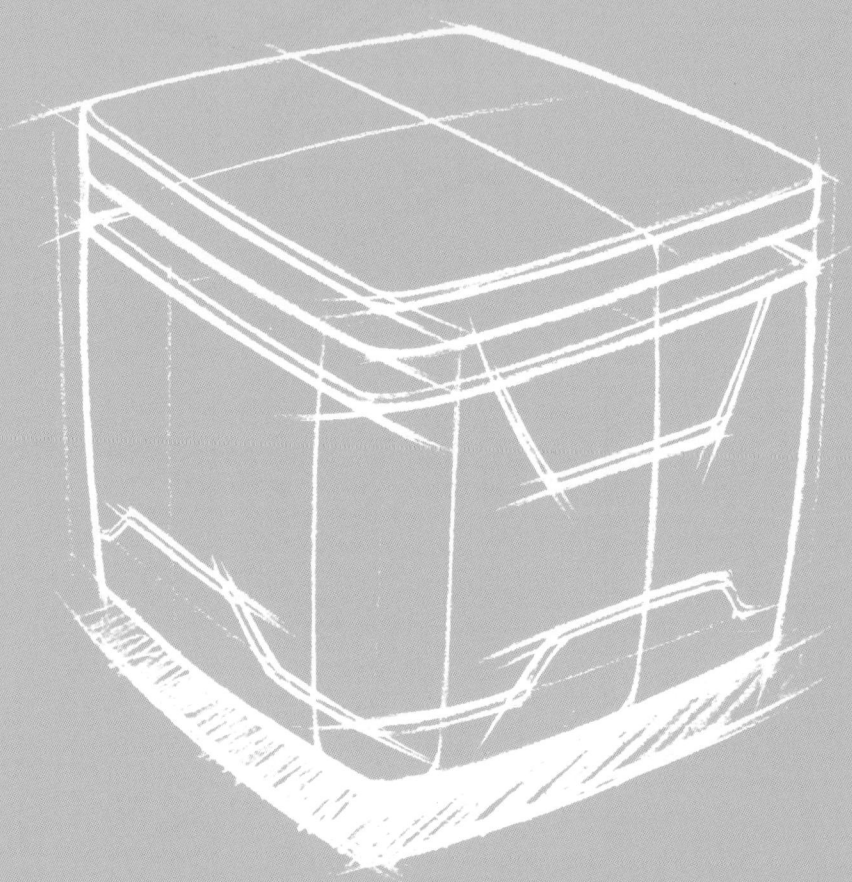

Quick Representation of Lines
线条的
快速表现

1.1 Basics of Lines
线条的基础知识

线条练习是手绘基本功训练的重要组成部分，掌握线条的基础知识和训练方法是练好线条的基础。明确线条在手绘中的重要作用可以帮助我们树立良好的手绘学习观，即"手绘基础往往是通过处理好看似简单而微小的细节而得以提升的"。为了更好地凸显手绘形体的功能分区和重点展示区域，我们需要根据形体上的线条属性和表现形式进行类别划分，并采用相对应的训练方法，进而达到充分练习线条的学习目标。

1.1.1 线条的作用

线条是构成手绘形体的基础，就像砖块是构建房屋的基础一样。任何一个手绘初学者都要了解并熟练掌握各种线条的绘制方法与技巧。线条的绘制与应用并不像公式一样所知即所得，而是需要长时间的练习以让自己的手臂形成一定的肌肉记忆，从而达到能够熟练运用各种线条去表达形体轮廓和细节的目标。如果说对透视原理和产品造型比例的学习是对形式美学的培养，那线条练习就是对手绘基本功的培养。

准确的线条能够让产品的形态结构更加明确清晰。同时，掌握好绘制线条的技能，也能够让你在设计思路迸发的时候，快速将其转化为具体的方案。熟练地绘制线条不仅对产品形体的表现有很大帮助，还对交互界面的表达、人机关系图的绘制等任何涉及基本绘画的内容模块都有较好的提升效果。

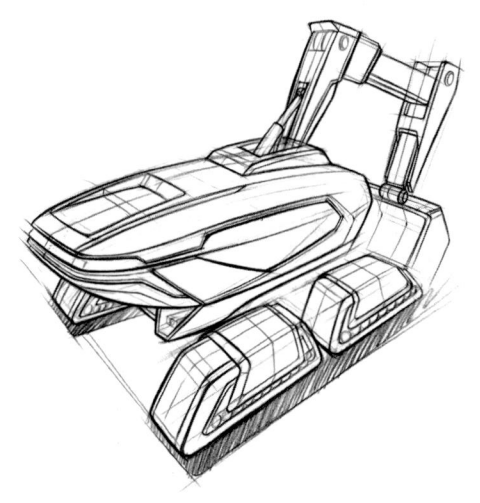

1.1.2 优秀手绘线条的特点

优秀的手绘线条需要具备以下三个特点：

（1）稳：线条应平稳顺滑，直线和曲线都不应剧烈抖动。

（2）准：在两点之间定点连线，需要具备一定的准确性。

线条的作用是组成各种图形，只有线条绘制得准确，才能清晰表达设计方案。

（3）力量感/轻重线条有对比：运用线条搭建好形体的骨骼之后，需要控制线条的轻重变化。重的线条有助于引起人们在视觉上的重视，突出想要重点表达的结构，明确产品设计的亮点。使用彩色铅笔绘制形体时，可以通过控制用笔的力度来调节线条的轻重；使用针管笔绘制形体时，也可以通过更换不同粗细的笔头来形成鲜明的线条轻重对比。

如右侧展示的运动水杯线稿图所示，左上角的形体线条干净有力度，椭圆绘制较准确，结构清晰分明，可以很好地表现出瓶盖按扣的细节和杯带的结构；而右下角的形体线条不够连贯，每根轮廓线均是由短线蹭出来的，这样的轮廓看起来较毛糙，体感扭曲，影响人们对该产品结构设计的理解。

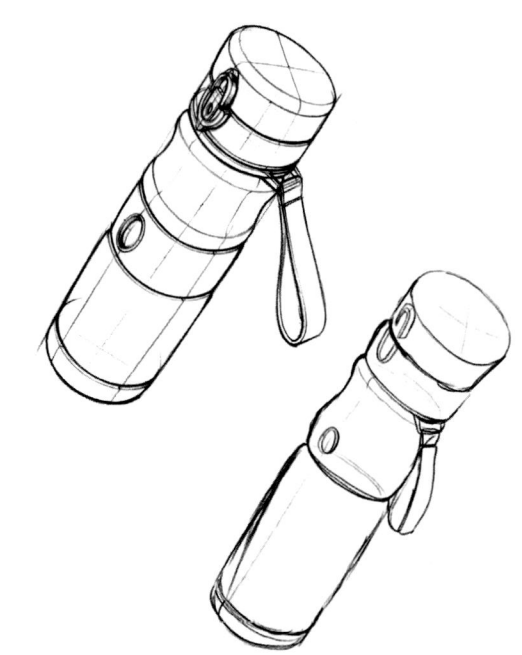

1.2 The Correct Drawing Posture
正确的绘图姿态

培养正确的绘图姿态，有利于提高绘图的效率，减轻身体的疲劳感。本小节从讲解正确的坐姿和正确的运笔姿势入手，帮助大家有效调整绘图姿态，解决在练习线条时不知应使用何种运笔姿态的困惑。

1.2.1 坐姿

现今，很多同学由于长期具有不良的书写习惯，在绘画的时候坐姿也不端正，会出现头歪、肩斜、腰弯等现象。不正确的绘画或书写姿势会导致近视、斜视、驼背等各种身体问题，也会影响绘图效率。绘画时采用正确的坐姿，不仅能够减轻长

双脚自然放平与肩同宽　　脚平

时间绘画或书写带来的疲劳感，还有助于将线条和产品形态绘制得更加准确。

坐姿正确，应达到和书写时相同的要求，即"一直一正二平"，如第 14 页中的图片所示。具体来说，就是身体（腰）直、头正、肩平、脚平。正面面对桌子，胸部与桌面边缘保持 10cm 左右的距离，以免距离过近而影响绘图时的转纸等动作。两脚应平直地放在地面上，与肩膀同宽，小腿和脚部放松，身体重量集中在臀部，由椅子提供支撑。腰背挺直尤为重要，因为它直接影响绘图时视觉角度是否正确，长时间的弯腰也会严重影响绘图者的身体形态。同时，颈部和腰部中心应保持同一直线的正位，头也要保持正位，但可以微微下俯，目视绘图纸面。

1.2.2　运笔姿态

绘制直线时，握笔姿势应调整至舒服自然的状态，大拇指和食指轻轻夹住笔杆，并用其余三指托住。笔杆微微向后倾斜，靠在手的虎口位置。手指与笔尖的距离要适中，过近会挡住视线，影响绘图者对线条的实时观察；过远则画出的线条不实，且绘图时不容易控制力度。应多次练习，找到适合自己的握笔姿态，直至可以游刃有余地在画面上绘制出所需线条的形态。

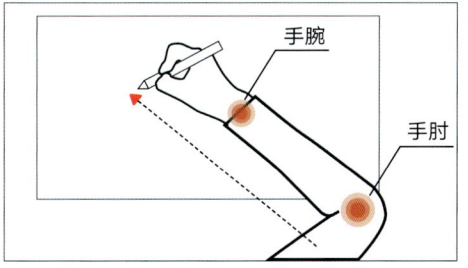

在绘制线条时，握笔的手掌、手腕以及小臂相对保持直线状态。

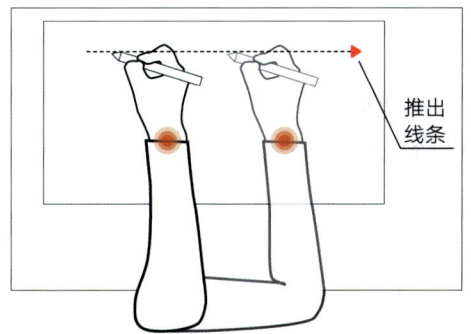

绘制长直线时，手腕保持不动，依靠大臂的左右移动快速推出线条。

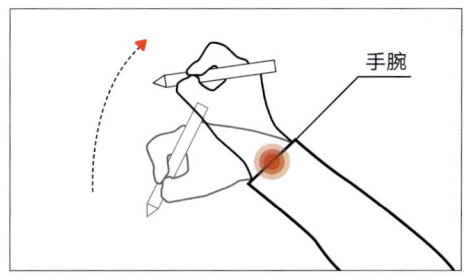

短线条可以直接通过转动手腕来绘制，但通常转动手腕会使线条带有轻微的弧度，需在此过程中动态调节握笔姿态。

1.3 Representation Methods of Lines
线条的表现方法

线条绘制演示

按形态分，产品中的线条可分为直线和曲线。直线的练习可以帮助我们有效提升手眼协调能力，曲线的训练则可以帮助我们表达更加丰富的有机形态。

1.3.1 直线训练

直线练习是线条训练的第一阶段。直线看似简单，但在手绘学习初期会经常出现画不直、线条没有力量感等共性问题。提高直线绘制质量的第一步是明确线条的分类，每一类直线都有独特的发力方式和绘制标准。分门别类进行针对性练习可以提升绘制线条的准确度，夯实手绘基本功。

绘制产品时常用到的直线种类大致有三种：第一种是两头轻中间重的直线，第二种是射线，第三种是重合线。三种线条形式的特点和绘制方法如下。

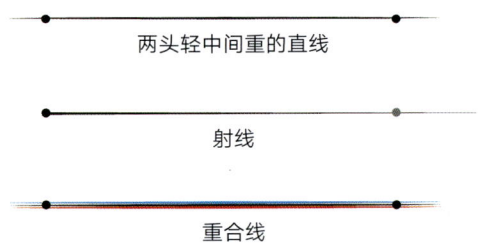

❶ **两头轻中间重的直线**

在产品手绘中，经常使用两头轻中间重的线条来塑造产品的形态轮廓。由于这类线条的两端较轻，当线与线之间需要衔接时，能相对自然地相互融合。尤其在对产品进行倒角时，两头轻的线条在连接处更容易修型，更便于我们调整产品的基础骨架，绘制出想要的产品形态。

在绘制两头轻中间重的直线时，起笔使用较轻的力量推出线条，在绘制过程中逐渐加大力度，在线条中段位置达到峰值，随后再逐渐减弱，最后借助惯性将线条尾端自然推出，这样就形成了两头轻中间重的线条形态。

在使用彩色铅笔绘制线条时，用笔力度越大，线条越重，因此我们可以通过调节用笔力量来绘制出不同浓度的线条，增

强线稿的明暗对比，以此区分产品中的不同结构部件，并突出想要重点表达的产品细节。

轻线条适合起形，用于确定产品的结构与比例，方便调整形态；力度中等的线条适用于区分产品的各部分结构、刻画产品的功能细节；重线条适用于产品的轮廓线和阴影区域的绘制，用以更好地呈现产品的整体造型。

如右上图所示，在绘制一个形体前，我们可以先使用整体较轻的两头轻中间重的线条进行形态的构建，线条衔接处可以进行二次调整。由于线条整体较轻，不会对画面造成太大的影响。当我们使用较重的线条去刻画形体时，较轻的线条在对比之下就会被人眼自动忽略。总体而言，重线条在画面中更能吸引人的注意力，有助于凸显重要的结构，而轻线条构建的图形在线稿加重后会被弱化。在轻重结合的形体线稿上，一明一暗，有深有浅，共同塑造出产品形态的韵律美与结构美。

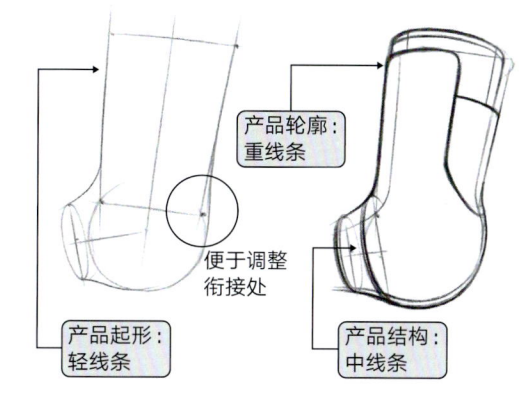

产品轮廓：重线条
便于调整衔接处
产品起形：轻线条
产品结构：中线条

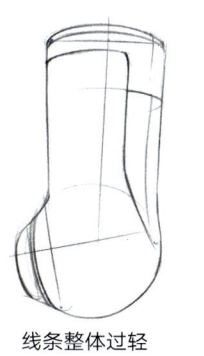
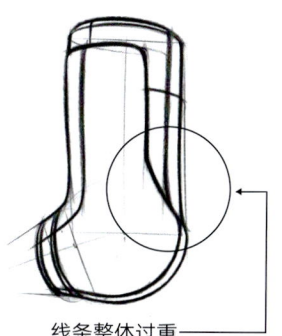

线稿整体较浅，无法强调重点

线条整体过轻　　线条整体过重

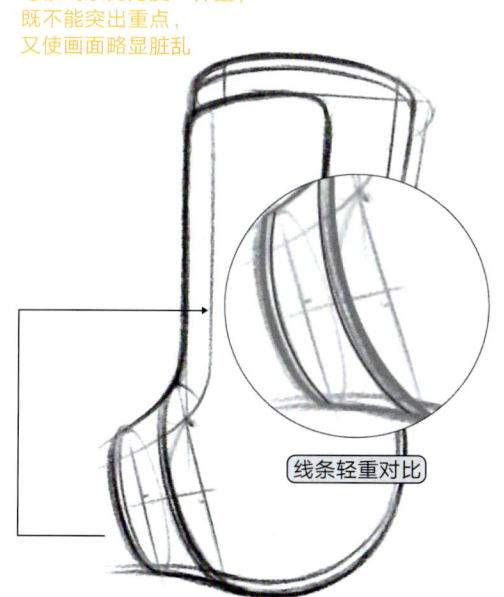

每根线条的力度一样重，既不能突出重点，又使画面略显脏乱

线条轻重对比

TIPS 在绘制产品线稿时，初学手绘的同学往往较难把握线条力度的轻重，导致线稿中几乎所有线条都保持同一力度，且整体过轻或过重，无法有效地强调重点。如果起形时线稿较重，将会难以再作调整，导致画面显得较脏。因此，在训练线条初期，锻炼自己的手部力量、学会绘制轻重不同的线条，有利于后期产品形态的塑造。后面的内容将会根据线条在产品中所处的位置，为同学们介绍哪些线条需要特别加重，哪些线条可以绘制得较轻，帮助同学们更深入地理解线条的训练。

❷ 射线

　　射线也是产品手绘中常用的基础线条，绘制时，从起点到终点下笔力量逐渐减弱，呈现出起点重、尾端轻的表现形式。

　　射线和两头轻中间重的线条一样，本身具有轻重变化。其绘制比两头轻中间重的线条更容易一些，定好起点，运笔推出一根线条即可。

　　射线的主要功能是构建形态和加重形体上的线条，增强线与线之间的明暗对比度，从而达到突出重点的目的。线与线连接成面，形体是由多根线条组合而成的。当我们想要加重某一形体上的线条时，可以从线的交点出发绘制射线，射线的方向与产品的透视方向应保持一致。如图所示，红色圆形覆盖的位置为射线加重的起点，透视形体距离画面较近的 A 端线条颜色较深，产品边缘 B_1、B_2 处线条颜色逐渐减淡，形成了灵动的"近浓远淡"的透视效果。

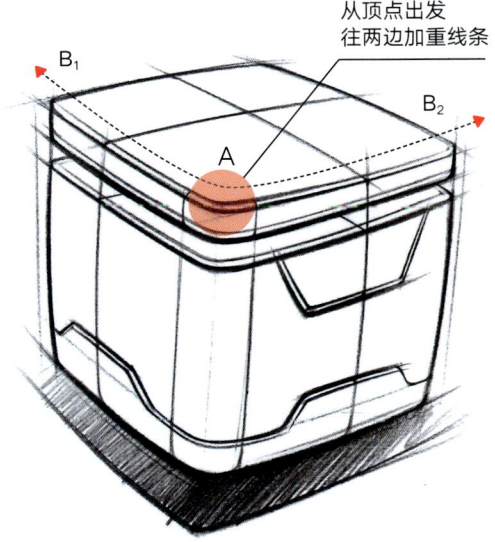

从顶点出发往两边加重线条

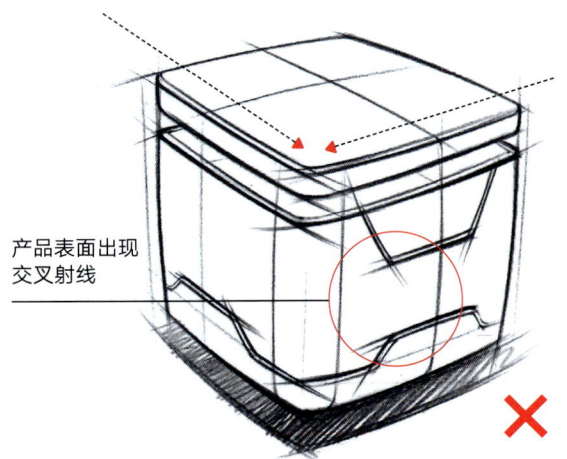

产品表面出现交叉射线

✕

TIPS 使用射线加重形体线稿时要注意方向。如左图所示，射线的方向应与产品的透视方向保持一致。同时，应避免在产品表面上形成交叉线条，以免破坏产品的完整性、影响后期上色。

❸ 重合线

重合线是由多根线条叠加在一起的线型，训练重合线有助于提升线稿绘制的准确性。如图所示，重合线的训练可以在两头轻中间重的线型上进行，也可以在射线的基础上进行。练习重合线时，每根线条至少应重合 2 次以上。重合后的线条与初始线条保持在同一位置上，仅加深颜色，而不发生明显的线条位移变化，即为较好的重合线练习。

基于两头轻中间重的线条练习重合线时，可以先定好 A、B 两点，穿过两点绘制一条直线，在该线条上重复叠加 2 次以上，最终形成重合度较高的重合线。

在初期练习重合线的过程中，如图所示，经常会出现线条错位变宽、重合线扫尾、线条力度过轻等现象。改善线条错位和扫尾现象需要勤加练习，提高手眼协调性。要提高绘制重合线时的准确度，需注意重复叠加线条时手不要抬得太高，绘制直线时手腕尽量保持不动，通过大臂带动小臂和手部将线条推出，笔尖紧贴原线条的初始轨迹。

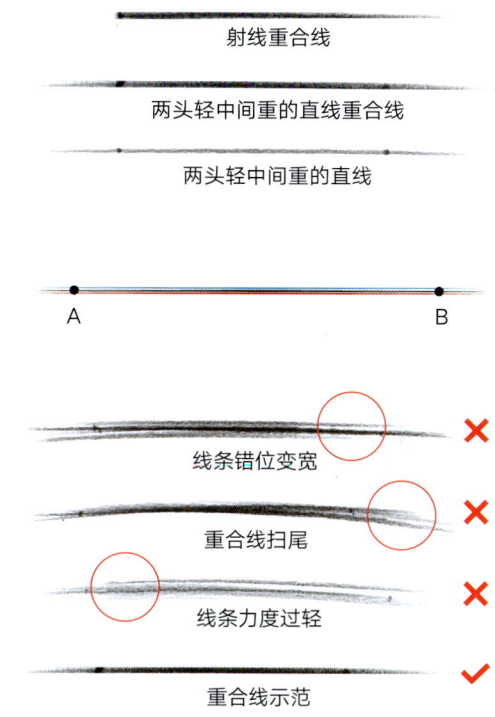

射线重合线

两头轻中间重的直线重合线

两头轻中间重的直线

A　　　　　　　　　　　　　　B

线条错位变宽 ✘

重合线扫尾 ✘

线条力度过轻 ✘

重合线示范 ✓

TIPS 在练习线条的初期阶段，大部分同学往往过于关注线的表现形式，比如只追求画出笔直的线条，而忽略了对运笔力量的控制，这会造成一种错觉，即"感觉自己画不出较重的线条"。线条过轻，则无法凸显产品的力量感，一些同学可能会在此时产生焦虑情绪。

想要绘制出较重的线条，可以先尝试找到"手感"，比如体会一下绘制较重的线条所需的手部力度。找到这种手部的"力量感"之后，再带着这种手感来绘制线条，就会更容易兼顾线条的力量感与准确度。

1.3.2 曲线训练

我们通常将曲线划分为两种类型，一种是平面曲线，另一种是空间曲线。接下来将介绍两种曲线的绘制方法。

❶ **平面曲线**

在绘制平面曲线时，我们可以通过定三个点来画一条曲线，绘制过程中需要注意曲线的轻重变化。如图所示，在画面中定好 A、B、C 三个点，并在三点之间反复模拟曲线的轨迹，在肌肉形成短时记忆后迅速落笔，绘制两头轻（点 A、C 轻）、中间重（点 B 重）的自然弧线。要注意曲线绘制过程中的轻重变化，使线条更加灵动自然。

绘制曲线时仍要保持手腕不动，用大臂带动小臂"挥"出一根线条。如图所示，在绘制曲线的过程中，要尽量避免绘制整体过重或过轻的线条。在保持曲线顺畅的同时，也要注意定点的位置，尽量让线条恰好穿过这些定点，同时赋予线条以力度轻重的变化。

曲线大致可以分为三种类型：低弧面曲线、中弧面曲线和高弧面曲线。在绘制两头轻中间重的曲线基础上，可以通过调节定点的位置，绘制出不同曲率的曲线。这一过程有助于充分锻炼控笔能力。

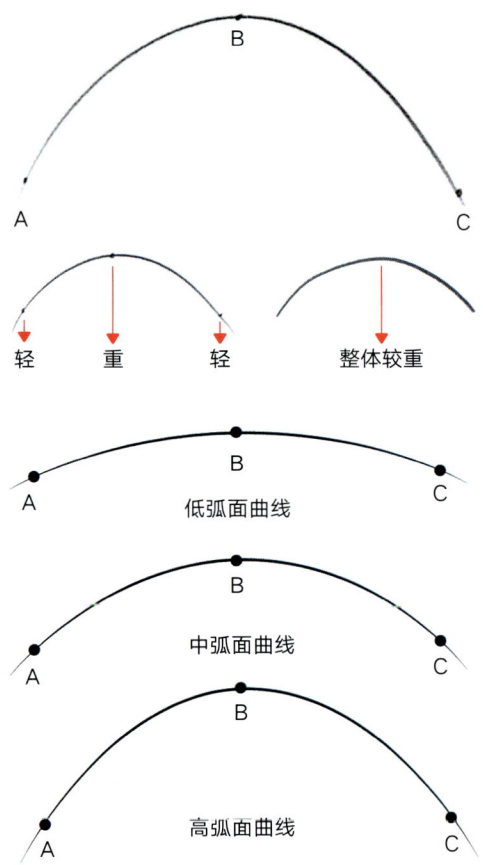

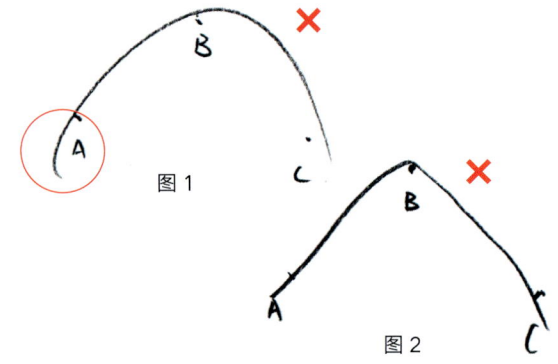

TIPS　落笔时手不要太用力，否则在弧线起始的位置会带有小勾（如左图 1）；

应注意弧顶的位置，并保持曲线的流畅，避免出现尖角和严重的线条抖动（如左图 2）；

一定要大胆练习，敢于下笔，不要怕出错，手感以及线条的顺畅程度是在大量练习的过程中逐渐提升的。

❷ 空间曲线

空间曲线是指用于表达三维立体空间的曲线。点的位置在空间中发生透视变化，曲线的弯曲程度也随着面的透视方向变化而发生改变。如图所示，在练习空间曲线时，可以先设计好要表达的三维空间骨架以及二维曲线所在平面的比例与曲线的弧度。构建好空间骨架后，按对应比例找好定点位置，穿过定点 A、B、C 运笔，使手部沿该曲线轨迹产生惯性，进而绘制出顺滑的空间曲线。

我们可以构建多样化的空间骨架来练习空间曲线，通过改变底面的形状、调节线条骨架的高度来练习不同长度、不同曲率的空间曲线。如右下图所示，先定好该空间骨架的截面线，比如点 A_1、B_1、C_1，设定好该曲线在空间上的关键点，然后从 A_1 出发，运笔穿过 B_1、C_1，形成弧形路径 $A_1B_1C_1$，反复 3~5 次后利用手的惯性将曲线绘制出来。练习初期可以放慢笔速，经过反复练习，可以逐步提升绘制空间曲线的速度。

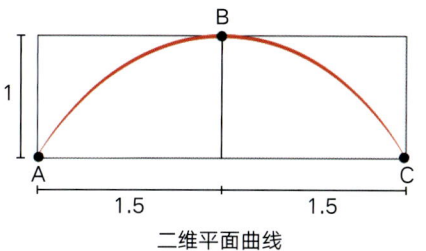

二维平面曲线

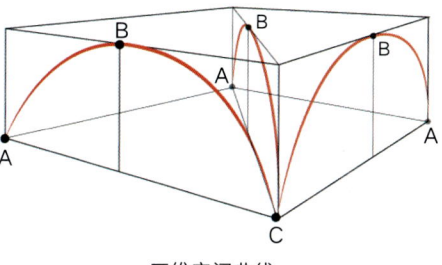

三维空间曲线

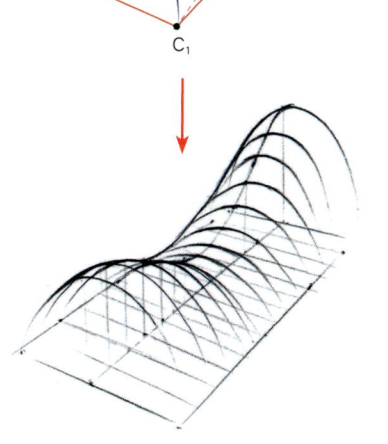

自由调节空间骨架线形状

空间骨架

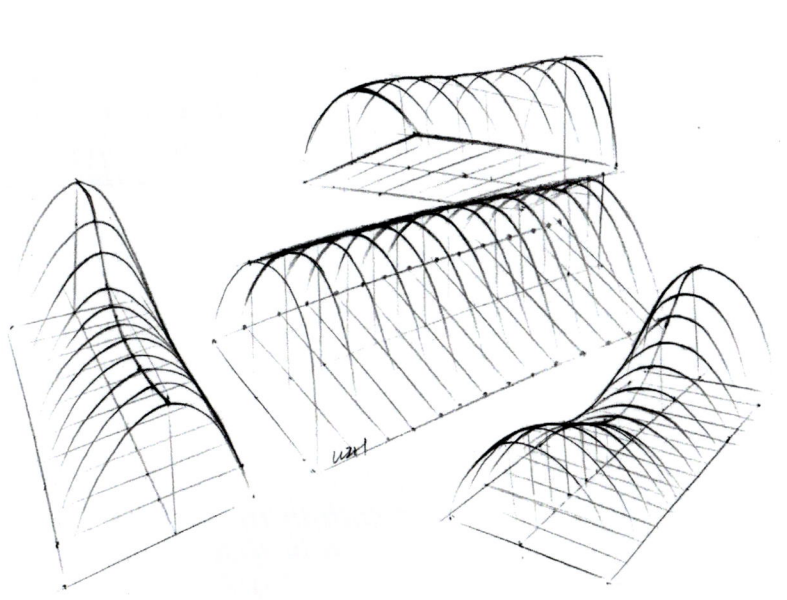

1.4 Properties of Lines
线条的属性

直线和曲线的基础训练旨在提高线条的准确度与美观度，明确线条的属性则是为了更好地从产品的整体造型出发，进而对产品的关键结构和细节进行层次划分，从而突出产品手绘表达的重点。

线条是构成产品形态的基础。通过明确不同线条所处的位置及作用、识别形体上不同属性的线条，我们可以为它们赋予不同程度的轻重变化，以达到从视觉上明显区分产品各结构部件的效果。如图所示，当产品线条缺乏轻重变化时，整个形体的体量感较弱，产品细节无法得到突出。而当我们根据线条的属性将其分类加重后，产品线稿的体量感明显增强，画面也更生动。

线条根据位置与功能，可以分为以下 6 种类型：(1) 轮廓线；(2) 结构线；(3) 分型线；(4) 剖面线；(5) 底边线；(6) 阴影线。接下来以右图中的产品为例，为大家讲解各类线条在形体上的应用。

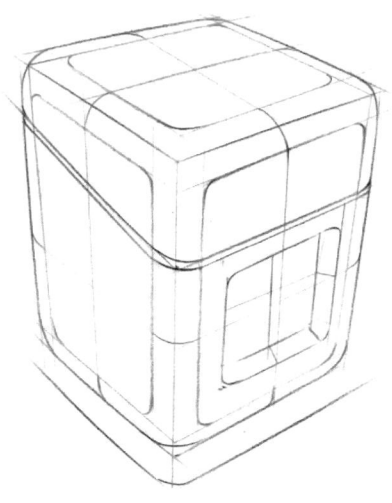

未加重的线稿

1.4.1 轮廓线

轮廓线位于产品各结构部件的边缘。加重形体的轮廓线，有助于我们第一时间形成对产品的比例和结构的认知。在画面中，产品的某一条边缘不会一直作为轮廓线，其属性会随产品摆放的位置和角度的变化而不断变化。轮廓线在画面中主要有三个层级，我们可以从产品整体向局部功能细节逐步分析，循序渐进地确定该产品的所有轮廓线。

第一层级是产品外轮廓线，即产品的边缘连接而成的线。

第二层级存在于产品上那些可以被拆卸、模块化灵活使用的结构中。比如，水杯的杯盖被打开时与杯身分离，两者均有

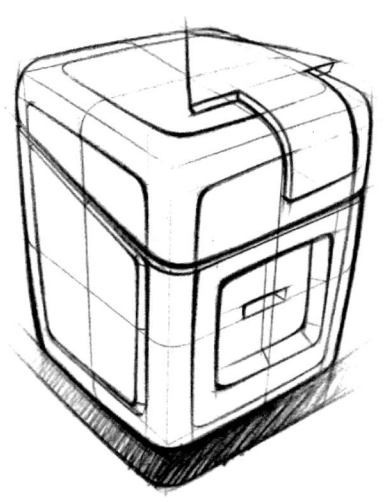

根据线条属性加重后的线稿

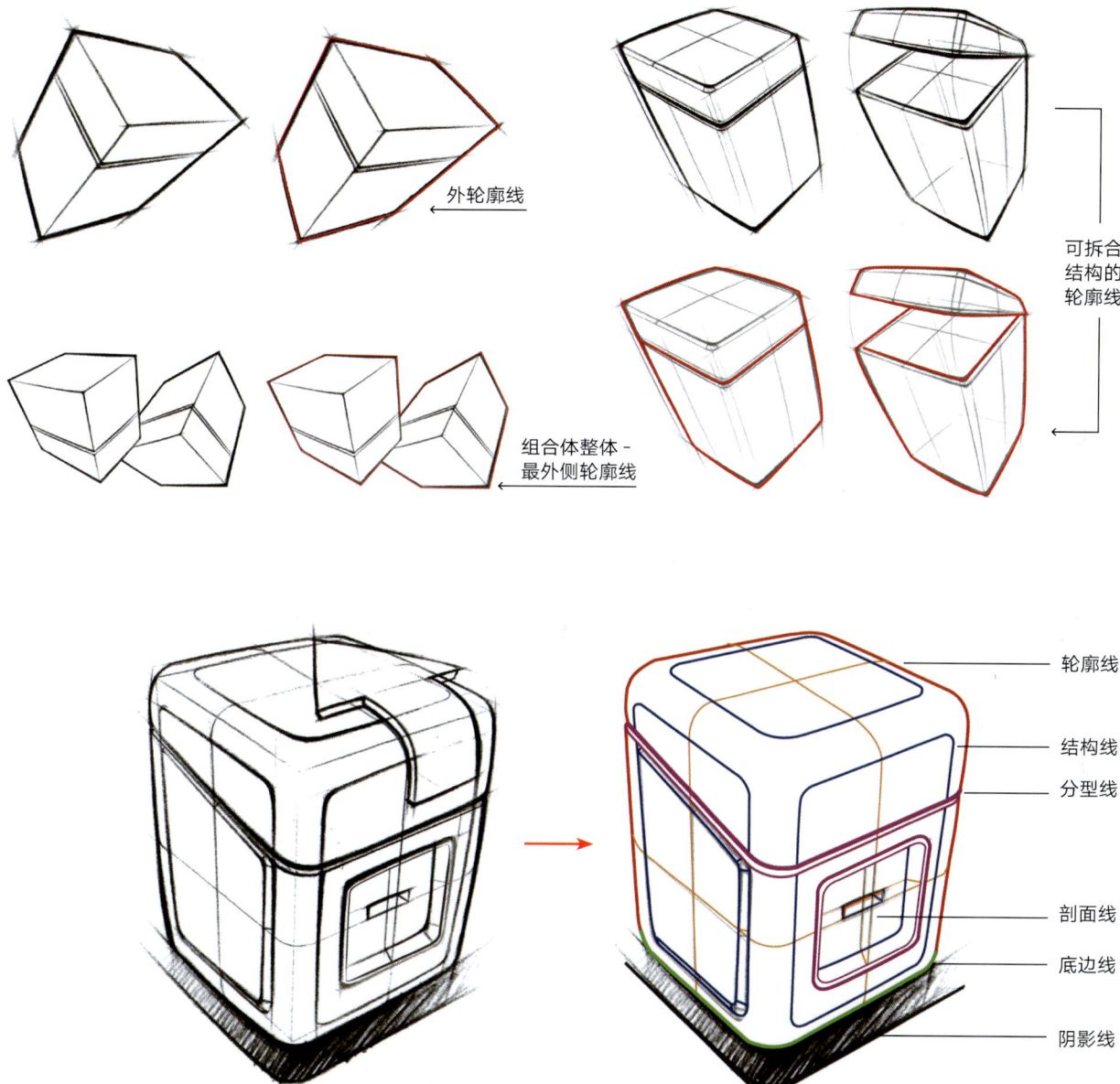

各自独立的外轮廓线；而将杯盖扣上，杯盖与杯身间形成一条缝隙，在画面中仅表现为一条外轮廓线。因此，轮廓线与产品本身摆放的方式有着密切的关系。

第三层级是产品上材质拼接的位置，用以刻画产品各分型块的轮廓线。如下图所示，该产品的显示屏幕和按钮，以及橙色的拼接外壳和黑色底座，它们均有自己的外轮廓线。通过加重各功能模块的轮廓线，可以更清晰地展示产品的设计。

产品线条的轻重变化需与透视保持一致，要考虑产品的摆放角度与人眼的距离和位置关系。距离人眼越近，产品的线条越重，距离人眼越远，线条则越轻，以此能够形成"近实远虚"的效果，从而提升画面的和谐程度。

加重形体时需要注意线条的重合度，避免产品上出现明显的扫尾现象。可以从距离人眼较近的拐点处起笔，逐步完成对产品整体的加重。

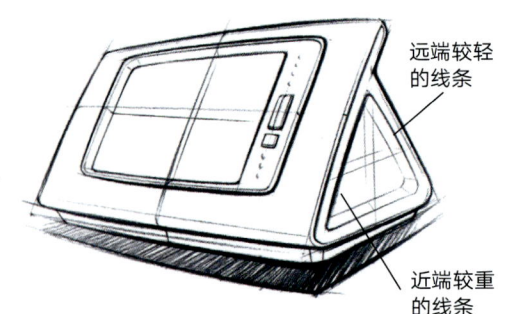

远端较轻的线条

近端较重的线条

● 从端点出发
↑ 加重线条时的运笔方向

屏幕　按钮
橙色拼接外壳　白色塑料外壳
黑色底座

TIPS 产品中的轮廓线数量与其线稿的精细程度息息相关。如果产品线稿本身绘制得非常简洁，那么可以加重的线条就相对较少。手绘的目的在于快速表达产品形体的设计方案，缝隙处的一些距离过近的线条可以适当省略，通过细节特写和文字说明的辅助，也可以清晰表达设计方案。

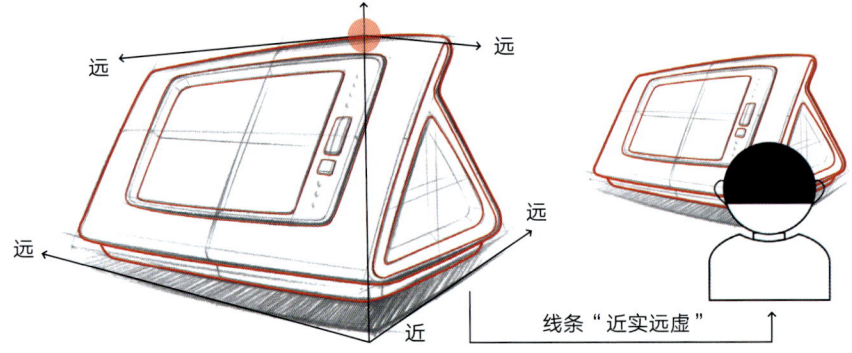

线条"近实远虚"

1.4.2 结构线

结构线是构建产品形体的骨架线，用于表现形体结构。轮廓线是特殊的结构线，特指构建该形体的边缘线和表示功能分区的重要线条。如本页底部图片所示，红色线条是该产品的轮廓线，蓝色线条为非轮廓线的结构线。

在结构线加重过程中，同样需要注意线条的"近实远虚"。根据观察产品的视角进行判断，距离人眼较近的一端，线条较重；距离人眼较远的一端，线条较轻。在加重时可以重点关注产品结构的转折处，将产品的拐角作为线条加重的发力点，向拐角两侧以射线的形式加重，赋予产品线条轻重变化，清晰展示产品的结构。

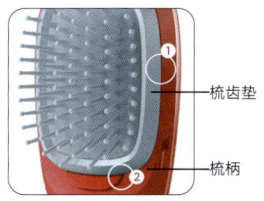

❶梳齿垫与梳柄组装的分型线，突出梳齿垫可更换的属性，能提升造型的美感
❷按钮与梳柄组装的结构性分型线，突出按钮便于灵活操作的特点

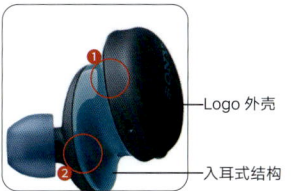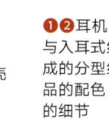

❶❷耳机 Logo 外壳与入耳式结构拼接形成的分型线，丰富产品的配色，增加产品的细节

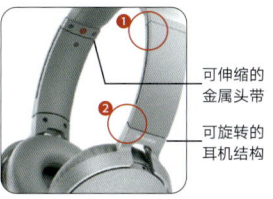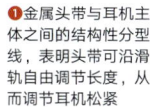

❶金属头带与耳机主体之间的结构性分型线，表明头带可沿滑轨自由调节长度，从而调节耳机松紧
❷耳罩与头带之间的结构性分型线，显示耳机可灵活旋转

1.4.3 分型线

分型线是指产品在加工过程中各分型块的边界线。在使用灌注模具加工塑料等材质的产品时，产品的外壳多由几部分拼装而成，通常在接缝处会留下细小的缝隙，灌注、拼装后会在产品表面留下凸起的边缘，这就是产品的分型线。

分型线对产品造型设计具有重要的作用，在明确产品使用方式的同时还可以增加产品的细节。如右侧的产品分析图所示，分型线的位置常常与产品表面的功能分区相吻合。

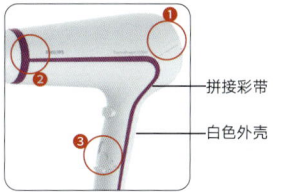

❶多个弧面拼接成完整外壳形成的分型线
❷根据造型需求设计分型线的形状，并沿着分型线拼接亮眼的粉色装饰彩壳
❸操作按钮细节丰富、造型美观

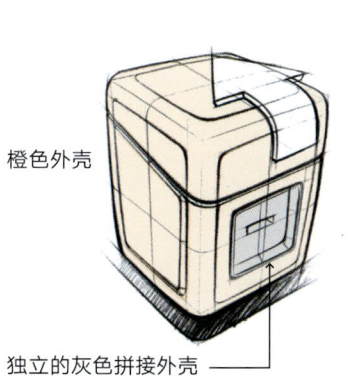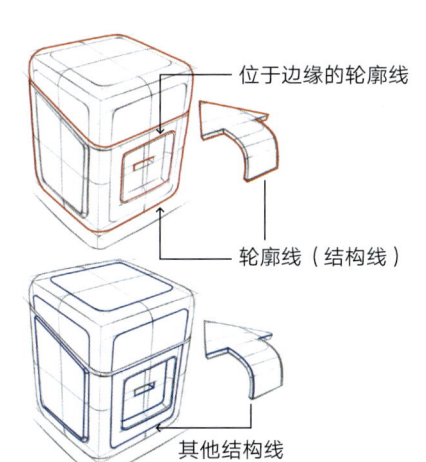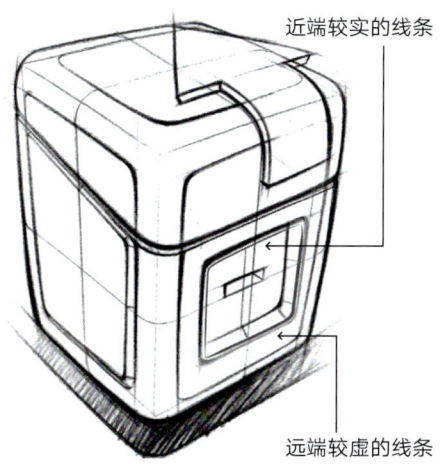

Step 1 结构拆分　　　**Step 2** 分析线条属性　　　**Step 3** 形体合并　　　**Step 4** 加重轮廓线

沿着分型缝隙将形体打开　　　结构线　轮廓线　　　轮廓线　结构线　　　轮廓线　结构线

我们通常用两根距离较近的线条表示分型线的缝隙，并选择其中属于外轮廓线的一根进行加重，以明确产品功能结构分区，丰富产品的细节。那么，两根距离很近的线条，如何判断应该加重哪一根线呢？如上图所示，我们可以通过分析产品的结构，想象沿着分型线缝隙将产品打开，从整体角度分析两根分型线分别归属于哪一部分的形体。从思考线条的属性出发，轮廓线为产品最边缘的结构线，我们只需要判断这两根线条，哪一根线为所属模块的轮廓线即可。通过"近浓远淡"的原则对线条进行加重，轮廓线整体比结构线更重一些，就能更好地明确产品结构分区。

1.4.4 剖面线

剖面线是明确形体结构转折、起伏变化的线条。如右图所示，两款具有相似的椭圆形轮廓线的产品，因不同的剖面线而表现出不同的形态。

从工程制图的角度来看，剖面线是用来在图纸上示意零件剖切面结构变化的线条。在真实世界中，人眼可以直观地观察并辨别物体的形态变化，剖面线在真实产品表面上并不可见。但在绘图过程中，我们需要通过剖面线来体现形体表面凹凸起伏的结构变化。尤其在手绘线稿阶段，当形体尚未上色时，仅凭借加重后的轮廓线和分型线,很难充分感知形体表面的走向。所以，通常需要在构建好产品结构后，用剖面线辅助表现形体

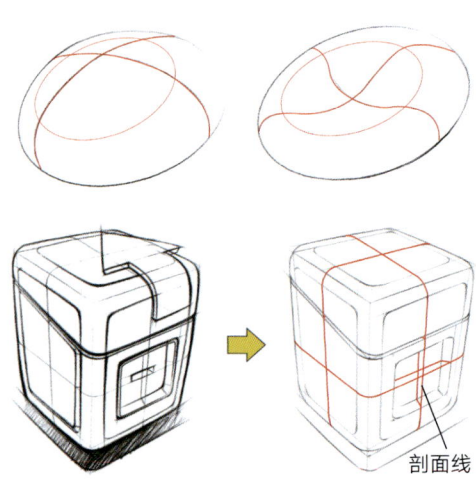

剖面线

表面的曲率变化，明确表达产品的造型设计。

　　剖面线依托于产品的结构。为了更清晰地表现产品面的变化，我们应采用干净利落且力度较轻的线条来指示面的走向。如图所示，弧面产品需要用弧线绘制，弧线的曲率越大，面就越饱满。剖面线的转折起伏程度通常取决于设计师对造型设计的需求，需要结合产品的功能和使用的舒适程度来调节面的变化。

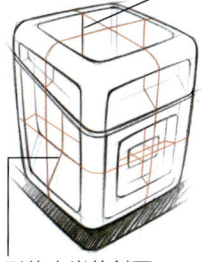
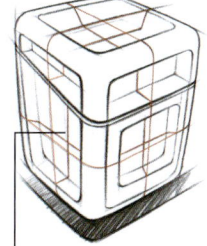

形体内嵌的斜面　　形体内嵌的直面

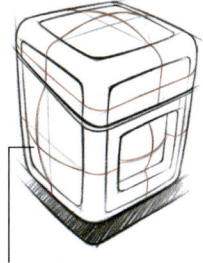
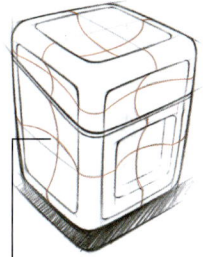

凸起的弧面　　凹陷的弧面

1.4.5 底边线与阴影线

　　底边线是形体与地面接触处的轮廓线，也是阴影区域的边缘线。阴影线模拟光照产生的投影，通过排线组合的形式抽象表现阴影面。为了衬托产品的体量感，底边线通常是画面中最重的线条。阴影排线也有"近浓远淡"的变化，即：距离人眼较近的一端，产品的阴影排线较密、颜色较深；距离人眼较远的一端，阴影排线较疏、颜色较浅。

　　阴影与光源位于物体的两个不同方向。光在传播过程中会被不透明的物体挡住，在光照不到的区域形成投影。在绘制阴影时，若产品放置在地面上，通常应在产品背光方向，沿着底边线偏移，划定一个较窄的区域，作为该形体的阴影区；若产品处于悬空状态，阴影则应与产品相隔一小段距离。阴影在产品手绘中能起到增强形体真实感的作用，阴影区域的形状与产品底边线的形状保持基本一致即可，旨在抽象概括产品阴影的形态，并衬托产品的体量感。

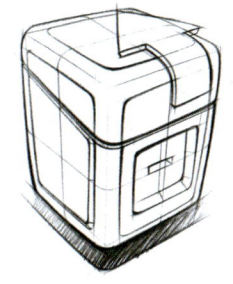

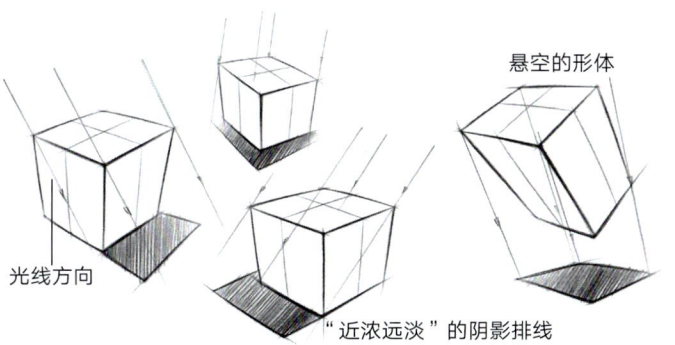

光线方向　　"近浓远淡"的阴影排线　　悬空的形体

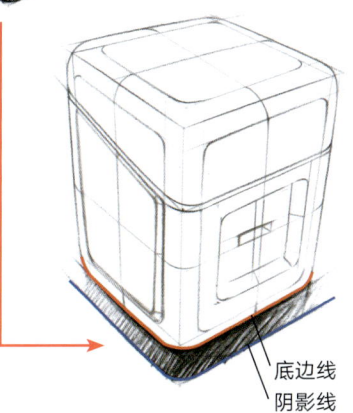

底边线
阴影线

在绘制阴影排线时，如本页底端所示，经常出现五种需要改善的情况。

排线方式 A：线条无轻重变化，显得较为呆板；建议根据形体的透视方向，调节阴影的色彩深度，以增强画面的灵动感。

排线方式 B：排线方向凌乱；建议尽量保持同一方向排线，这样不仅可以提高绘制效率，还可以更好地衬托形体。

排线方式 C：排线超出阴影轮廓线过多，导致画面显得较乱；建议控制阴影排线的长度，将排线控制在阴影轮廓之中，使投影更加规整。

排线方式 D：将阴影整体涂黑，画面缺乏透气感且显得较脏；建议阴影排线时避免过多重复，线与线之间保留一定缝隙。

排线方式 E：排线长度过短且力度较轻，没有与阴影轮廓相接，无法衬托形体；建议使线条两端尽量抵达阴影轮廓边缘，提升阴影面的完整度。

正确的阴影排线方法如右图所示。绘制阴影排线时，需注意使排线方向始终保持一致。距离人眼较近处，阴影排线较密，力度较重；距离人眼越远，阴影排线的力度越轻，形成"近浓远淡"的阴影效果。最后，需要强化产品的底边线和阴影的外轮廓线，增强线稿的明暗对比，从而更好地突出产品。

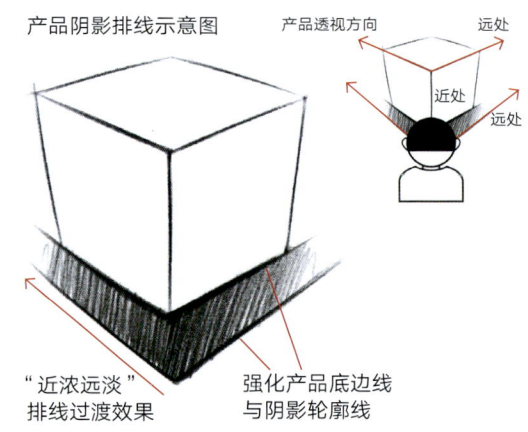

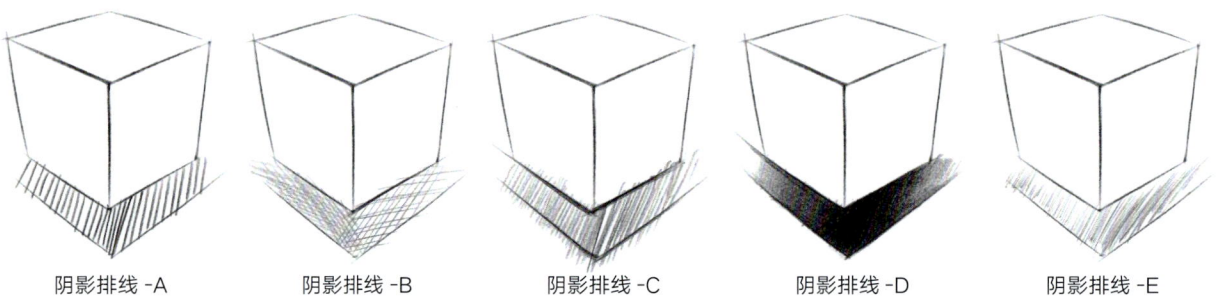

阴影排线 -A　　阴影排线 -B　　阴影排线 -C　　阴影排线 -D　　阴影排线 -E

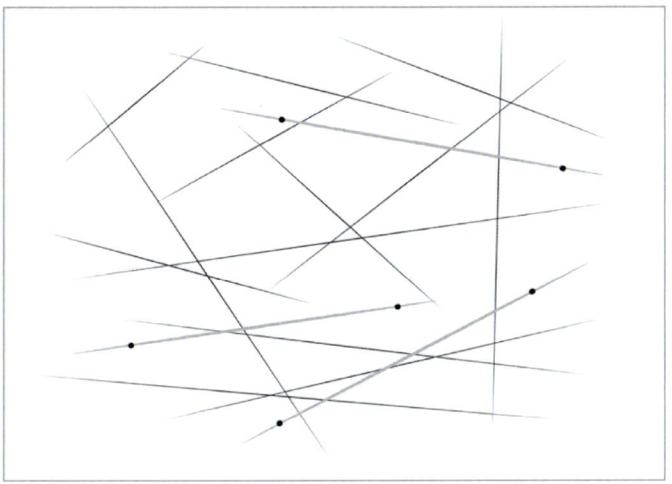

流星线

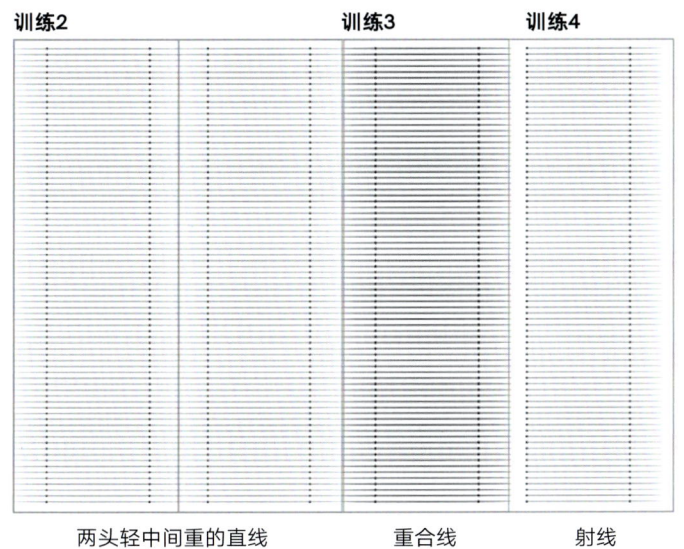

两头轻中间重的直线　　重合线　　射线

学后训练

直线训练

训练 1 流星线练习

在纸张上任意点若干个点，接着随机两两连接，连接的线条为两头轻中间重的"流星线"。

训练 2 两头轻中间重的直线密集练习

以 A3 纸为例，将 A3 纸横向等分为四竖列，在每个竖列内密集练习两头轻中间重的直线。注意先定位两个端点，再根据端点位置连线绘制。

训练 3 重合线练习

在两个已定位好的端点间，绘制两头轻中间重的直线，每条线重合 2~3 次。

训练 4 射线练习

以一个端点作为起点，向同一水平线上的另一个端点绘制射线。

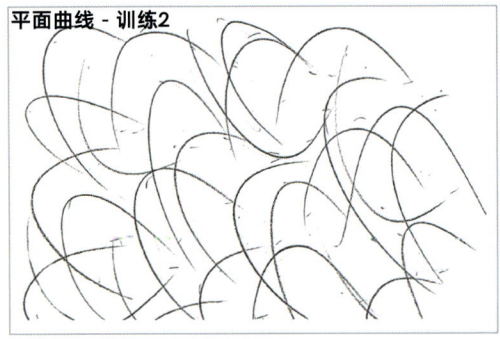

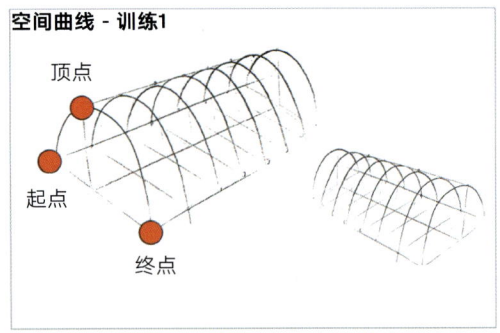

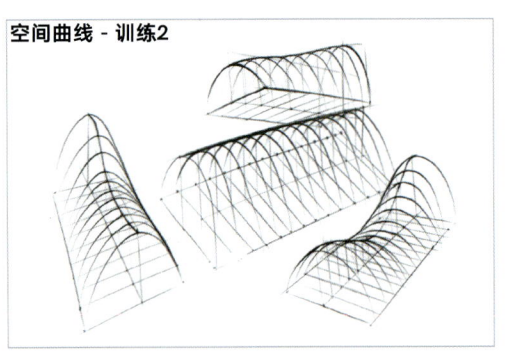

平面曲线训练

训练 1 平面曲线密集练习

以 A3 纸为例，将纸张横向等分为三竖列，每竖列中绘制若干条曲率相同的弧线，绘制方式与直线练习相同，先定位两个端点，再定位中间的顶点，最后绘制出两头轻中间重的曲线。

训练 2 自由平面曲线练习

在纸面上随机散落一些定位点，每三个点定位一条曲线，自由连接绘制。曲线应两头轻中间重，弧度饱满，线条顺畅。

空间曲线训练

训练 1 空间曲线密集练习

首先绘制矩形底面，并参考左栏第三张图片对其进行分割。接着，绘制竖向等高直线，找出起点、终点及顶点，绘制一排空间曲线。曲线应两头轻中间重，弧度饱满，线条顺畅。

训练 2 自由空间曲线练习

基本原理与空间曲线密集练习相同。自由变换竖向直线的高度，绘制出随着曲线节奏产生高低变化的系列曲线。

Chapter 2
第 2 章

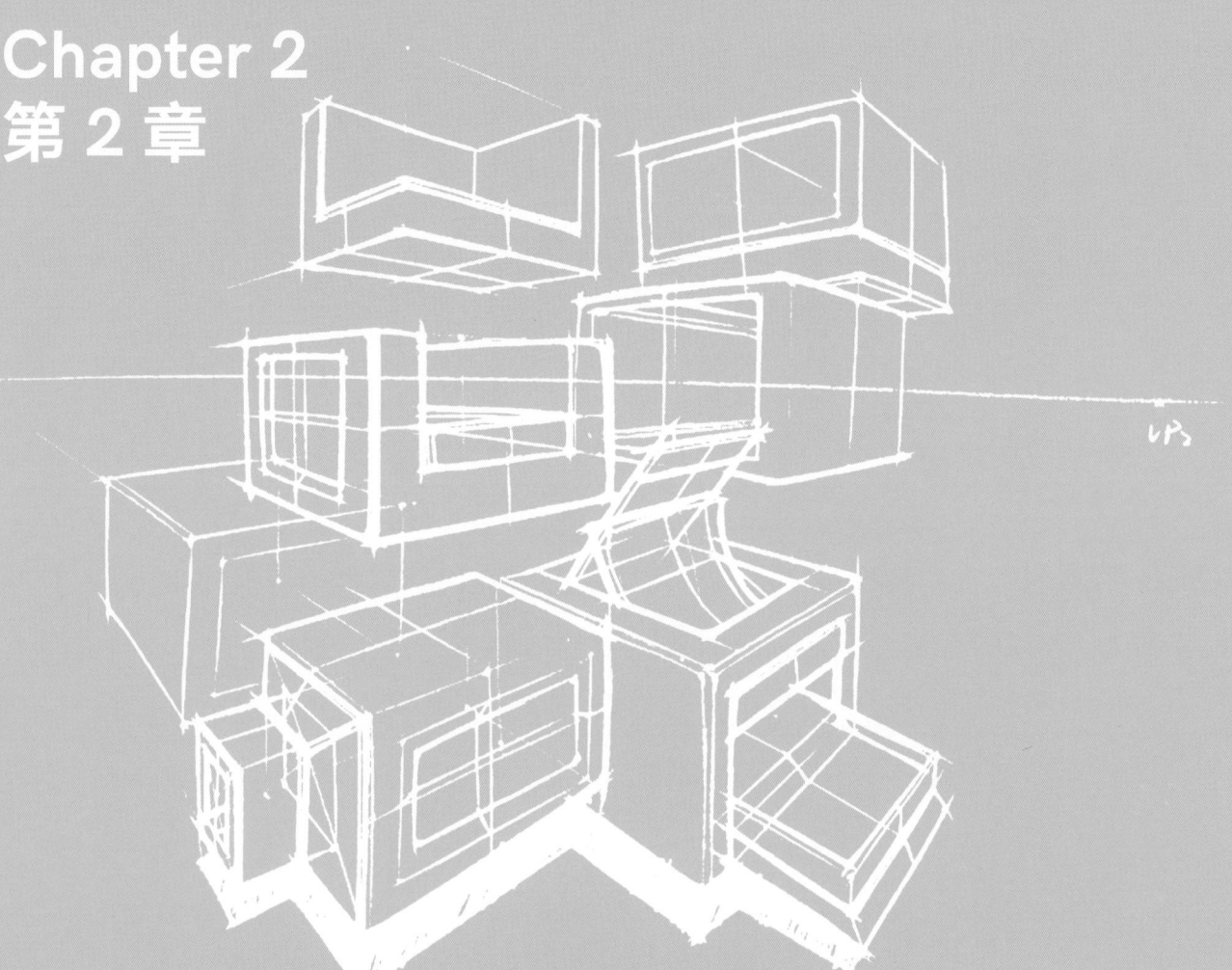

Principles and Representation of Perspective
透视的原理
与表现

2.1 Basics of Perspective
透视的基础知识

透视是绘画的基础，学好透视可以帮助我们更准确地绘制形体。初学透视的同学往往尚不能充分理解透视原理，导致绘制出的形体缺乏立体感。学习透视的基本概念和常用术语，可以帮助我们深入理解形体透视变化的规律，为后续学习一、二、三点透视打下良好的基础。

2.1.1 透视的概念

在生活中，我们经常会看到"近宽远窄"的道路、"近高远低"的树木等。如第 33 页顶端的图片所示，等宽的马路，距离人眼越远的部分看上去越窄，直到最后消失在视线尽头。

我们之所以能看到多姿多彩的世间万物，得益于光和人眼图像处理功能的协作。光照在物体上，其反射光经人眼结构处理后形成图像，我们才得以感知物体的形态与色彩。所以，等宽或等长的物体距离人眼的远近不同时，会呈现出近大远小的影像。

如果我们在眼前放置一块透明平面，截获物体投向人眼的反射光所形成的三维物体影像，就会在该透明平面上得到基于类似人眼成像原理而形成的图像。

我们可以将这块假设的透明平面，理解成我们在绘画过程中使用的绘图纸面。通过模拟人眼观看空间中立体物品的过程，我们在纸面上用二维的线条来构建三维实体图像，将人眼在真实世界中看到的立体物体再现在纸面上。我们通过观看纸面上的图形就可以感受到立体感，还原在真实世界中看到的物品造型比例及其与周围环境的空间位置关系。

2.1.2 透视的常用术语

为了更好地学习和理解透视原理及其相关规律，我们需要先了解一下透视的常用术语。更为直观的图示见第 34~35 页。

画面：假想的透明平面，也可以理解为人眼所观察物体的投影所在的平面。

基面：放置被观察物体的水平面。

视点：人眼所在的位置。

驻点：视点垂直投影在基面上的点。

视线：视点与被观察物体上的某一点连接形成的虚拟直线，是对于人眼观察物体时的视觉路径的抽象线条表现。

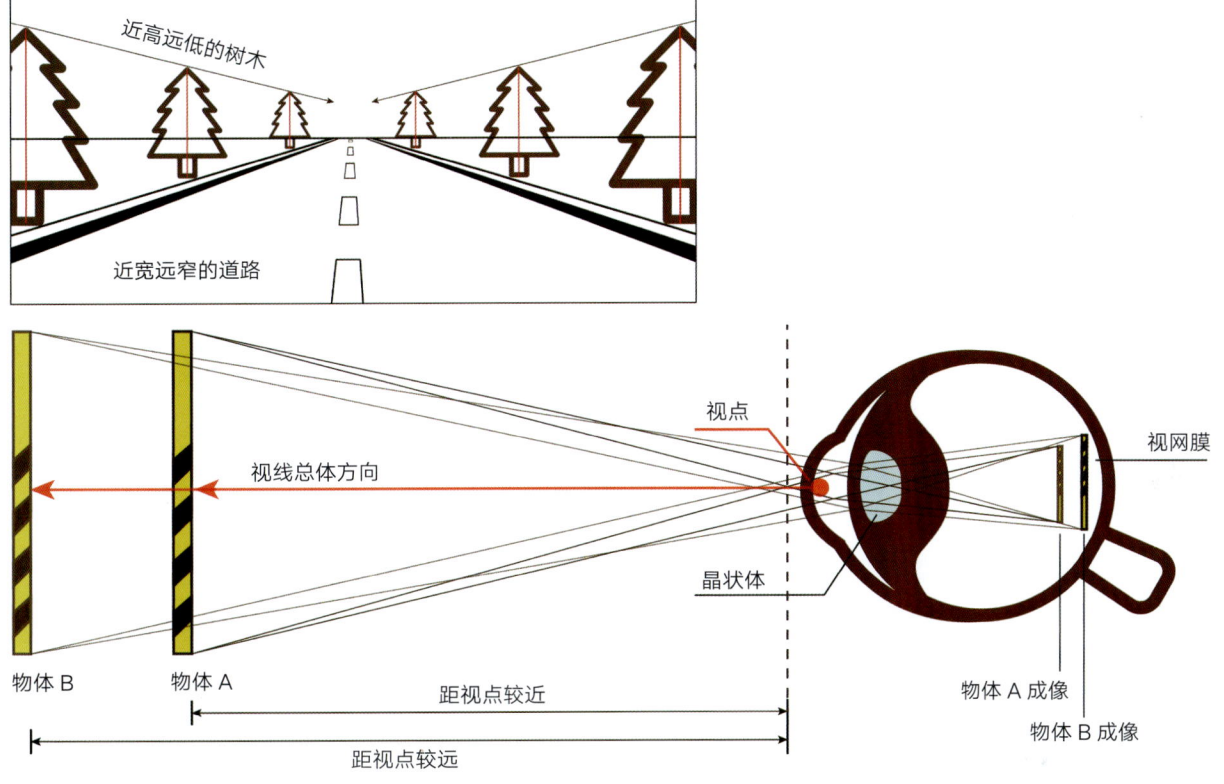

视平面：视线所在的平面。

水平视平面：想象出的无限大的包含视点的水平面，与观察者的眼睛所在位置等高，且与基面平行。

视平线：水平视平面与画面的交线。

视心线：由视点引向画面的垂线，也叫视中线或者视轴。无论在俯视、平视还是仰视的视角下，视心线都与画面垂直；在平视的视角下，视心线是与基面平行的水平线。

心点：视心线与画面的交点，是观察者所见范围的中心。

主视线：从视点向正前方延长的水平线，与基面平行。在平视的视角下，主视线在与基面平行的同时，又与画面垂直，且与视心线重合。

主点：主视线与画面的交点。在平视的视角下，主点与心点重合；在俯视和仰视的视角下，主点与心点分离。

地平线：天空与地面形成的交界线。

灭点：不平行于画面的直线往无限远处延伸形成的交点，也叫消失点。

天点：物体透视线从低往高向一点相交，该点即为天点。

地点：物体透视线从高往低向一点相交，该点即为地点。

为了便于理解物体所在的空间位置关系，基面在透视学中始终是水平面，而画面和基面的位置关系不一定是垂直的，会随人眼观察物体的视角变化而变化。

在观察物体时，人的视角不是恒定水平的。我们可以平视视平线上的物体，仰视观察视平线上方的物体，也可以低头俯视视平线下方的物体，因此视角有平视、仰视和俯视之分，承载物体投影的画面也可以呈现不同的倾角，进而更加全面、丰富地记录被观察物体在不同视角下呈现出来的不同形貌，帮助人们建立对被观察物体更加全面的认知。

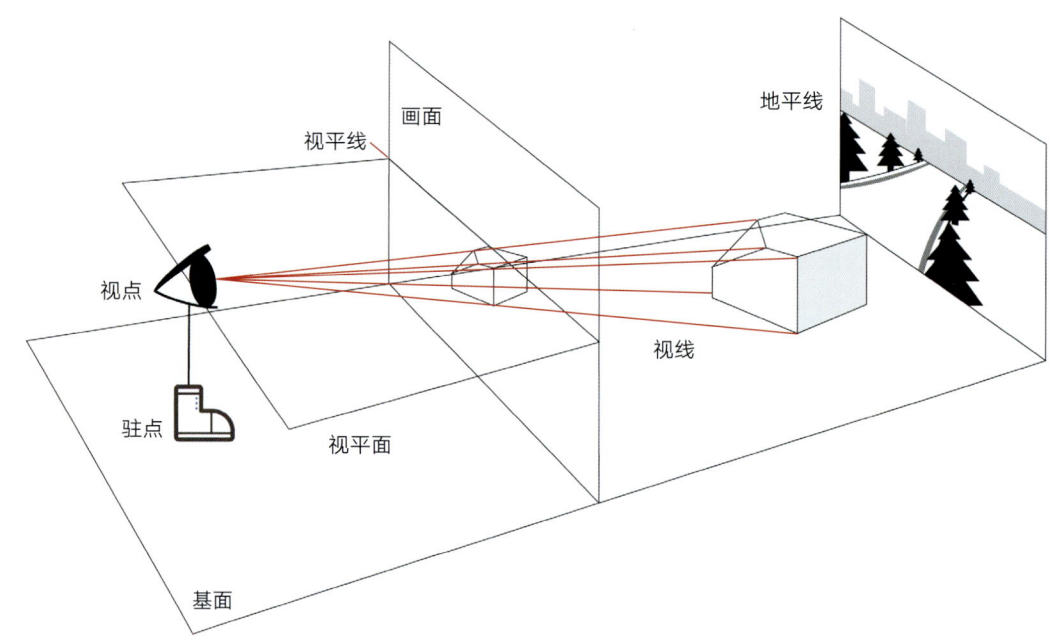

无论在平视、仰视还是俯视的视角下，主视线在空间上均垂直于视平线，但不一定与画面垂直，而无论视角如何变换，视心线均垂直于画面。

在平视的视角下，主视线与基面平行的同时，又与画面垂直，与视心线重合在一起，主点与心点也在相同的位置。

在仰视的视角下，视心线向上倾斜，主点与心点分离。

在俯视的视角下，视心线向下倾斜，主点也与心点分离。

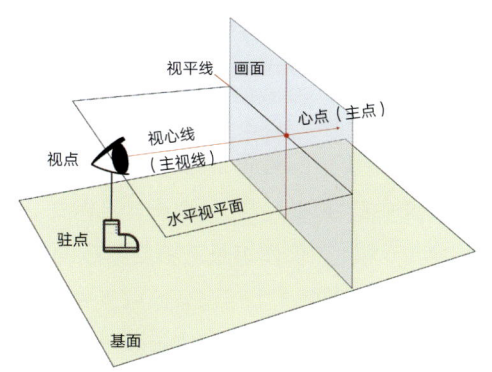

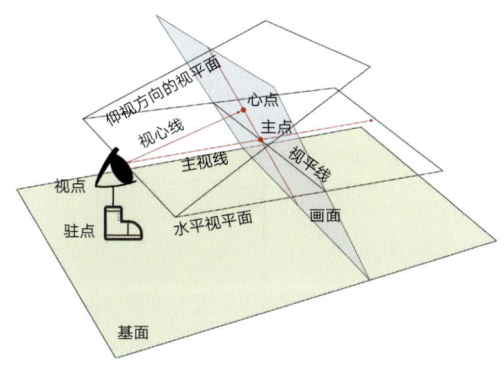

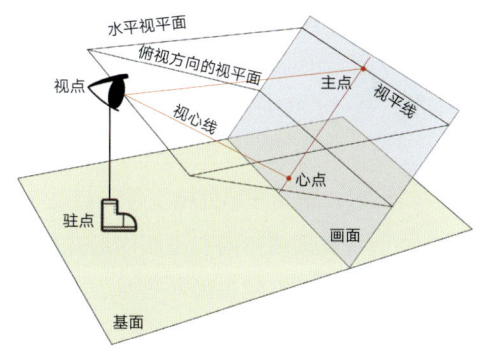

2.1.3 原线与变线

我们可以将生活中看到的物体抽象为正方形，以此来理解其透视角度的变化。在透视学中，平行于画面的直线叫作原线，与画面相交的直线叫作变线。

❶ 原线的透视规律

（1）原线在画面中没有灭点，相同长度的原线，在视觉上仅随着与画面的距离不同而发生近长远短的变化。一组平行于画面的原线 A_1 与 A_2，如右图所示，在画面上的投影 a_1 与 a_2 仍平行。由于 A_1 距离画面较近，在透视中，遵循距离人眼越近成像越大的规律，故 A_1 经过透视后在画面中的长度大于 A_2，即 a_1 长于 a_2。

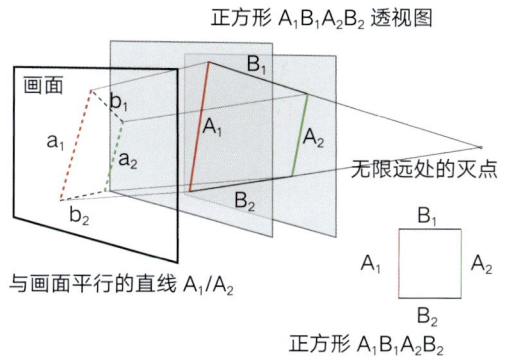

（2）原线的透视状态保持不变，比如，处于竖直或者水平状态的原线，在画面中仍会保持竖直或水平，倾斜的原线倾角也保持不变。如右图所示，一组平行于画面的直线 L_1、L_2、L_3 均为原线，在画面上的投影分别为 L_1'、L_2'、L_3'。处于同一平面中的线段 L_1 与 L_3 等长，且相交形成的锐角为 15°，其投影 L_1' 和 L_3' 仍然等长且相交形成的角度数不变，即原线经过透视投影在画面上后仍会保持原先的比例关系，这个重要的特点在透视上又称为等比原理。

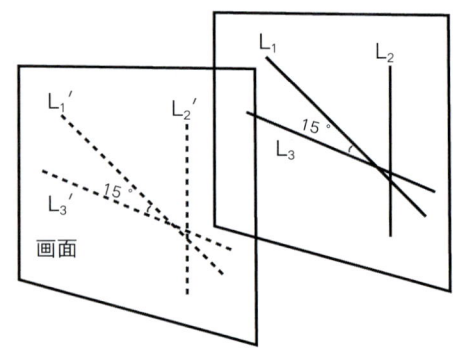

与画面平行的直线 $L_1 / L_2 / L_3$
及其在画面上的投影 $L_1' / L_2' / L_3'$

❷ **变线的透视规律**

（1）与画面不平行但彼此相互平行的直线，将于无限远处相交于一点。如右图所示，正方形的边 B_1 和 B_2 长度相等且平行，两者的延长线与画面相交，在画面上的投影 b_1 和 b_2 也会以斜线形式于无限远处相交于一点。

（2）变线透视方向在画面中会发生变化。如右下图所示，一组与画面不平行的直线 L_4、L_5，在画面上的投影 L_4'、L_5' 发生了位置和长度的变化。

（3）变线上的等分线段会随着距离画面的远近发生近长远短的变化。如下图所示，N_2 和 N_3 是长方形 M 长边的三等分点，线段实际长度关系为 $N_1N_2 = N_2N_3 = N_3N_4$，但在透视画面中，$N_1'N_2' > N_2'N_3' > N_3'N_4'$。

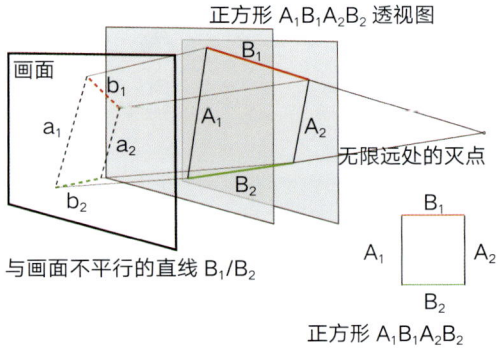

与画面不平行的直线 B_1/B_2

正方形 $A_1B_1A_2B_2$

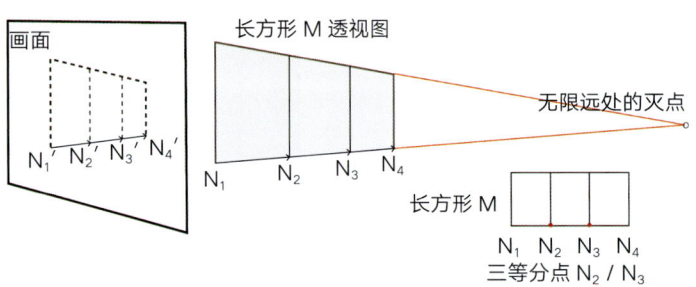

长方形 M
三等分点 N_2 / N_3

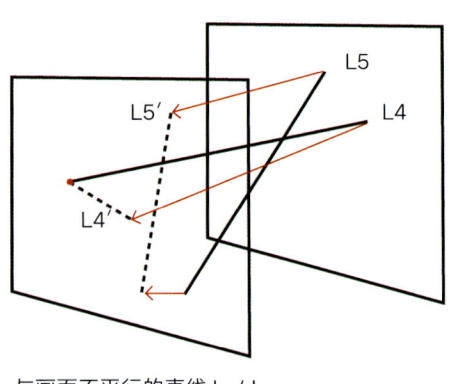

与画面不平行的直线 L_4 / L_5
及其在画面上的投影 L_4' / L_5'

2.2 Explanation of Perspective Principles
透视的原理讲解

在掌握透视的概念与常用术语后，我们可以开始系统地学习透视知识。透视主要分为一点透视、两点透视和三点透视。我们可以从基础几何形体开始循序渐进地练习，不断迁移应用透视的基础原理与表达技巧，为绘制产品奠定良好的透视基础。

2.2.1 一点透视

在生活中，呈现一点透视现象的物体随处可见。如右图所示，桌边 L1 与 L2 等长，当桌子水平放置在地面上且人平行站立于桌子一侧时，离我们更近的桌边 L_1 在视觉上长于远端的 L_2，矩形桌面看上去变成了梯形，这种现象就是一点透视。

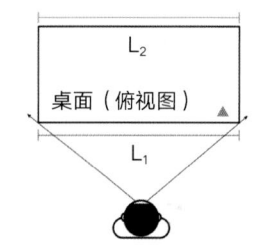

一点透视又叫作"平行透视"：当物体与画面平行时，形成的透视关系为一点透视，该物体上与画面不平行的直线，在视觉上将于无限远处相交于一点。

一点透视下的物体存在两组原线：（1）平行于画面和基面的水平原线；（2）平行于画面但垂直于基面的垂直原线。两组原线均不发生透视关系变化，仅随着距离画面的远近，发生近长远短的长度变化。物体中不平行于画面的变线，将于无限远处相交于一个灭点，该灭点与心点重合。

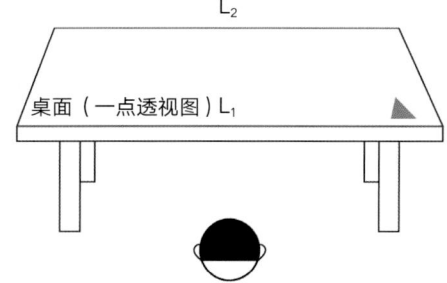

如第 38 页首图所示，正方体 $ABCD-A_1B_1C_1D_1$ 中，面 CC_1D_1D 平行于画面。绿色的水平原线 AB、CD、C_1D_1 在画面中仍然相互平行，没有灭点。红色的垂直于基面、平行于画面的原线 BB_1、CC_1、DD_1 同样没有灭点，在画面中保持相互平行的位置关系。AD、BC、B_1C_1 与画面不平行，其延长线于无限远处相交于一点。

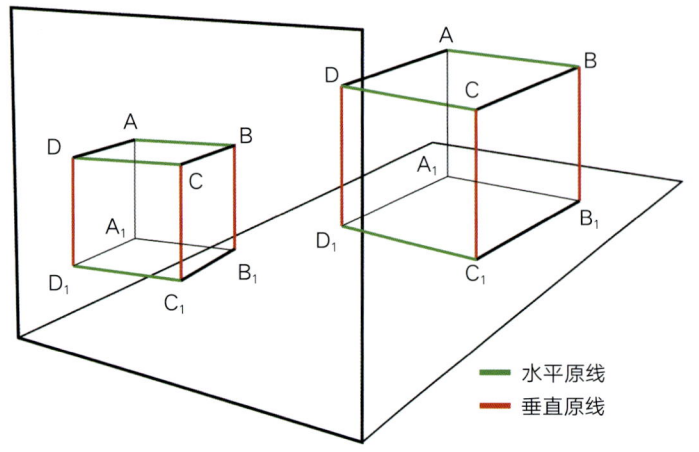
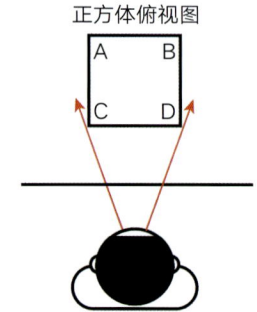

— 水平原线
— 垂直原线

正方体俯视图

以正方体为例，绘制一点透视时，先定一个灭点，绘制出与画面平行的正方形之后，连接该正方形的四个顶点至灭点处。为了使正方体呈现出正确的空间比例，在绘图时需要考虑它与灭点的距离和其侧面的宽度：距离灭点越近，物体的面越接近消失，正方体的侧面就越窄，面积也就越小。

2.2.2 两点透视

两点透视也叫"成角透视"，当物体相对画面成一定角度时，物体的各个平行面朝两个不同的方向在视平线上消失于灭点，在画面上也相应有两个灭点，形成的透视关系即为两点透视。

两点透视下的物体中存在一组垂直原线。参考第 39 页顶端的示意图，垂直原线 AA_1、BB_1、CC_1、DD_1 与画面平行，与基面垂直；在画面中，垂直原线仍然相互平行，且保持与基面垂直的位置关系，仅发生近长远短的长度变化。结合距离画面的远近判断垂直原线在画面中的长度，应有 $CC_1 > DD_1 > BB_1 > AA_1$。

在该两点透视下的正方体中，除了垂直原线 AA_1、BB_1、CC_1、DD_1 之外，其余线条均不平行于画面，它们的延长线朝

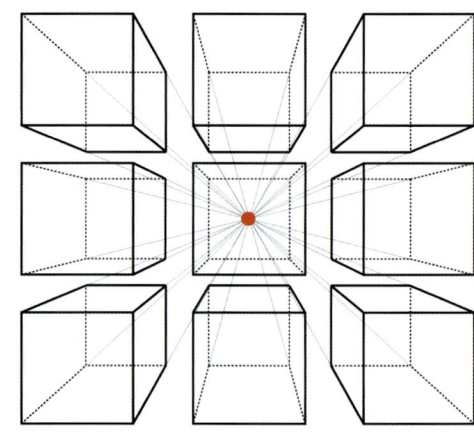

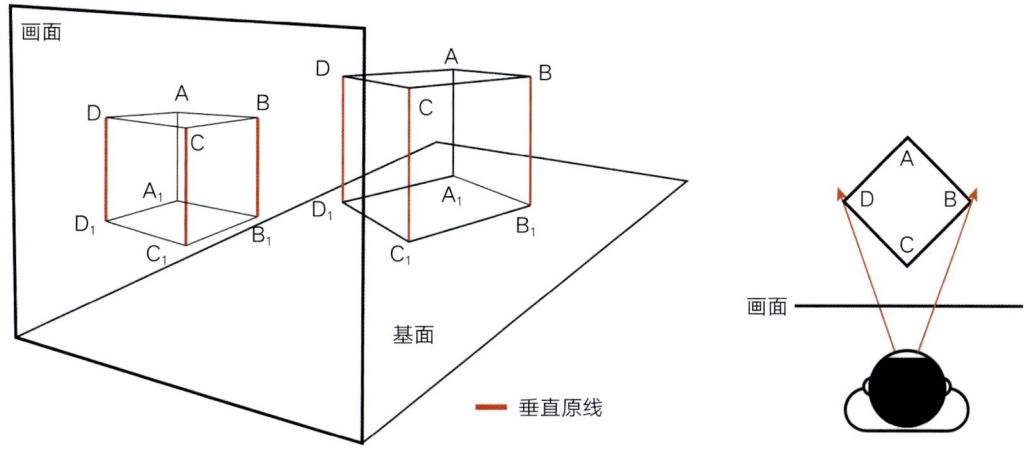

着左右两边的灭点分别于无限远处相交。如下图所示，CD、BA、C_1D_1、B_1A_1 的延长线向左侧的灭点汇聚，DA、CB、C_1B_1、D_1A_1 的延长线向右侧的灭点汇聚。

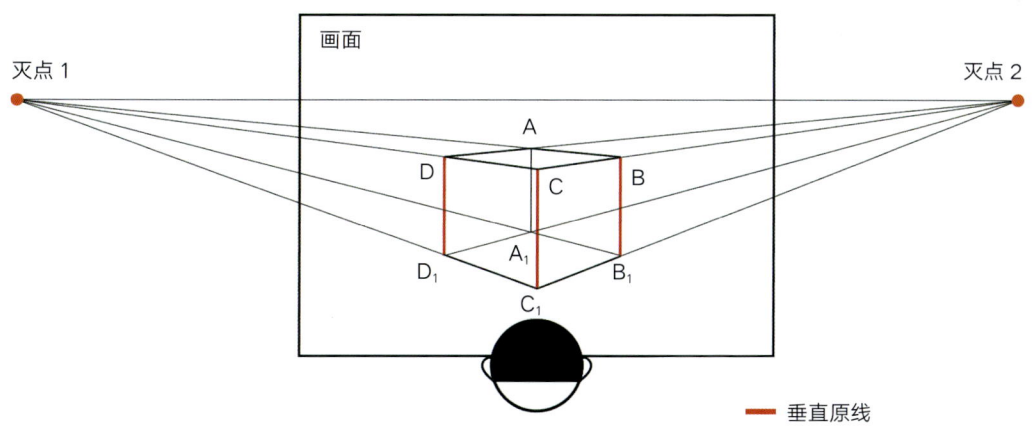

两点透视下，物体的主要特点是：物体中有一组原线始终保持平行状态，仅发生近长远短的长度变化；其余线条均为变线，其延长线分别朝着两端的灭点汇聚，共有两个灭点存在。

两点透视的物体主要有两种角度变化的方式。如右图所示，第一种是以水平原线为主导的两点透视：与画面平行、与基面也平行的水平原线保持透视方向不变，在画面中始终保持平行，距离画面越远的原线越短；各个面的变线朝着前后两端的灭点相交。长方体的水平原线 AA′、BB′、CC′、DD′ 在画面中始终保持平行，该长方体以与基面相切的方式，绕着平行于基面的轴旋转，形成了平视、仰视与俯视的透视角度。

第二种是以垂直原线为主导的两点透视，如右下图所示：与画面平行、与基面垂直的垂直原线保持透视方向不变，各垂直原线在画面中始终保持相互平行，长度符合近长远短的透视变化规律。长方体的垂直原线 A′D′、AD、B′C′、BC 在画面中保持平行，该长方体以平行于基面的方式，绕着垂直于基面的轴旋转。

如下图所示，以垂直原线为主导的正方体两点透视主要有仰视、俯视、平视三种类型，这三种两点透视的共同特点是正方体中的垂直原线始终保持平行，仅发生近长远短的长度变化，距离画面越远，垂直原线的长度越短，正方体其他各条边的延长线朝着左右两边的灭点相交。

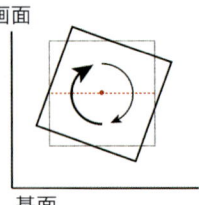

与画面平行、与基面平行的水平原线

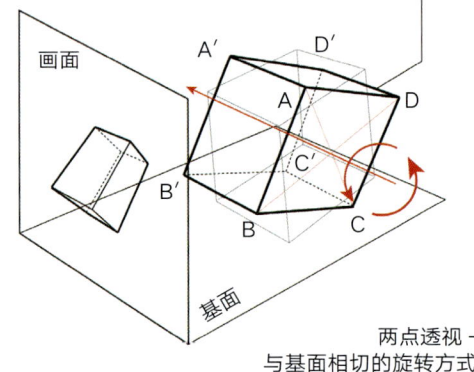

两点透视 - 与基面相切的旋转方式

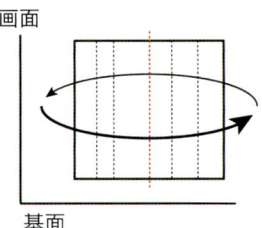

与画面平行、与基面垂直的垂直原线

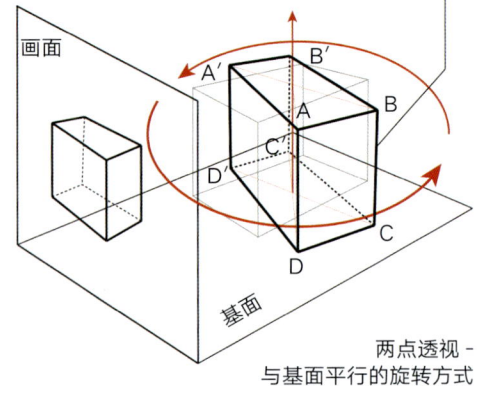

两点透视 - 与基面平行的旋转方式

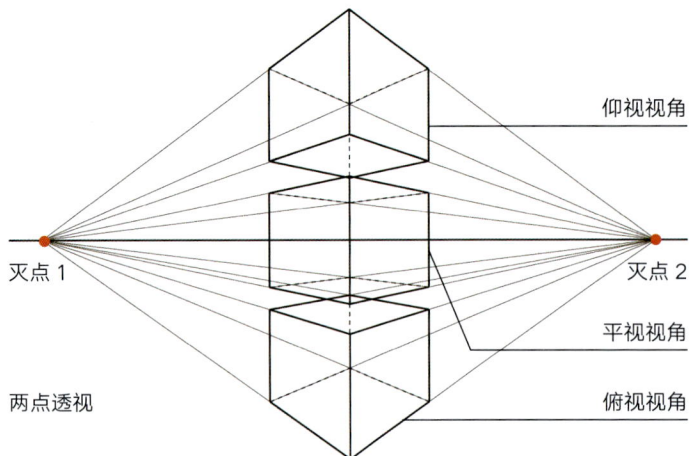

两点透视

灭点1　灭点2

仰视视角
平视视角
俯视视角

仰视视角可以看到物体的底面，仰视角度越高，画面上呈现出的底面面积越大；俯视视角可以看到物体的顶面，同理，俯视角度越低，画面上的顶面面积越大；位于视平线上的物体会大面积地展露其侧面。一般地，位于视平线上的物体给人以宏伟的视觉感受，俯视或仰视视角则常给人活泼的感觉。

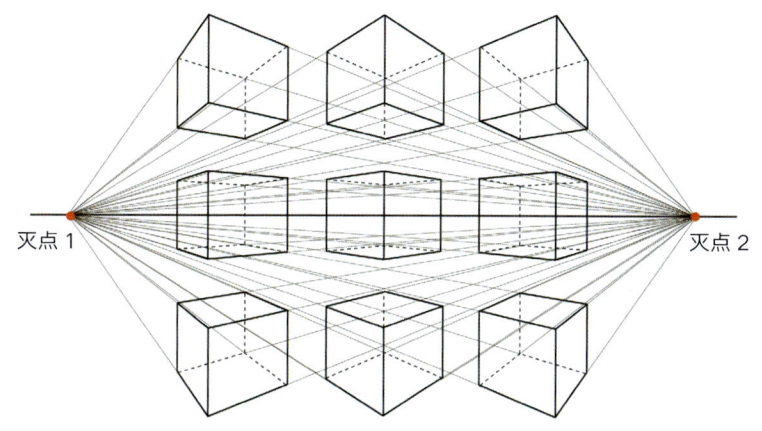

在绘制产品爆炸图时，可以运用两点透视的原理，对物体的结构进行拆解绘制。如图所示，我们可以先确定物体的透视方向和灭点位置，再沿着物体的两点透视方向，按照内部结构的安装顺序逐一进行绘制。在画爆炸图时，还需要注意产品的结构比例，比如盖子看起来是否正好能盖住开口。

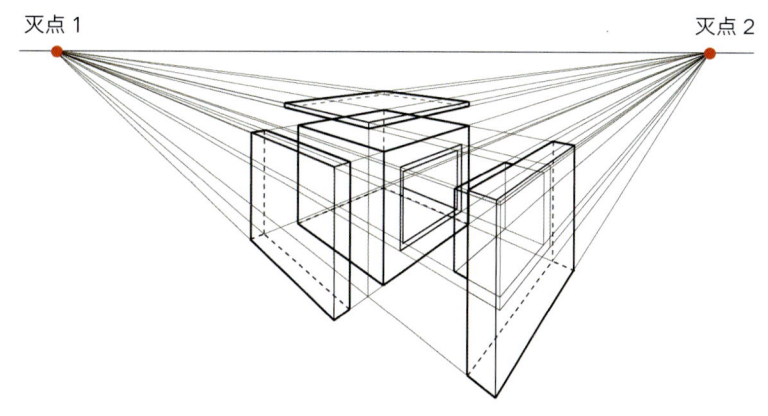

2.2.3　三点透视

三点透视又称为"倾斜透视",它在两点透视基础上新增了一个灭点。两点透视有两种情况,一种是基于垂直原线的两点透视,另外一种是基于水平原线的两点透视,两者的共同特点是均有一组原线始终保持平行状态,无灭点,仅发生近长远短的长度变化。而在三点透视中,如右图,正方体的各边均不与画面平行,所以,原本保持平行状态的原线也成为变线,新增了一个灭点。

在生活中,我们也常看到三点透视的现象:例如,当我们仰视高耸入云的摩天大厦时,会发现大楼竖向侧面的轮廓在视觉上并不与地面完全垂直,而是倾斜向上,这种现象就是三点透视下的观察结果。

三点透视中存在一组重要的概念——天点和地点。当物体的透视线从低往高向某一灭点相交时,该灭点即为天点。当物体的透视线从高往低向某一灭点相交时,该灭点即为地点。

绘制三点透视的形体,可以以两点透视为基础,保持原有两个灭点不变,在视平线上方或者下方新增一个灭点,使两点透视中原本彼此平行的垂直原线转化为变线,朝着共同的灭点相交。

当物体位于视平线下方,即俯视视角时,原本的垂直原线向地点相交;反之,当物体位于视平线上方,即仰视视角时,原本的垂直原线向天点相交。

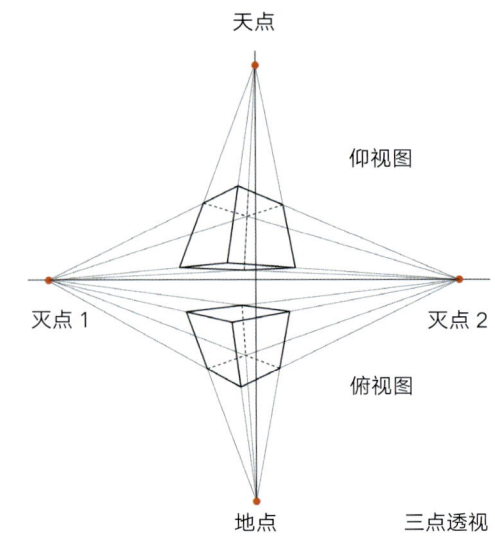

三点透视

TIPS 三点透视会给人以灵动的感觉,但灭点距离物体太近,或者物体的角部太过尖锐,都会导致形体变形失真。如果看上去形体的某个位置缺了一块,就要引起重视,在构思形体或绘制草稿时调整透视线,使其以均匀的节奏相交于各灭点。

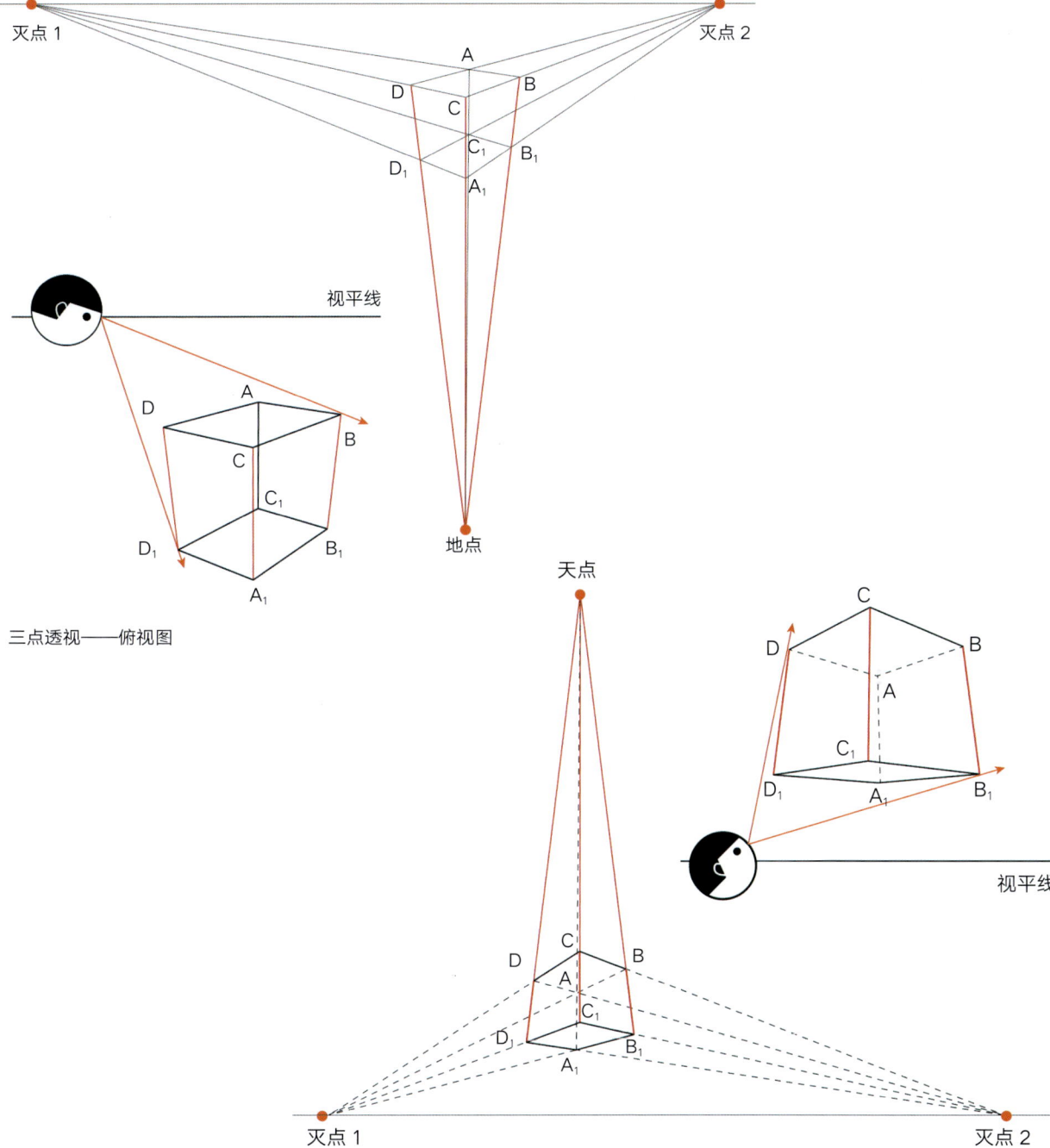

三点透视——俯视图

三点透视——仰视图

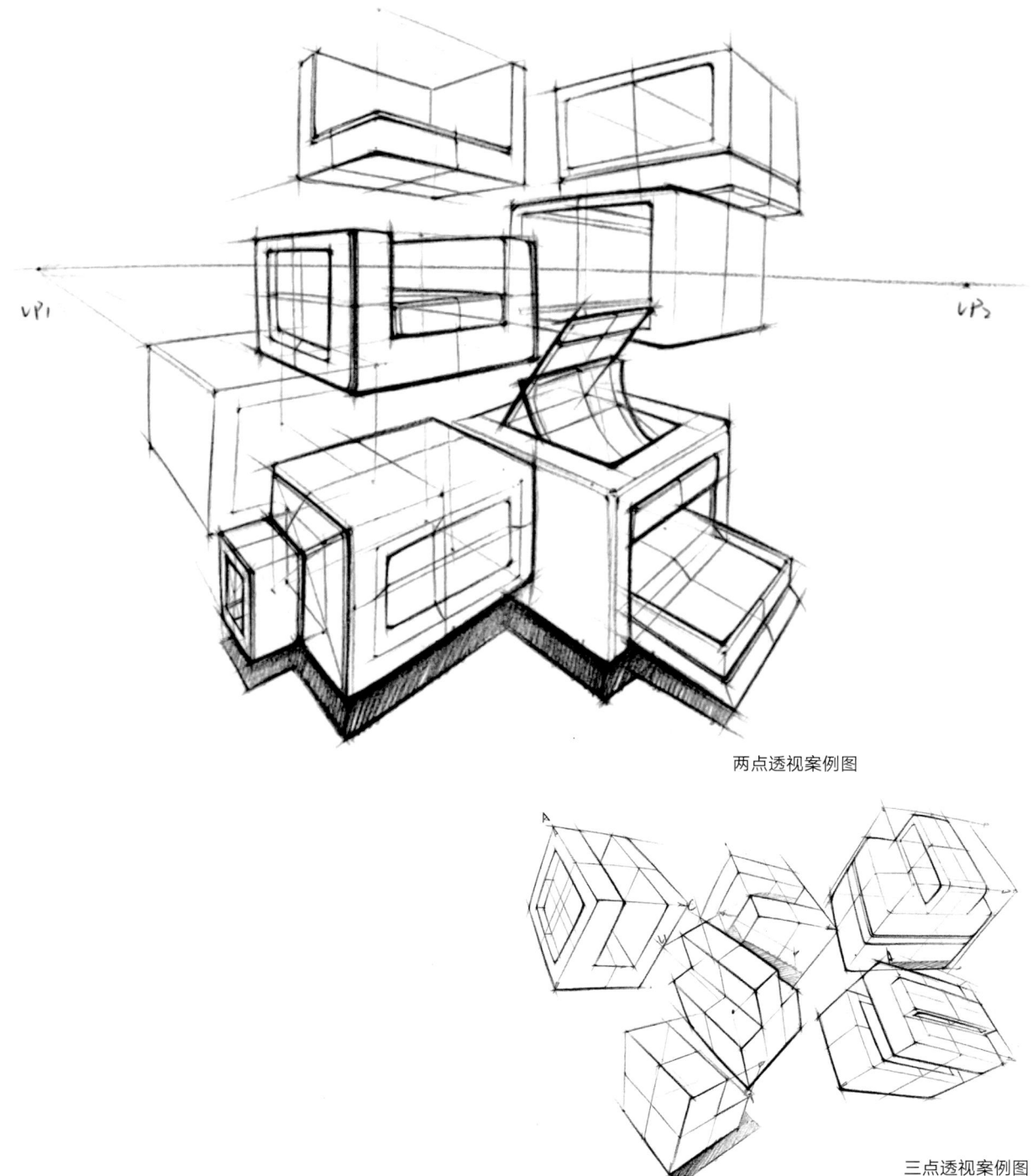

两点透视案例图

三点透视案例图

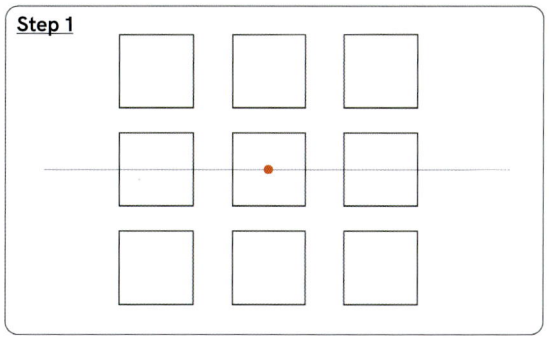

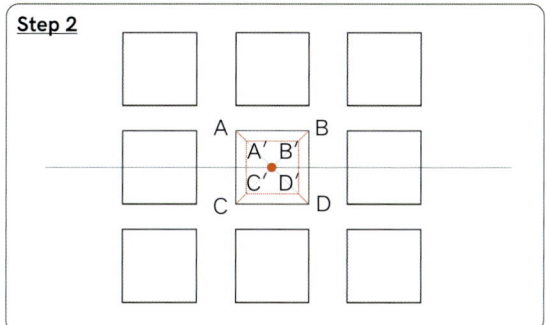

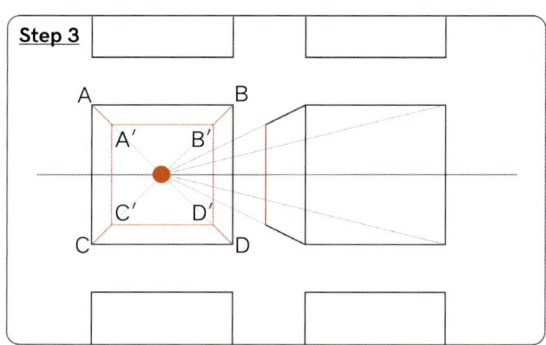

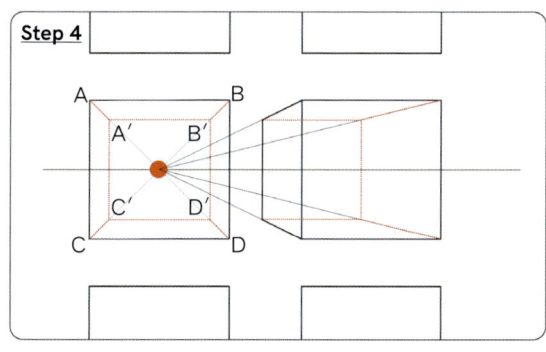

学后训练

一点透视训练

绘制 3×3 或 5×5 的一点透视正方体阵列图，练习一点透视技巧。

Step 1 找到练习所用纸张的中心，作为一点透视的灭点，并将该点作为中心正方体的中心点，绘制 3×3 的正方形轮廓。

Step 2 画出中心正方体的外轮廓线 ABCD 和内轮廓线 A′B′C′D′。

Step 3 以中心点为灭点，作所有正方体的各个顶点与中心点的虚拟消失线。

Step 4 以中心正方体为参考，对照补充其他正方体的完整内外轮廓线。

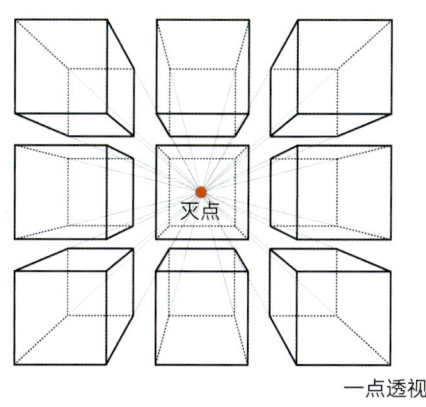

一点透视

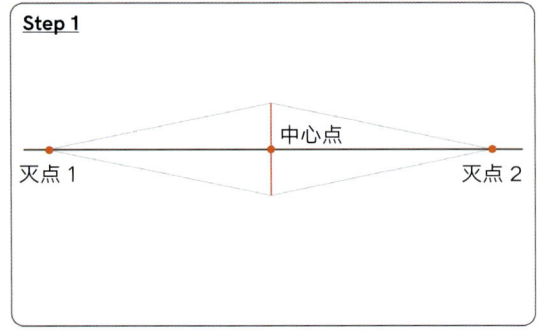

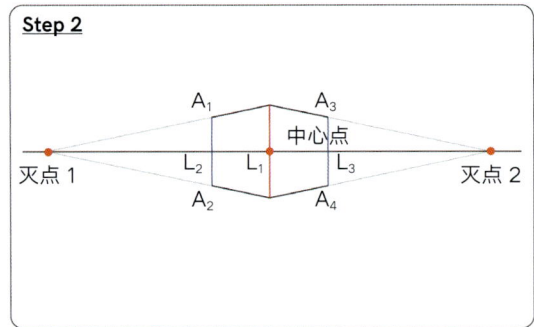

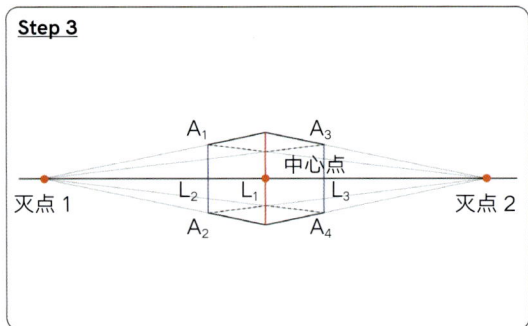

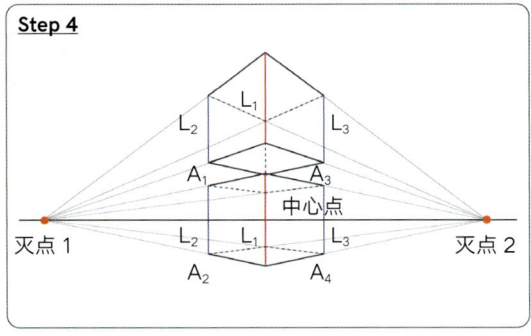

两点透视训练

绘制 3×3 或 5×5 的两点透视正方体阵列图，练习两点透视技巧。

Step 1 在纸张中间画一条平行于纸边的实线，并在实线两端定两个灭点，作为两点透视的灭点。

Step 2 确定两点透视正方体的侧棱 L_1 所在位置。以中心正方体为例，确定侧棱 L_1 位置后，将其上下端点与左右灭点相连，并画出垂直方向的外轮廓线 L_2、L_3，得出消失线与外轮廓线的交点 A_1、A_2、A_3、A_4。

Step 3 将 A_1、A_2、A_3、A_4 四个点与灭点连接，得到该正方体的内轮廓线。

Step 4 按照以上步骤绘制 9 个位置不同的正方体。

通过上述练习，我们可以看出，距离灭点越近，正方体边长看起来越短。此处可以近似假设正方体的侧棱 L_1 在该体系的各个位置都相等，明确两点透视原理即可，为后续绘制形体打下良好的透视基础。

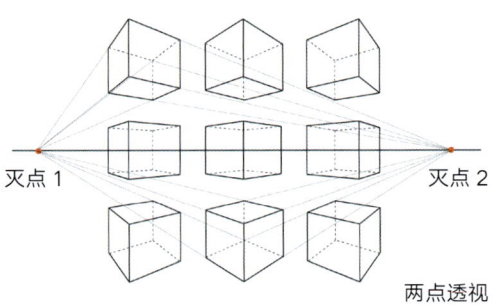

两点透视

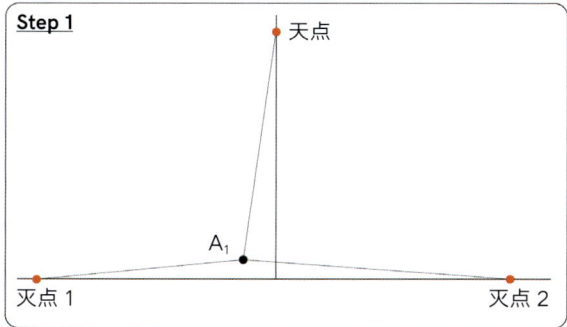

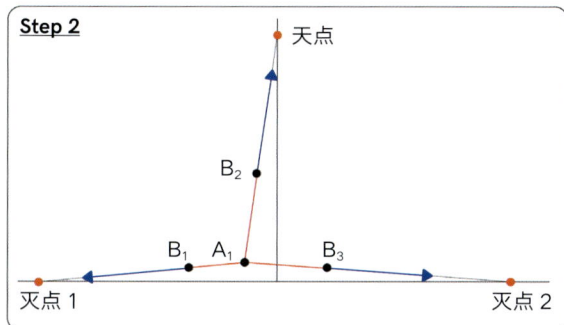

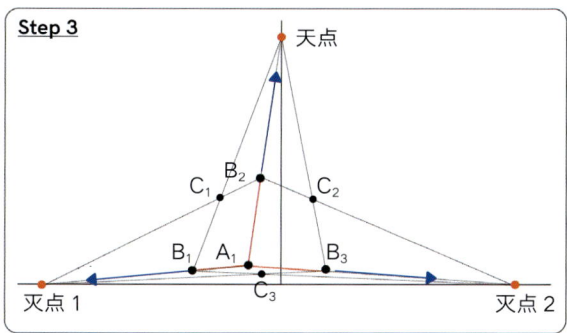

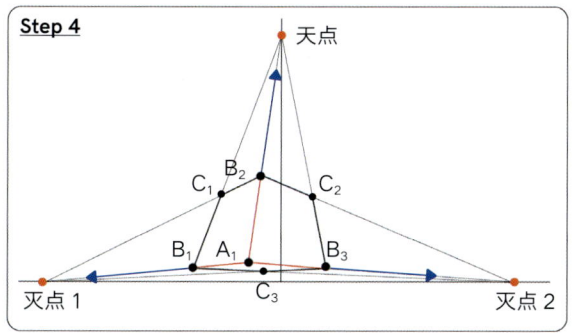

三点透视训练

训练内容包括两部分：第一，绘制不少于 5 个位于视平线上方、以天点为灭点的正方体；第二，绘制不少于 5 个位于视平线下方、以地点为灭点的正方体。训练时，可以于一张纸上绘制共计不少于 10 个三点透视正方体。以天点透视正方体为例，步骤如下：

Step 1 在视平线上方定好点 A_1，将其分别与天点和左右两侧的灭点相连。

Step 2 定好该正方体的顶点 B_1、B_2、B_3。

Step 3 将顶点 B_1、B_2、B_3 分别与天点和两侧的灭点相连，得到新交点 C_1、C_2、C_3。

Step 4 连接 C_1、B_2、C_2、B_3、C_3、B_1，得到三点透视正方体。

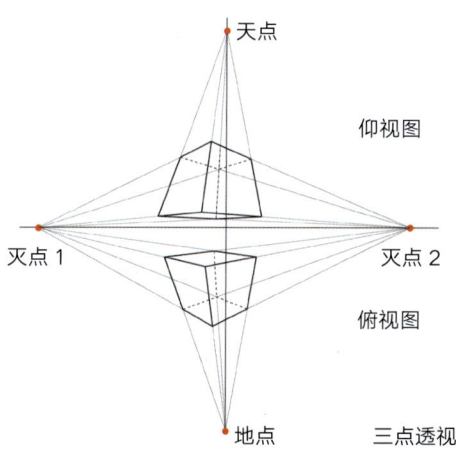

三点透视

产品透视图训练

临摹以下手绘图,巩固练习与透视相关的知识,积累产品线稿的手绘表达方法,活学活用,在绘制形体中感受透视的变化。

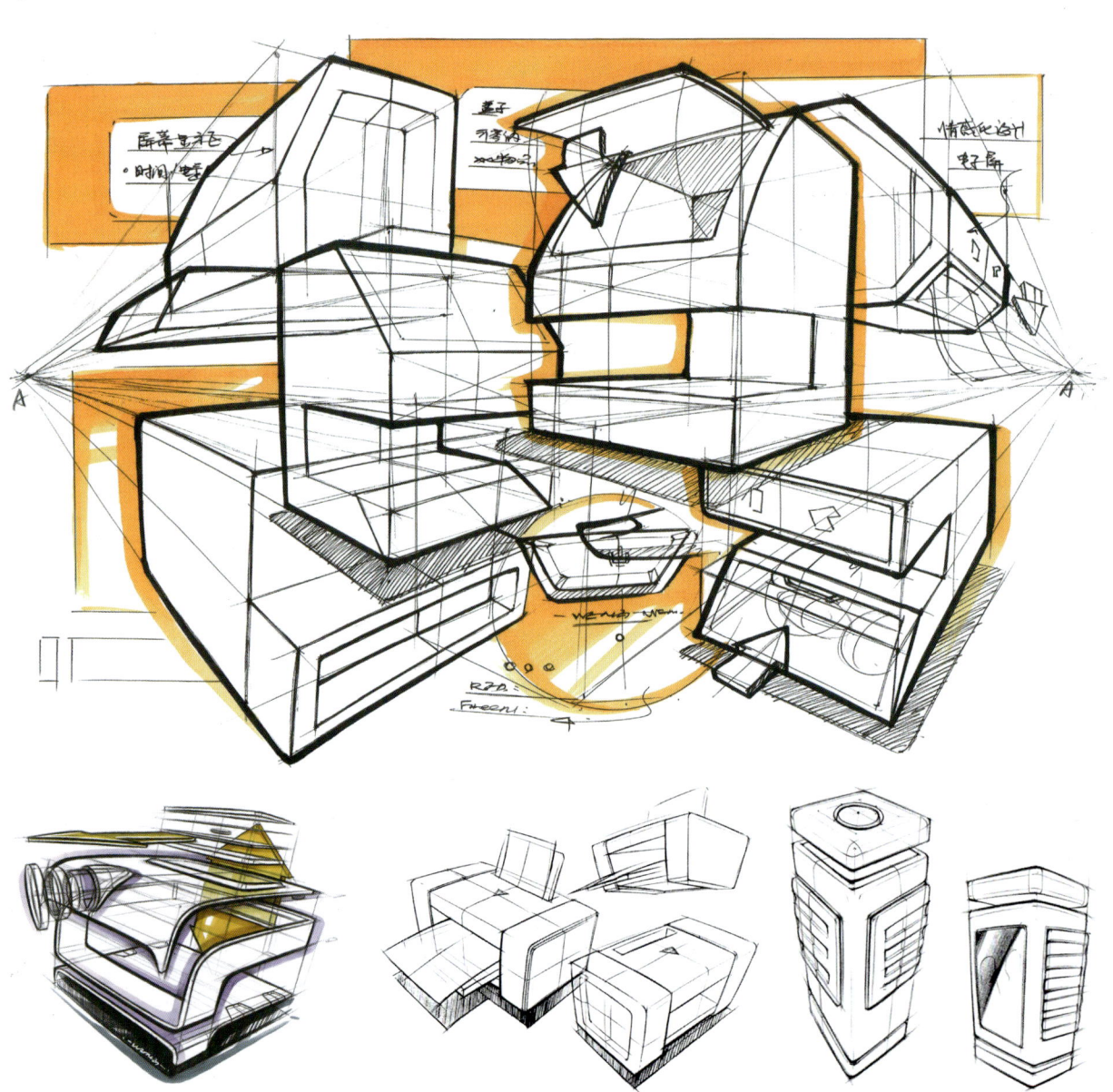

Chapter 3
第 3 章

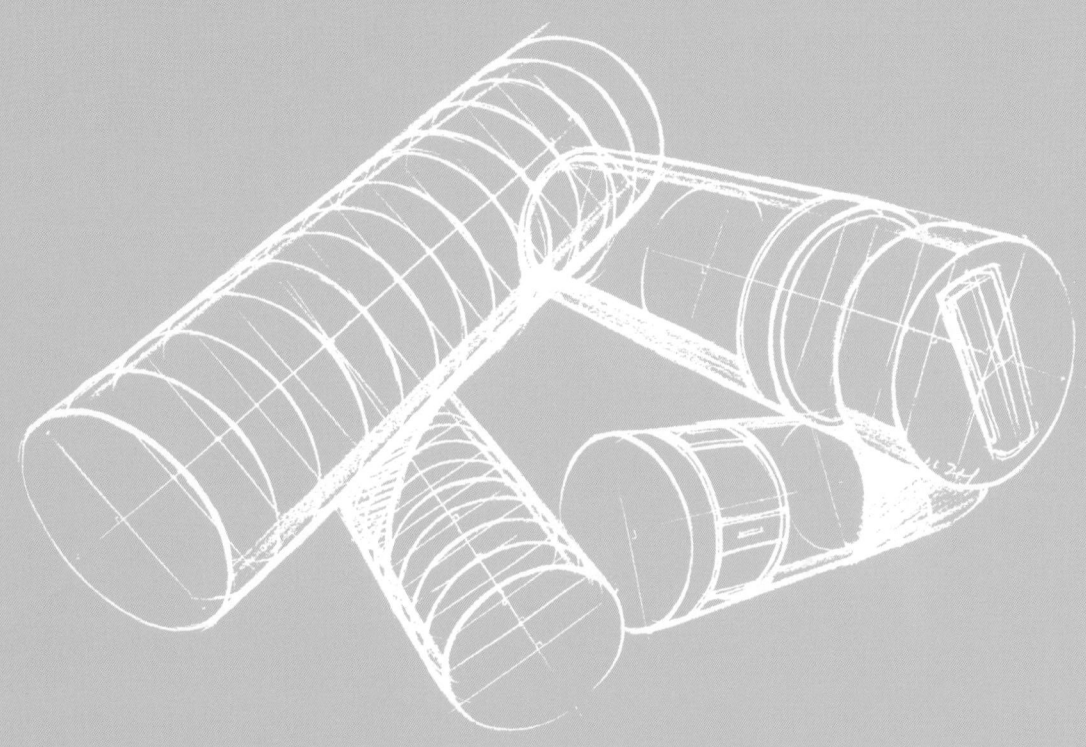

Quick Representation of Circles, Ellipses and Cylinders
圆、椭圆与圆柱的快速表现

圆和椭圆是手绘基本功训练的重要组成部分，也是难点所在。手绘初学者难以将椭圆形态把握得尽善尽美。通过大量练习培养手感，在后期的绘制过程中，才可以顺畅、自然地画出想要的椭圆形态。绘制圆和椭圆时，均可以借助辅助线来实现对形态的控制：通过构建符合透视原则的二维平面或三维立体空间，将圆和椭圆归纳在辅助结构中，进而把握圆和椭圆的形态，对于初学者掌握圆和椭圆的绘制技巧具有重要作用。

3.1 Drawing Techniques of Circles 圆的绘制技巧

圆形物体细节展示

圆在产品手绘中的应用范围不及椭圆广泛，一般用于绘制球形产品的外轮廓，或者用于勾勒产品上的圆形细节。练习画圆时，很难一笔画出标准圆，只需确保形状接近圆，不影响人们对形状的解读即可。圆的手绘练习不但有助于我们锻炼手眼协调性，而且，因为椭圆的绘制方法基于圆，了解圆的绘制技巧也有助于我们更加得心应手地绘制椭圆。

3.1.1　圆的应用

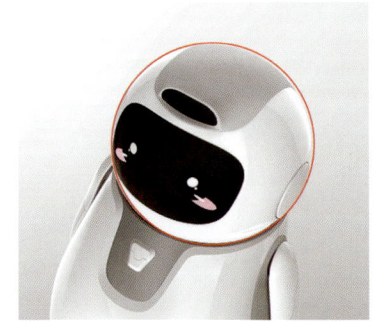

圆在产品手绘中的运用相对较少，主要有四种常见情形：

（1）用于刻画物品的细节。在无需考虑物品透视变化的情况下，需用圆来表现产品上的圆形细节，比如全自动滚筒洗衣机的圆形门、圆形按钮和图标等，如本页右上图所示。

（2）用于球体类产品的刻画。球体的特殊之处在于，无论从哪种视角观察，其外轮廓始终为圆形，所以，在绘制球体类产品时，需要以圆作为产品主体绘制的基本形。比如，对右图所示的三种机器人头部外轮廓的刻画，均以圆为基础。

球体类产品展示

（3）用于标注效果图上的重点。在我们通过手绘表达设计创意时，可以用圆形圈出重点强调的位置。尤其是在展示产品细节时，我们可以将产品细节的特写放在圆圈中，达到突出重点的目的。

（4）用于为手绘效果图提供背景衬托。为了进一步突出产品的主效果图或者重点区域，可以用圆形作为背景，从而起到衬托的作用。

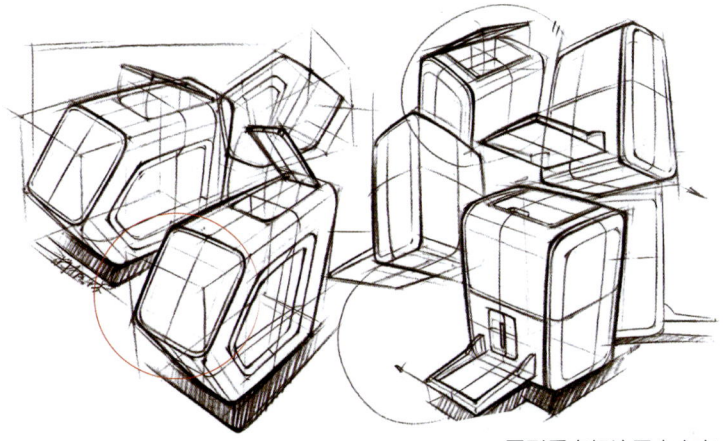

圆形重点标注图中内容

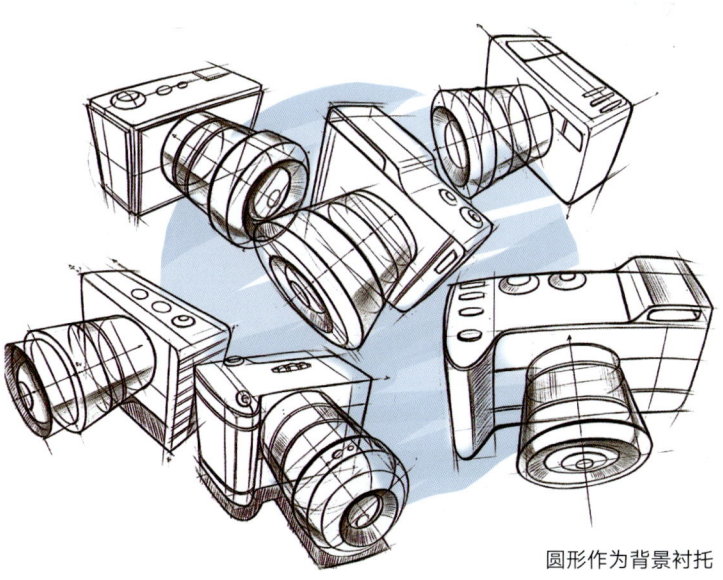

圆形作为背景衬托

3.1.2 圆的绘制方法与技巧

圆的绘制是具有挑战性的，推荐使用的画法有三种：第一种是"四点绘圆法"，第二种是"徒手运圆法"，第三种是"尺规作图法"。

❶ 四点绘圆法

该方法需要绘制辅助线定点以确定画圆时的运动轨迹。这种方法容易理解且可控性较强，适合初学者，有利于锻炼控笔能力。以下为绘图步骤：

Step 1 可以以正方形为基础，绘制直径与正方形边长相等的圆。连接该正方形的对角线，并找出该正方形各边的垂直平分线。

Step 2 标记该正方形的垂直平分线与四边的交点，即 A_1、A_2、A_3、A_4；

Step 3 按照顺时针或逆时针方向，顺次连接四点画圆。

在运用四点绘圆法的时候，可以先保持手臂悬空，绕着四点感受圆的形状和趋势，再落笔画出一个圆。如果很难一笔画成完整的圆，也可以采用先绘制一半，再补充另外一半的方法。参考下方的图示，无论运笔的方向如何，只要最终呈现的圆线条流畅、形态饱满即可。

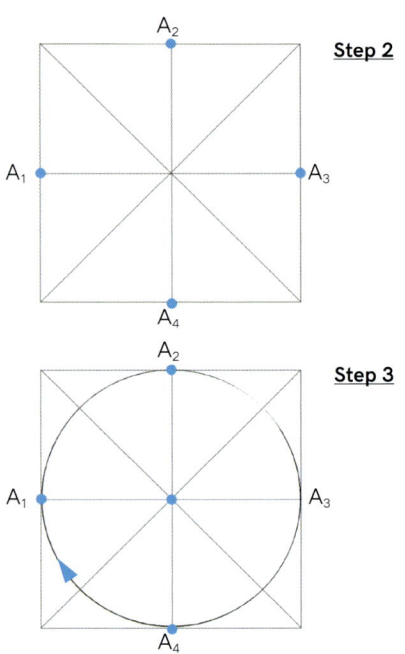

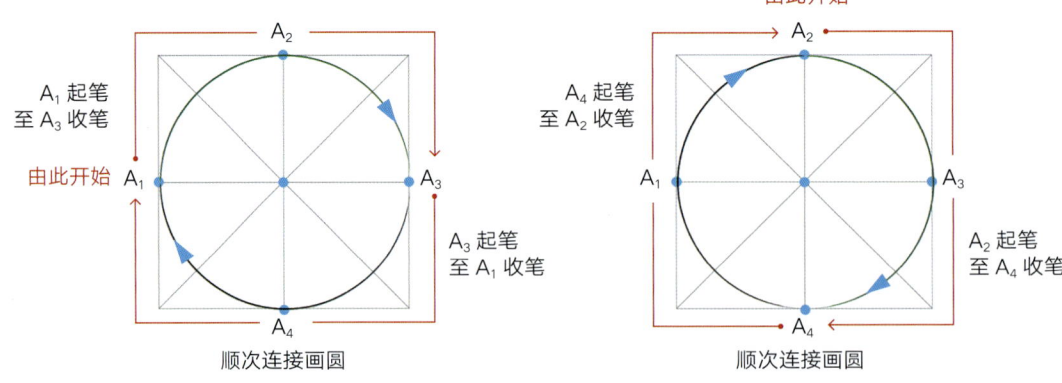

TIPS 运用四点绘圆法的时候，初学者经常会因两类问题而导致圆的外观不规则：第一类是曲率不均匀的畸形圆；第二类是"尖角圆"，也就是在连接点时没有考虑整体形态的饱满度，导致画出的圆整体呈现类似菱形的形态。

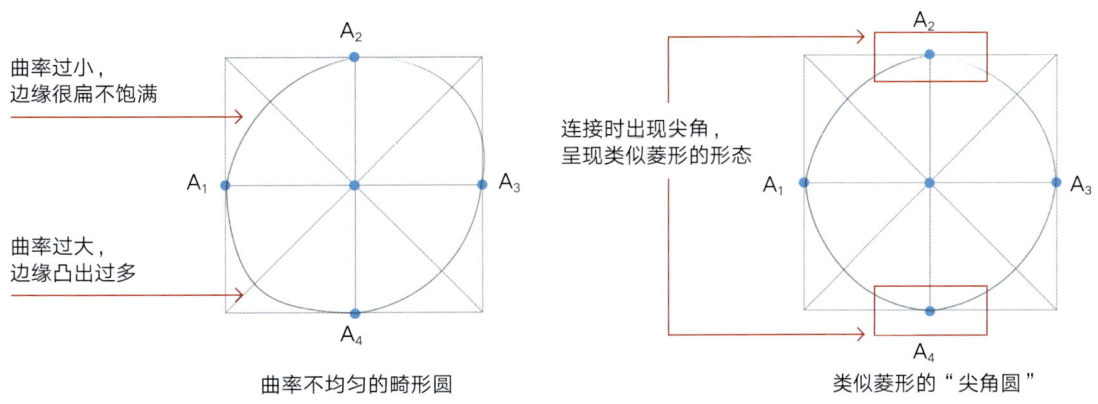

TIPS 对于初学者来说，圆的绘制是提升控笔能力的开始。要解决找不准圆的曲率的问题，有一个实用的方法：把四点绘圆法升级成"八点定圆法"，运用更多的辅助点来确定画圆时的走笔轨迹。该方法也是估测正方形内切圆的小技巧。

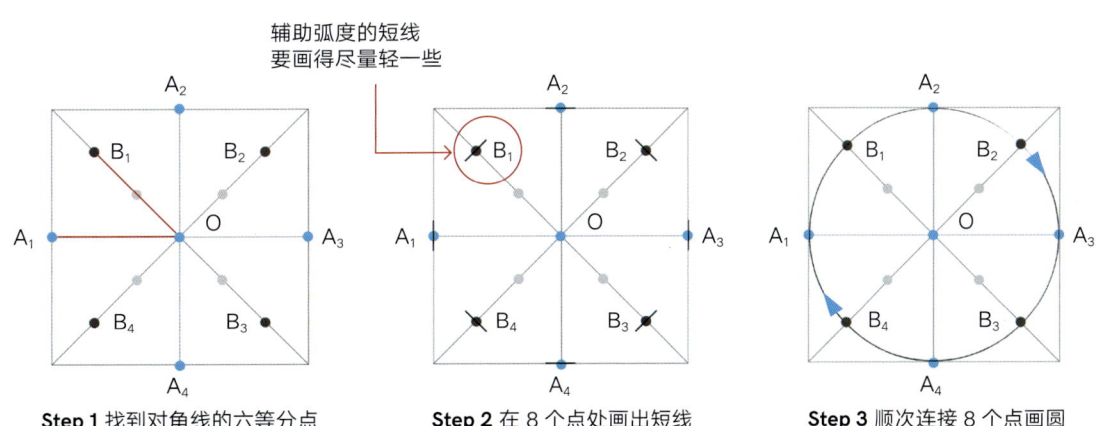

Step 1 在"四点绘圆法"的基础上,找出该正方形对角线上的六等分点 B_1、B_2、B_3、B_4。O 是该正方形的中心点,OA_1 的长度,即圆的半径,与六等分点 B_1 到 O 的距离相近,所以,该正方形的内切圆在 B_1、B_2、B_3、B_4 附近;

Step 2 过 A_1 至 A_4 和 B_1 至 B_4 共 8 个点,画出短线;

Step 3 以圆的形态圆润程度为主要依据,参考点 B_1 至 B_4 所在的位置,确定圆的曲率。

这样画圆可以有效帮助同学们确定运笔轨迹,避免出现圆的曲率过大或者过小的问题。

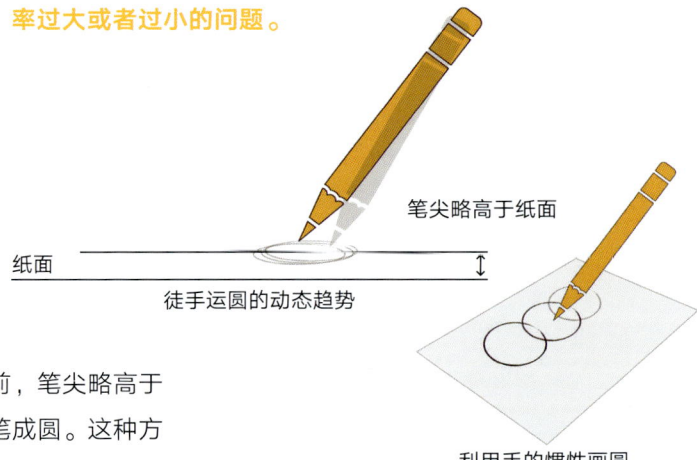

笔尖略高于纸面

纸面

徒手运圆的动态趋势

利用手的惯性画圆

❷ **徒手运圆法**

该方法适合有一定手绘基础的同学。绘制前,笔尖略高于纸面,快速在纸面上方运出圆的轨迹,然后落笔成圆。这种方法绘制出的圆比较灵动、飘逸,尽管其规范性可能弱于用辅助线绘制出的圆,但这种方法在手绘中最常用。

TIPS 在徒手绘制圆的过程中,可能会出现圆无法闭合或闭合时出现扫尾的情况,这都是很正常的现象。只要尽量避免出现不规则的形状,多加练习,使其趋近于圆的形态即可。

未闭合圆　　闭合时出现扫尾　　不规则圆

❸ 尺规作图法

在画圆的时候也可以使用圆尺。虽然缺少徒手画出的圆的灵动感，且由于圆尺本身的限制，可能找不到所需尺寸的圆，但是，在强调规范性的绘图场景下，例如批量绘制多个图标时，建议使用圆尺，以确保圆的线条干净、流畅，形态规范。

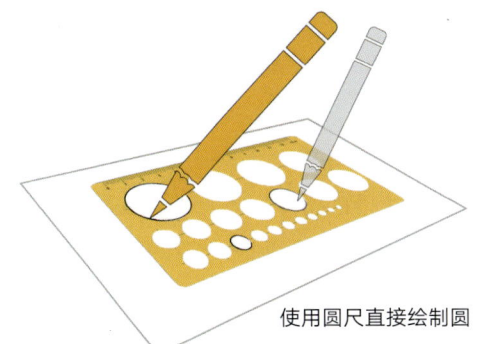

使用圆尺直接绘制圆

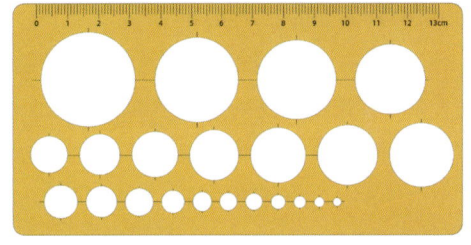

圆尺样例图

3.2 Drawing Techniques of Ellipses
椭圆的绘制技巧

椭圆在产品手绘中的应用范围非常广泛，在产品表面上呈现的圆，在一定倾角的透视下大多表现为椭圆形态。在绘制椭圆时需要结合产品整体的透视与各功能模块的比例，以确保产品造型的合理性。常用的椭圆的绘制方法主要有两种：第一种是"平面切割法"，第二种是"平面轴线法"。此外，也有其他绘制方法，比如尺规作图法，以及具备一定手绘功底才能熟练运用的徒手画椭圆法。同学们可以学习并选择自己擅长的方法去绘制椭圆，掌握其中的技巧与规律，培养准确、快速地传达设计创意与方案的能力。

3.2.1 椭圆的构成与特点

椭圆的绘制是产品手绘基本功中较难掌握的部分，需要绘画者具备一定的控笔能力和大量的练习积累。初学者绘制椭圆时的难点在于很难掌握椭圆的曲率和透视变化，下笔时常常感到困惑，不知道椭圆究竟需要多饱满，从而绘制出形态不规范或与产品整体比例不协调的椭圆。所以，在绘制椭圆之前，需要了解椭圆的构成要素和透视变化规律，在此基础上辅以持续的练习，就可以绘制出较为准确的椭圆。

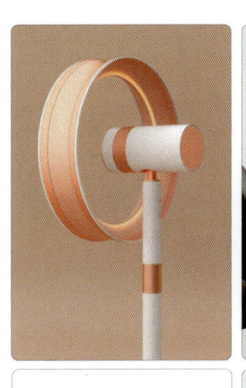

椭圆的主要构成要素包括长轴、短轴、轴心和曲线，了解椭圆的构成要素有助于我们更好地理解椭圆的绘制技巧与方法。无论观察椭圆的视角如何变化，每个椭圆均有且仅有一条长轴、一条短轴，两者相互垂直平分，长轴与短轴的交点即为轴心。如图所示，该椭圆长轴的两个端点 B 和 B′ 为该椭圆上相距最远的两个点——这也是判断一条线段是否为椭圆长轴的重要依据。确定椭圆的长轴 BB′ 后，作长轴的垂直平分线，即可找到短轴 AA′。长、短轴与椭圆曲线的交点 A、A′、B、B′ 为该椭圆重要的四个特殊点。

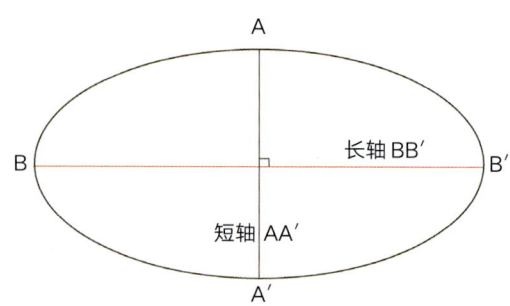

椭圆的长、短轴同时满足以下三个特点：

（1）椭圆的长轴与椭圆曲线的两个交点为该椭圆上距离最远的两个点，即椭圆的长轴是穿过该椭圆轴心的最长的线段；

（2）椭圆的长短轴相互垂直平分；

（3）椭圆分别沿着长轴和短轴呈轴对称图形。

见第 57 页顶部示意图，要判断图中的线段 A、B、C、D 哪条为椭圆 M_1 真正的长、短轴，有一个非常简单的方法：可以想象用剪刀沿线段 A、B、C、D 分别将椭圆 M_1 剪开，并沿箭头方向镜像。很容易看出，线段 C、D 可以将椭圆 M_1 均分，而沿着线段 A、B 则不能实现完全的轴对称。由此可以判断，线段 C 为椭圆 M_1 的短轴，线段 D 为椭圆 M_1 的长轴。

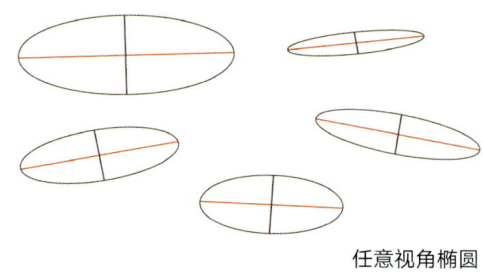

任意视角椭圆

我们可以运用椭圆同时沿着长轴和短轴对称这一特性，来判断椭圆的规范性或绘制较为规范的椭圆。如右图所示，上方的椭圆未沿短轴对称，呈现左窄右宽的"鸡蛋"形状，而下方的椭圆沿短轴呈对称形态，且椭圆曲线顺滑、衔接自然，是一个较规范的椭圆形态案例。

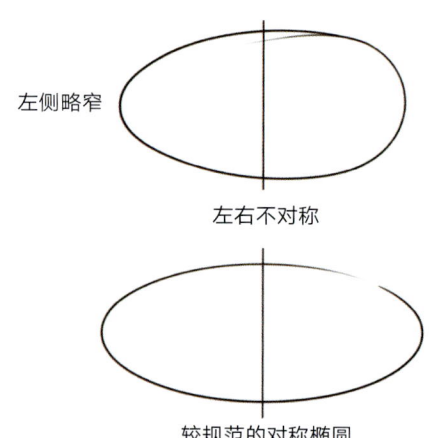

3.2.2 椭圆形态的成因

产品手绘中，椭圆形态的成因大致有两种：第一种是产品形体上本身有椭圆；第二种是圆在透视视角下呈现椭圆形状，例如，如第 57 页下方图片所示，手机的摄像头形状为圆形，但在不同视角下呈现出不同的椭圆形状。

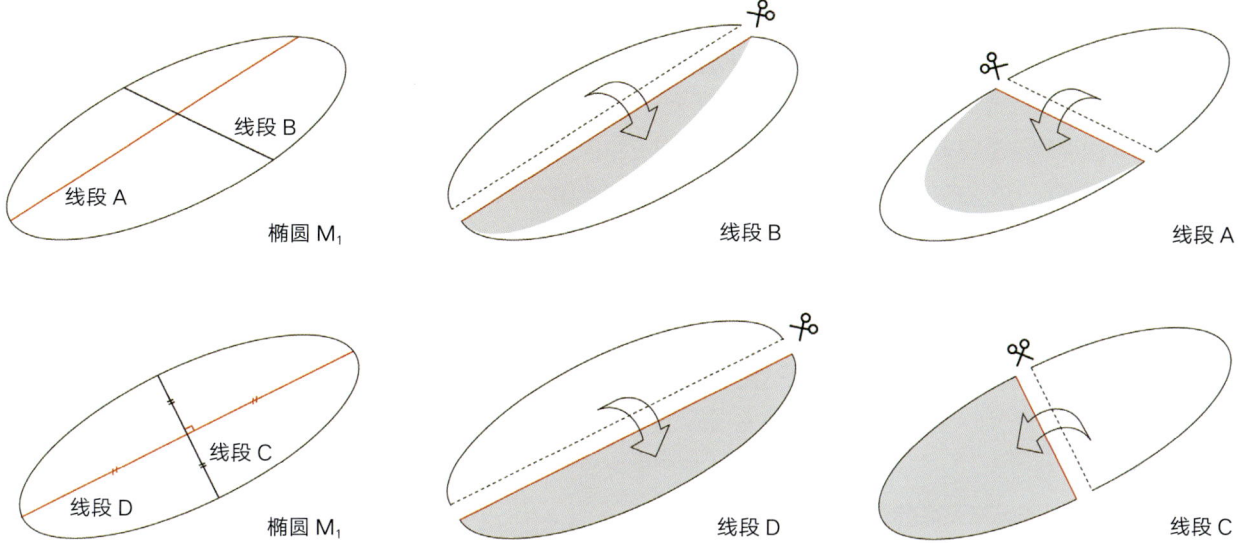

TIPS 椭圆 M_1 上的线段 A、B，看起来很像该椭圆在透视状态下的长短轴，很多同学在看线段 A、B 时，也许会因此误认为线段 A、B 就是椭圆的长短轴。但判断椭圆长、短轴的重要依据是两者能否分别均分椭圆且满足互相垂直平分这一特性，若两者不能满足，则不是长、短轴。

　　无论椭圆的成因是物体的轮廓本身即为椭圆，还是圆在透视视角下呈现为椭圆形态，我们均可以运用椭圆沿着长短轴对称，且椭圆的长短轴相互垂直平分的规律对其进行绘制。

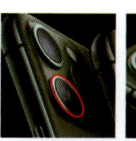

本体为圆　　　转角度后呈现椭圆形态

3.2.3　椭圆的透视规律

我们可以将椭圆视为发生透视变化后的圆，这样更容易借助辅助线理解椭圆的透视规律。

椭圆的透视规律主要有两点。第一点是椭圆内部发生的透视现象，主要表现为过椭圆外切矩形中心点的弦会沿透视收缩方向发生变化。

如图所示，我们可以将圆 M 视为特殊视角下的椭圆，此时，过外切矩形中心点 O 的弦 AB 与长轴 CD 重合。当圆 M 沿着透视方向右侧的灭点 L 发生透视变化时，我们将其命名为椭圆 M′。在椭圆 M′ 中，弦 AB 与长轴 CD 分离，且弦 AB 偏向椭圆 M′ 的透视方向 L。弦 AB 右侧的区域 S_2 由于距离灭点较近，其面积会小于远离灭点的左侧区域 S_1。从视觉角度来看，原本面积相等的区域，距离灭点越近，面积看上去越小，距离灭点越远，面积看上去越大，这就是我们通常所说的"近大远小"的透视现象。

但是，真正意义上的椭圆长轴是不发生透视变化的，始终能将椭圆均分。如右图所示，椭圆 M′ 的长轴 CD 两侧，区域 S_1' 与 S_2' 面积相等。

椭圆透视的第二点规律是，其长轴与短轴之比会因透视而发生变化。这一规律主要用于绘制空间立体圆柱。我们可以根据椭圆在空间中所处的位置调节椭圆的长宽比，并确定椭圆的曲率，从而绘制出符合圆柱透视规律的椭圆截面。

如第 59 页所示，当椭圆平行于视平面时，椭圆距离视平面越近，其长轴与短轴的长度之比越大，其整体形态看上去越"扁"，正好位于视平面上的椭圆呈现为一条线段；反之，椭圆距离视平面越远，其长轴与短轴的长度之比越小，其整体形态看上去也"鼓"。我们可以运用这一规律来绘制空间透视椭圆和圆柱。

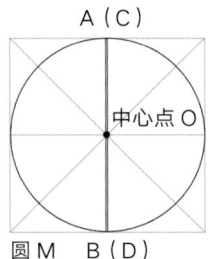

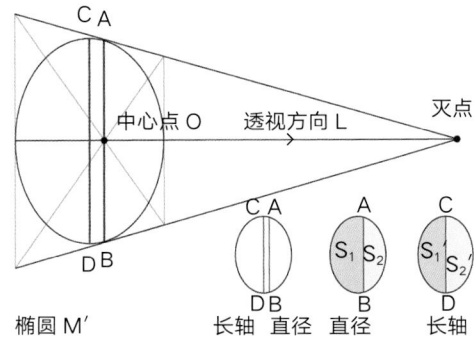

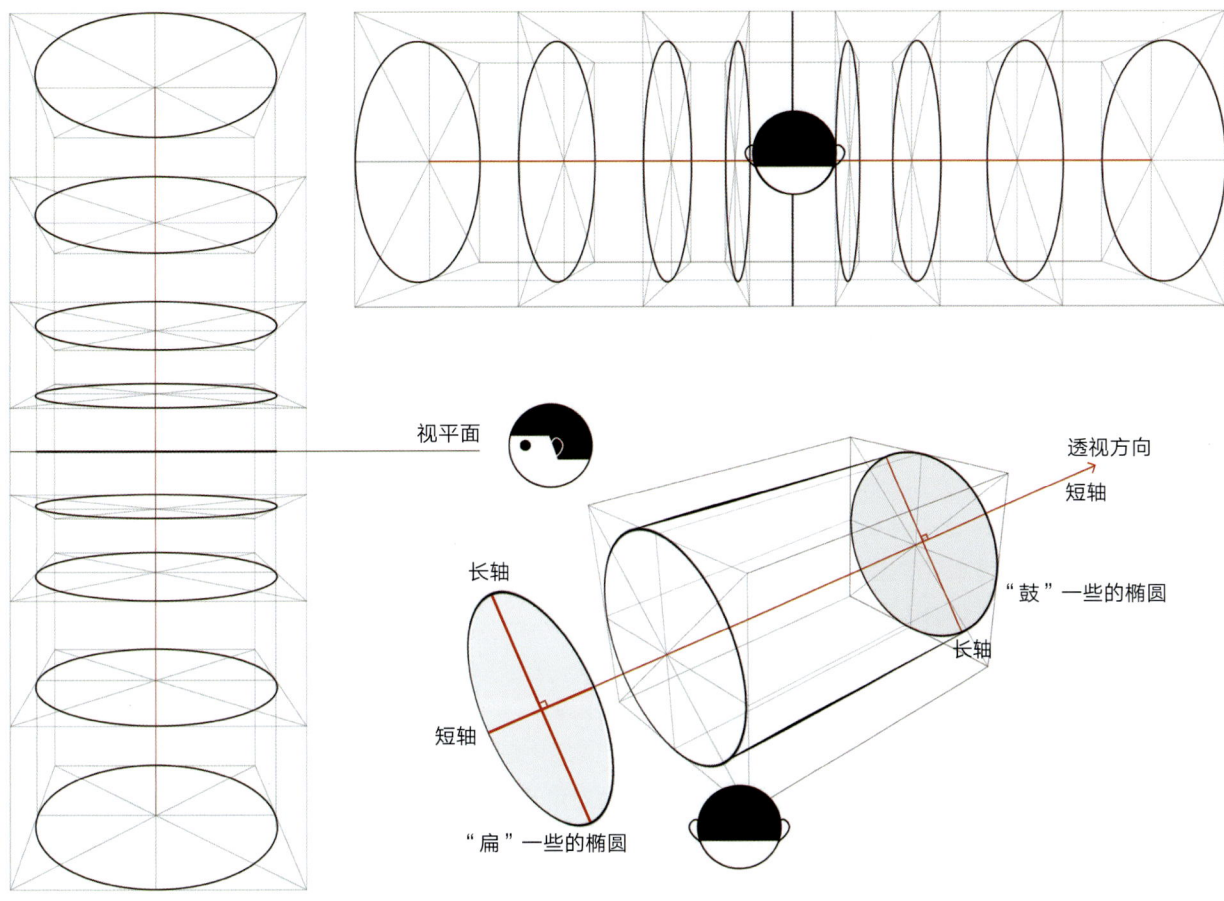

TIPS 在绘制椭圆的时候，为了更便利地为椭圆的关键辅助线命名，也常将过椭圆外切矩形中心点的弦 AB 称为"长轴"，但我们心中要知道，真正的椭圆长轴不会随透视视角而发生变化。

3.2.4 椭圆的绘制方法与技巧

椭圆的绘制是手绘基本功中比较难的部分，需要长久的练习积累，才能如鱼得水般绘制出流畅的椭圆形态。

以下，将为大家两种有效的椭圆绘制方法，一种是"平面切割法"，另一种是"平面轴线法"，帮助大家掌握椭圆的绘制方法与技巧，从而提升绘制椭圆的效率与准确度。此外，与圆类似，椭圆也可使用椭圆板绘制，但椭圆板提供的椭圆曲率和尺寸有限，难以画出表现产品形体的透视变化所需的形态各异的椭圆。随着手绘经验的积累，也可尝试不借助辅助线或椭圆板，采用徒手画椭圆法，直接画出所需要的椭圆。

❶ **平面切割法**

无论椭圆的成因是本身形态即为椭圆，还是圆在透视视角下呈现出椭圆的形状，我们均可以用平面切割法，借助辅助线确定椭圆的形态和位置。使用该方法绘制椭圆的步骤如下：

Step 1 根据形体透视视角的变化和设计的需求，自定义椭圆外切矩形的透视方向及其长宽比。

Step 2 确定透视椭圆所在的平面后，连接该平面的对角线，得到中心点 O。

Step 3 过中心点 O，顺着平面的两个透视方向，分别作该平面的透视中线，并找出四个交点 A_1、A_2、A_3、A_4。

Step 4 顺次连接 A_1、A_2、A_3、A_4，形成椭圆。

在运用平面切割法的时候，只需要改变椭圆所在平面的透视角度，就可以绘制出各种透视方向的椭圆了。

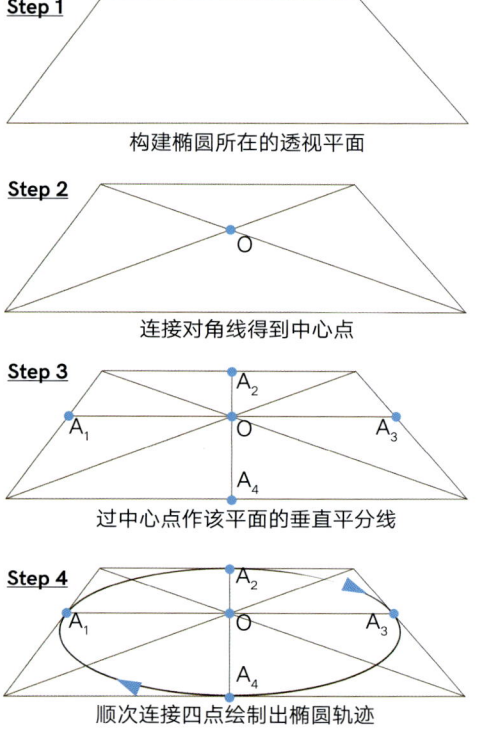

Step 1 构建椭圆所在的透视平面

Step 2 连接对角线得到中心点

Step 3 过中心点作该平面的垂直平分线

Step 4 顺次连接四点绘制出椭圆轨迹

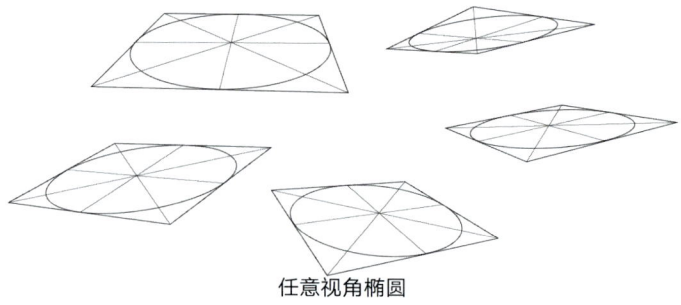

任意视角椭圆

TIPS 运用平面切割法绘制椭圆时，要注意椭圆所在平面的透视准确性和辅助线的规范性，比如，透视平面的中线应穿过该平面的对角线交点。如下图所示，要避免由于辅助线位置不准确而造成椭圆形态扭曲的情况。

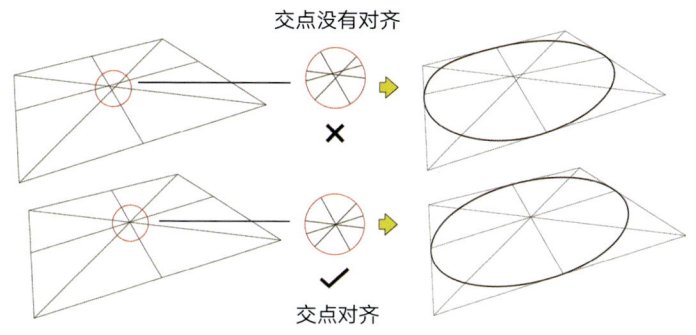

❷ 平面轴线法

我们可以利用椭圆的长短轴相互垂直平分的特性，通过构建椭圆的长短轴来绘制椭圆。

如下图所示，先构建椭圆的长轴 BB′，再过长轴的中点 O 作其垂直平分线 AA′，AA′ 即为该椭圆的短轴。我们只需定义长、短轴的长度及两者的比值，就可以根据四个端点的位置绘制所需的椭圆。

运用平面轴线法绘制椭圆的时候，在保持长短轴相互垂直平分的基础上，旋转长、短轴，或改变长、短轴的长度之比，就可以得到各种角度和大小的椭圆。

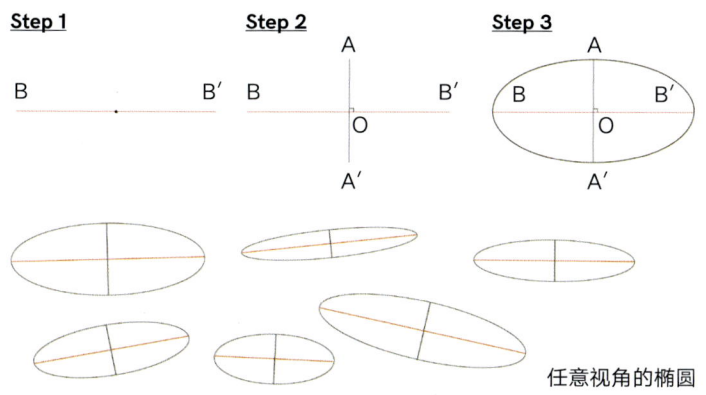

任意视角的椭圆

3.3 Drawing Techniques of Cylinders
圆柱的绘制技巧

通过手绘表达圆柱形态的基础是掌握圆和椭圆的绘制方法。基于椭圆的透视规律，我们可以通过调节圆柱截面椭圆的曲率，实现圆柱透视角度的变化。掌握圆柱的透视表现技巧，可以帮助我们绘制水杯、加湿器等圆柱形产品。

图片来源：工业设计俱乐部（微信公众号）

3.3.1 圆柱的透视规律

圆柱的透视规律主要体现在截面椭圆的形态和面积变化两个方面。

（1）截面椭圆的形态变化

在同一圆柱中，若圆柱的摆放角度不变，且人眼观察该圆柱的视角也不变，那么，距离人眼越远的椭圆，其椭圆长短轴的比值越小。从视觉感受上讲，远端的截面椭圆看上去比近端的截面椭圆要"鼓"一些。

如右图所示，从圆柱 L 摆放的侧视角度来看，椭圆 A 距离我们的眼睛较近，其长短轴比值相较于椭圆 B 更大，看上去比椭圆 B 要"扁"一些；反过来，椭圆 B 距离我们的眼睛较远，其长短轴比值较小，形态趋近于圆，相较于椭圆 A，看上去更为饱满、圆润。

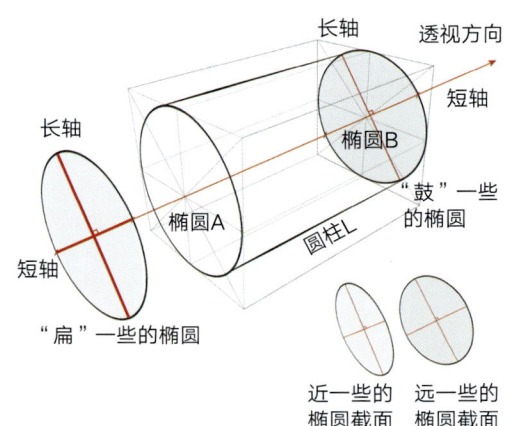

（2）截面椭圆的面积变化

在同一圆柱中，距离灭点越近的截面椭圆越小。在绘制的时候，需要考虑椭圆的面积大小与距离人眼远近之间的关系。

如下图所示，顶视图中的四个含内切圆的正方形边长均为 a，以 b 为间距均匀分布。人眼从右侧观察该圆群组，在透视视角下，圆随着距离灭点的远近不同呈现为不同曲率和大小的椭圆。我们从图中可以看出，距离灭点越近，椭圆面积越小，以 a 为边长的正方形也朝着灭点方向产生了边长变短的视觉效果，即 $a_1 > a_2 > a_3 > a_4$。同时，距离灭点越近，椭圆之间的间距也越小，即 $b_1 > b_2 > b_3 > b_4$。

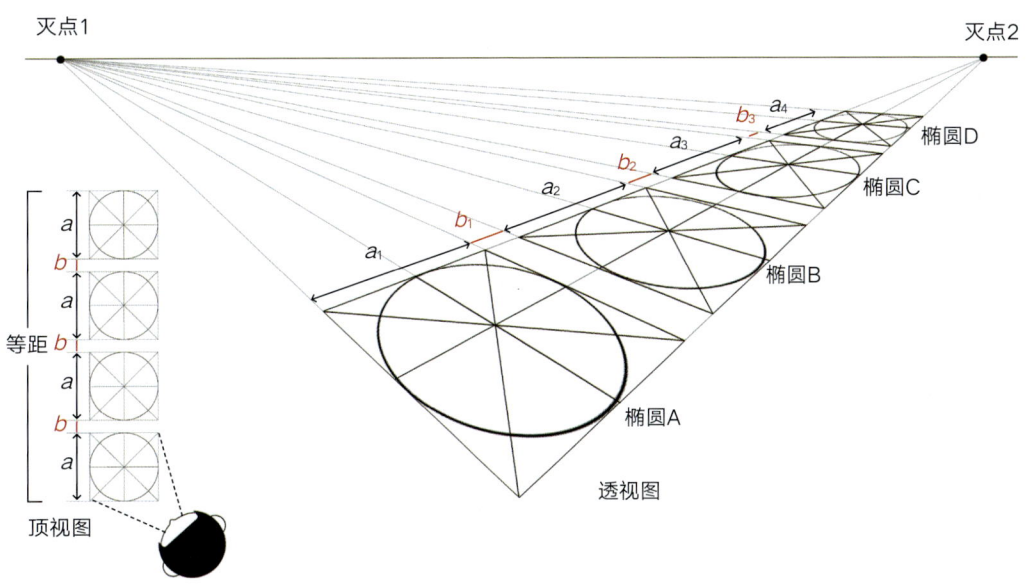

3.3.2 圆柱的绘制方法与技巧

绘制圆柱有两种比较常规的方法：第一种是立体切割法，先构建透视长方体，再切出圆柱；第二种是立体轴线法，通过确定圆柱截面椭圆的长短轴来辅助圆柱的绘制。两种方法各有优劣势：前者需要构建、较多的辅助线，但绘制过程中有矩形外框作为边界线参考，能保证画出的圆柱形态较为规范；后者更为便捷，但由于绘制时仅依靠关键轴线和参考点，需要以熟悉椭圆的形态为基础，才能准确地完成圆柱的绘制。在绘制圆柱类形体的时候，我们应该灵活地综合运用两种绘制方法，提升手绘表达的效率和准确性。

❶ 立体切割法

立体切割法指的是通过构建透视长方体，结合绘制椭圆的平面切割法，找出透视长方体中的截面椭圆，从而绘制出圆柱的方法。

<u>Step 1</u>　通过思考，确定所需圆柱的透视方向，以及圆柱截面大小与高度之间的比例关系，再构建与所需圆柱透视方向一致的透视长方体。接着，分别连接透视长方体顶面与底面的对角线，并分别找到截面的中心点。

<u>Step 2</u>　过长方体截面的中心点，顺着长方体的透视方向，分别找出截面的两条透视中线。

<u>Step 3</u>　通过一个检验环节，判断通过前两个步骤是否准确找到了透视平面的中线。在寻找长方体的截面中线时，可能会由于截面上的辅助线较多而出现错误判断中线方向的情况。在检验长方体的截面中线是否与整体透视方向一致时，我们可以分别连接上、下两个截面的中线交点，观察新增的连接线是否与整个长方体的透视方向保持一致，进而判断上、下截面中线方向的准确性。这种检验方法是比较直观的。如果新增的连接线没有与长方体透视方向保持一致，则需要微调中线的位置，为绘制规范的透视椭圆打下良好的透视基础。

<u>Step 4</u>　确定长方体上、下截面的中线交点后，运用平面切割法（详见第60页），通过顺次连点绘制椭圆。

<u>Step 5</u>　连接上、下两个截面椭圆的外轮廓，完成绘制。

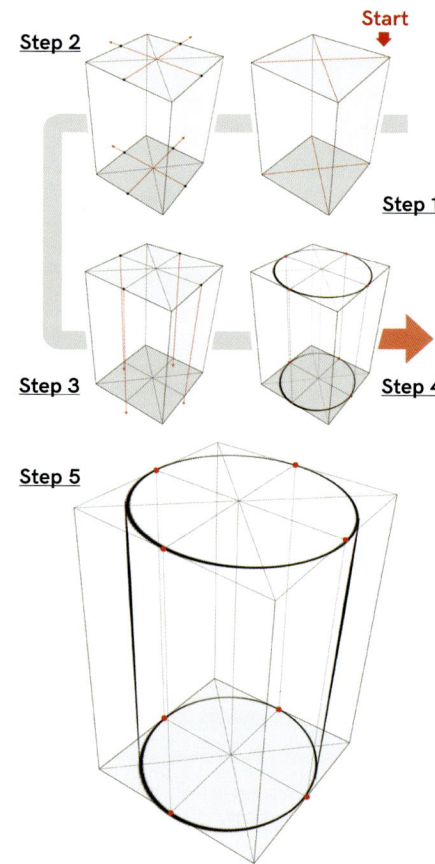

TIPS 在确定长方体截面中线的方向时，常出现下图中的两种情况。长方体 A 中，底面的中线方向与整个长方体的透视方向不一致，导致连接线 L_1 的透视方向与其中一条结构线的透视线提前相交于一点，没有保持长方体的透视线同步向灭点集中的趋势。长方体 B 的截面中线则是较为准确的，截面中线交点的连接线 L_2，其透视方向与长方体的整体透视方向一致。

❷ **立体轴线法**

立体轴线法是通过构建椭圆的长、短轴来绘制圆柱的方法。通过学习椭圆的透视规律（详见第 58 页），我们了解了椭圆长、短轴及过椭圆中心点的弦的透视变化规律。我们可以运用这些规律，构建圆柱顶部和底部的截面以绘制圆柱。

Step 1 首先，根据设计需求确定圆柱的透视方向和高度，注意截面椭圆的短轴应与圆柱中轴所在的透视方向 L 共线。过透视线 L，作垂线 H_1 和 H_2，两者的间距即为圆柱的高度。

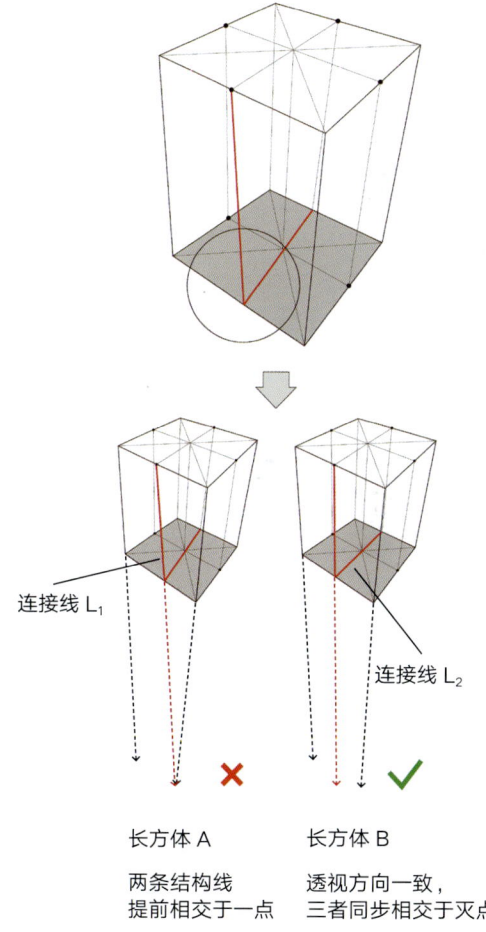

长方体 A
两条结构线
提前相交于一点

长方体 B
透视方向一致，
三者同步相交于灭点

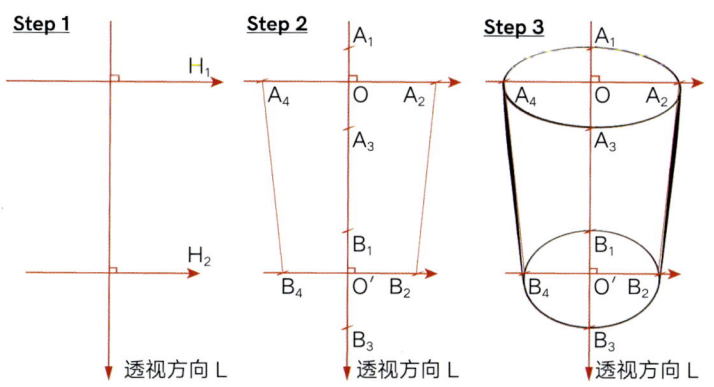

Step 2 确定过圆柱顶面中心点 O 的弦 A_4A_2、A_3A_1 以及过底面中心点 O′的弦 B_4B_2、B_3B_1。

首先，以俯视视角下的圆柱为例，根据"近大远小"的透视规律，从椭圆的曲率来看，顶面椭圆更接近人眼俯视视角的视平面，所以，该椭圆应当看起来更"扁"；而底面椭圆离人眼的视线方向更远，离灭点更近，所以视觉上更"鼓"一些。因此，应有 $A_4A_2 > B_4B_2$。分别沿 H_1 和 H_2，确定与中心点 O 距离相等的点 A_4、A_2 及与 O′距离相等的点 B_4、B_2。应有 $OA_4=OA_2$，$O′B_4=O′B_2$，且 $OA_4 > O′B_4$。

同理，为了符合"近大远小"的透视规律，按照 $OA_3 > OA_1$，$O′B_3 > O′B_1$ 的方式确定弦 A_3A_1 和 B_3B_1。

Step 3 顺次连接 A_1、A_2、A_3、A_4 绘制出顶面椭圆，再顺次连接 B_1、B_2、B_3、B_4 绘制出底面椭圆。最后，连接 A_4 与 B_4、A_2 与 B_2，完成圆柱的绘制。

运用平面切割法和立体轴线法的原理，可以根据设计需求绘制出各种比例的圆柱形产品，比如运动水杯、加湿器等。

我们还可以在构建圆柱轴线的基础上，改变圆柱外轮廓线的弧度，并调节各椭圆截面的大小及倾角，根据设计需求衍生出多种多样的产品。

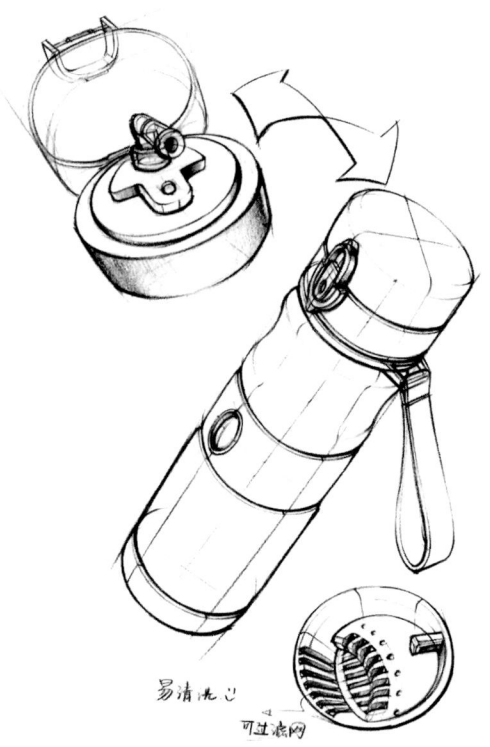

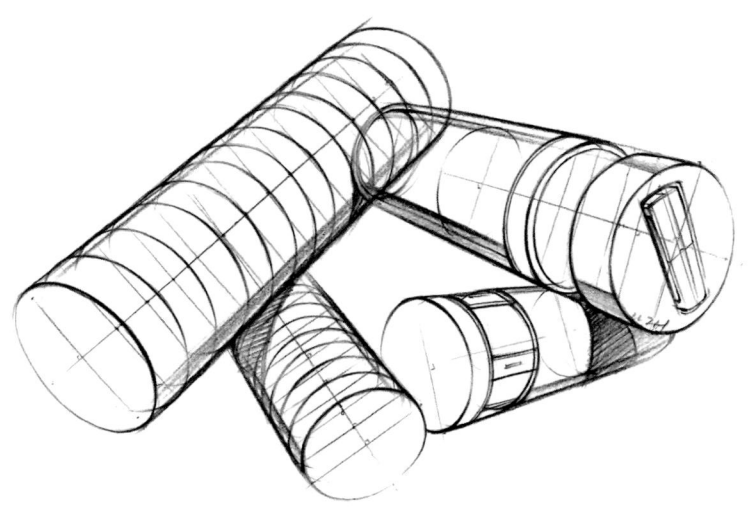

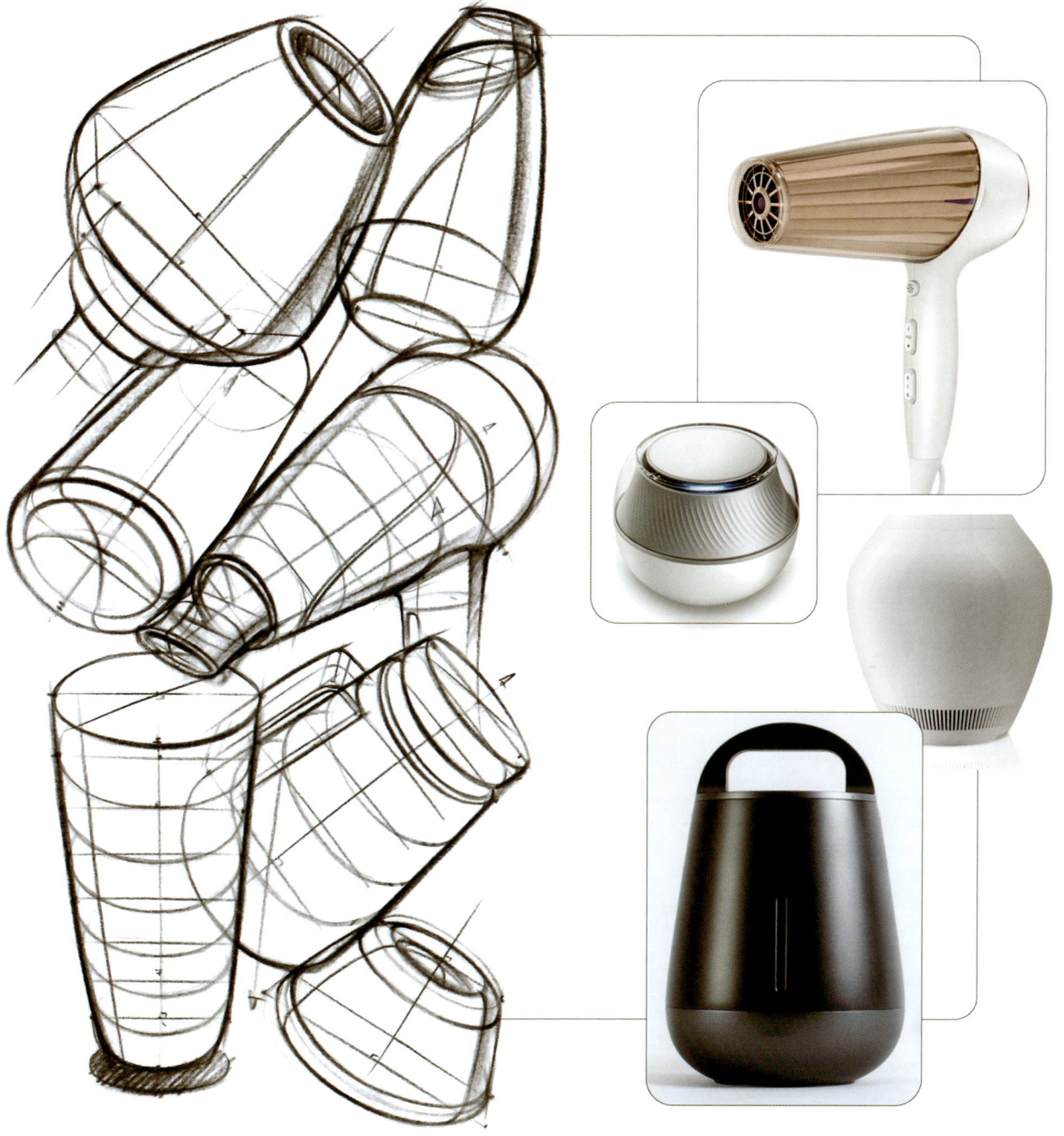

第3章 圆、椭圆与圆柱的快速表现

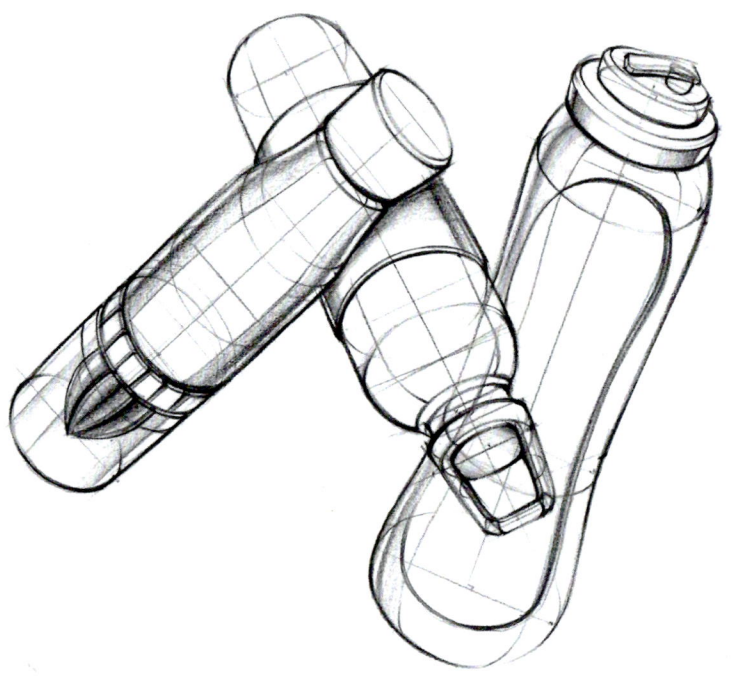

学后训练

训练1

将图中的三款水杯绘制在同一张纸上,可以自由改变水杯的方向与位置。在临摹时,注意椭圆的透视变化和饱满程度。在加重曲线时,可以从边缘向中间弧线逐渐加重,也可以从距离人眼较近的视觉焦点处加重,在保持曲线顺畅的基础上,根据线条的属性,赋予线稿轻重变化,使其更加生动。

训练2

寻找自己喜欢的五款圆柱形态的产品,对照真实物品的参考图,将五款产品绘制在同一张纸上。绘制前可以提前排版构图,避免将产品画到纸张之外。绘制完成后,有马克笔的同学可以尝试填充背景色、添加箭头等,衬托画面中的产品。

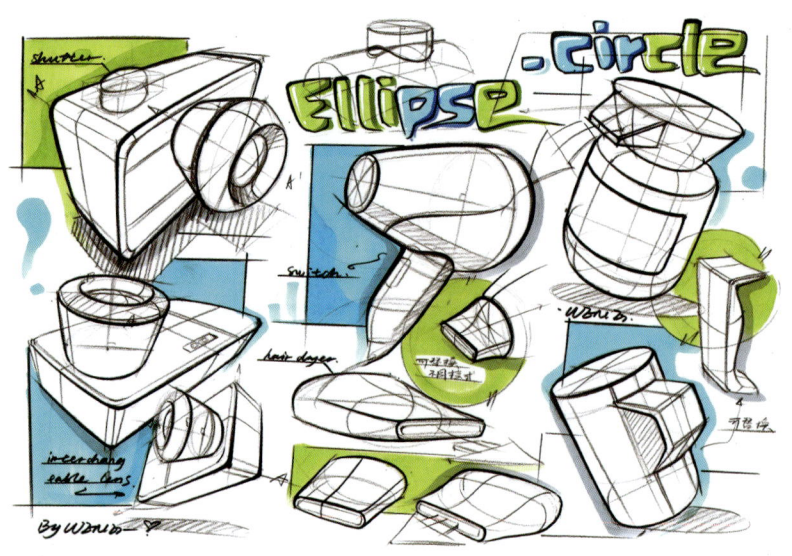

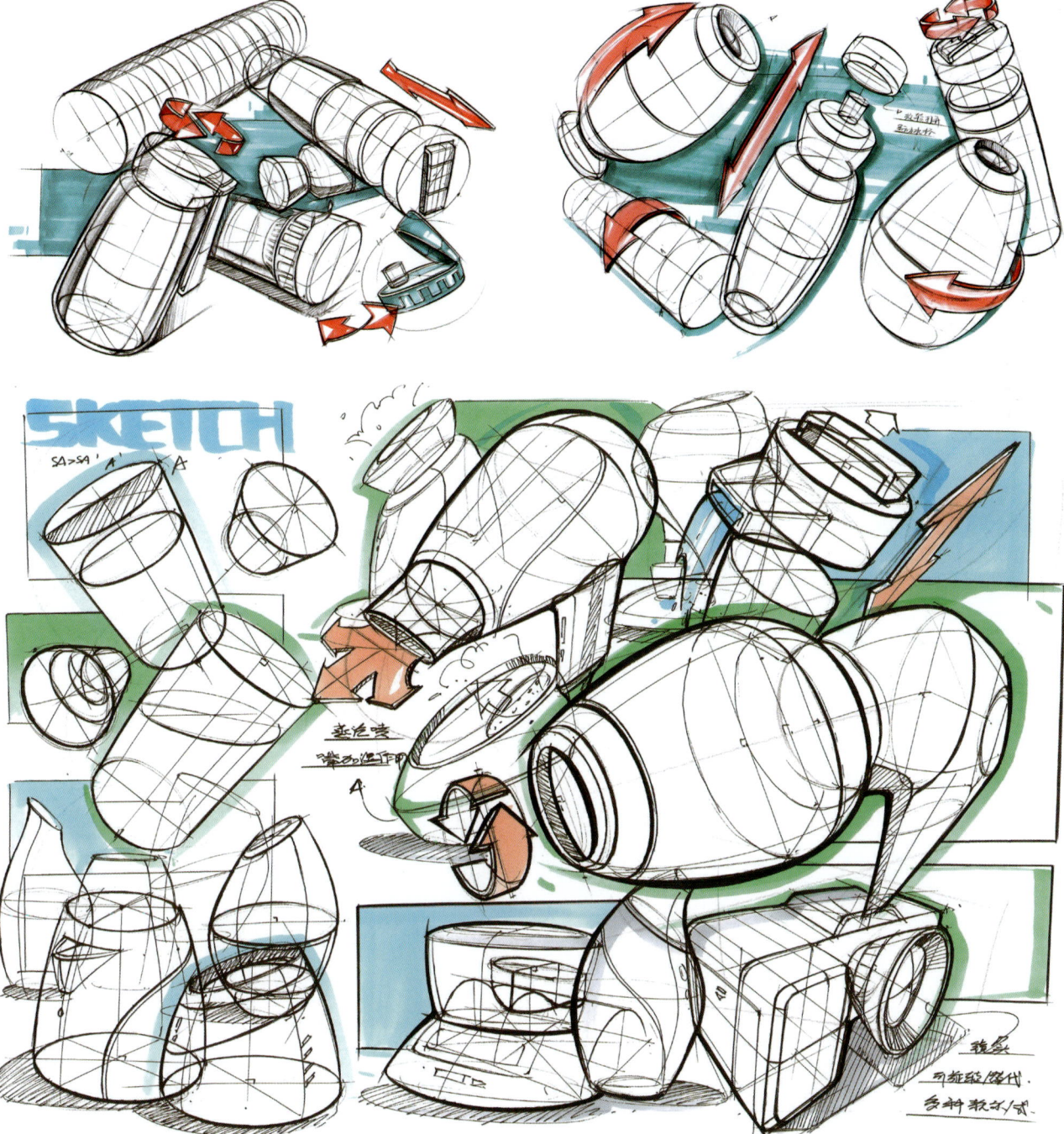

PART 2

Chapter 4 Quick Representation of Chamfering in Products
第 4 章 产品倒角的快速表现

Chapter 5 Quick Representation of Product Rotation
第 5 章 产品转角度的快速表现

Chapter 6 Methods and Techniques of Product Styling
第 6 章 产品造型方法与技巧

Basics of Product Styling
产品造型基础

Chapter 4
第 4 章

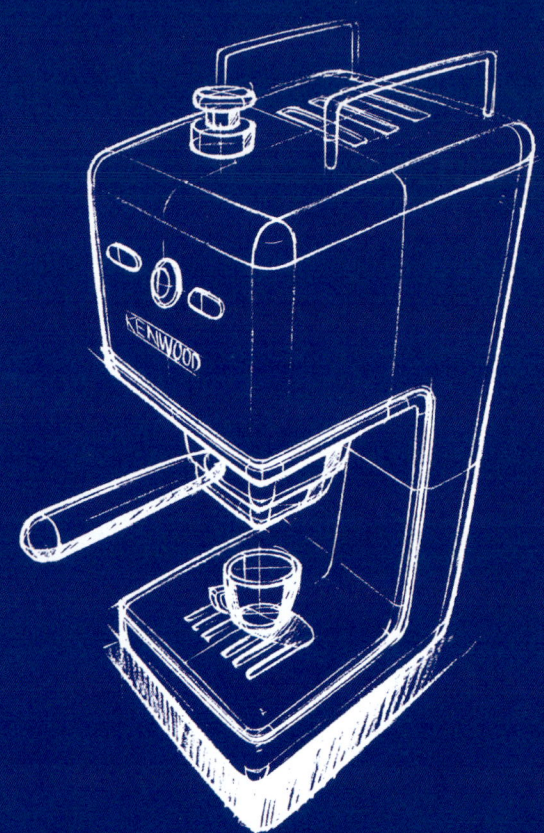

Quick Representation of Chamfering in Products
产品倒角的
快速表现

倒角处理是产品加工制造过程中至关重要的环节，倒角能增强产品使用的安全性，而且其形态和弧度的大小也对产品的造型设计具有重要的意义。因此，在掌握产品基础透视和形体比例的基础上，可以为产品添加倒角，使其造型更加接近生活中的真实产品形态。

4.1 The Role of Chamfering in Products
产品倒角的作用

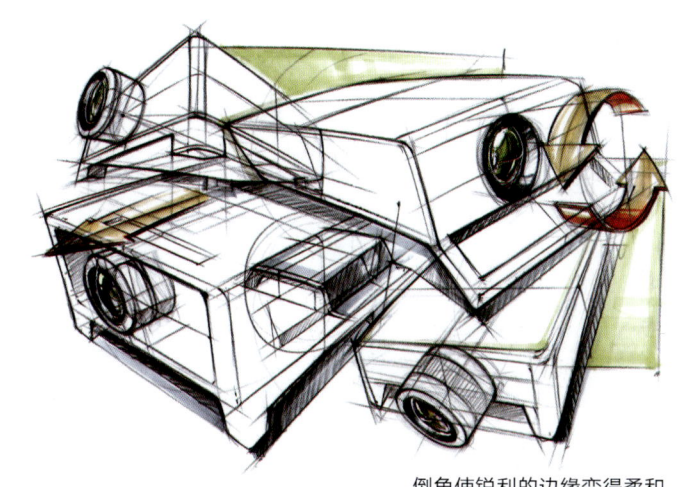

倒角使锐利的边缘变得柔和

倒角，即将产品锐利的边缘棱角切削成斜面或弧面，形成较为平滑的过渡或转折。倒角是产品设计中的常用手法，也是最常见的产品加工方式之一，其应用极其广泛，几乎不存在没有倒角的工业产品。

产品中倒角的作用主要体现为以下三点：

（1）提高产品安全性。产品中锐利的边缘容易导致使用者受伤，因此，在使用金属、玻璃、塑料等较为坚硬的材料时，产品表面直角或锐角的转折处应作倒角处理，使转折变得圆润柔和，从而降低误伤用户的风险。

（2）柔和产品边缘。通过良好的视觉和触觉效果，为用户带来更舒适的使用体验。

（3）减少产品磨损。锐利的产品边缘很容易因意外磕碰而受损，因此，经过倒角处理的产品更为耐用。

不同的倒角形式能够带来不同的产品气质。在日常使用的产品中，我们常能见到边缘柔和、包裹感强的产品，这种柔和的感觉就来自于倒角。如下图所示，这些产品的边缘都经过了曲率较大的倒角处理，看上去圆润可爱，具有亲切感。

而曲率较小的倒角会使产品显得硬朗而精致，具有现代简约风格的美感。

4.2 Types and Drawing Methods of Chamfering in Products
产品倒角的分类及绘制方法

灵活运用倒角可以使产品的整体造型变得更加美观合理。在绘制倒角之前，我们需要明确倒角的类型及其绘制原理，以更好地通过手绘表现产品倒角。从形态和绘制方法上看，倒角大致分为两种类型：切角和弧角。这两种倒角通常在产品上组合出现，使产品的棱边根据功能和造型的需求呈现出不同的倾角和曲率，提升产品的安全性和美观度。

产品的全倒角是一种特殊的弧角，表现为将产品的每一个棱角都进行弧面切割，使产品整体变得饱满圆润，绘制起来相对复杂，所以，需要单独讲解其手绘表达方法。

切角

4.2.1 切角的概念与绘制方法

切角，即在基本形体上进行斜切面分割，属于典型的"减法"造型方法。

可以根据产品设计的需要，变换切面的倾斜程度和面积大小。增加斜切面有助于增加产品造型的美感。同时，切角分割后留下的切面也可以作为产品的操作区，为人们使用产品提供便利。如下图所示，既可以在切面上设置屏幕，也可以安装按钮，或通过二次分割切面，使其搭载一定的功能模块，比如迷你打印机的出纸口、医疗设备的操作面板等。

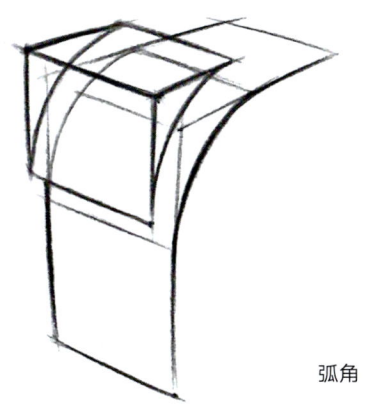

弧角

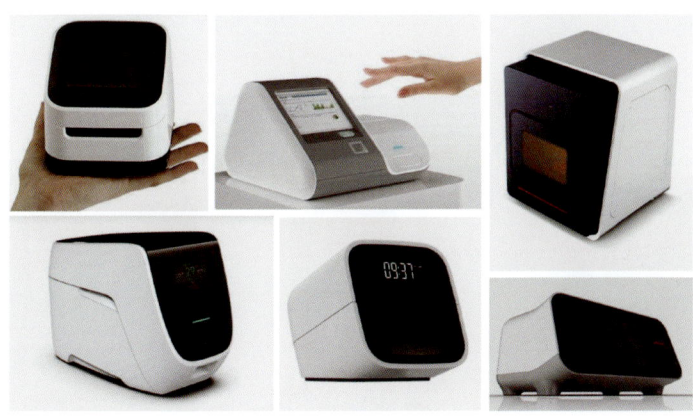

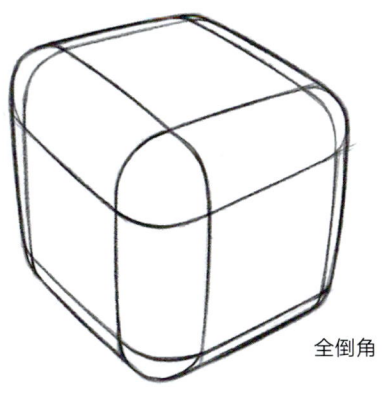

全倒角

在绘制切角时需要注意两点：

（1）思考切面的大小和斜切的角度；

（2）顺应物体的透视方向来连接切线。

切角的绘制包含以下四个主要步骤：

Step 1　绘制出物体的基本形，可以使用较轻的线条大致勾勒出物体的透视方向与比例，为深入刻画物体的细节打下良好的透视基础。

Step 2　选择需要倒角的边，确定切角的透视方向和切面的大小。可以先在距离画面较近的一端通过定点 A、B 确定切角的倾角和长度，再顺着物体的透视方向找到对应的点 A′、B′。

Step 3　连接 A、B、A′、B′，得到切面。

Step 4　加重切角边缘和物体外轮廓线，并顺着物体的透视中线添加剖面线，将形体表面的转折起伏明确表示出来。接着，从物体的底边线向外拓展绘制出物体的阴影，完成切角的绘制。

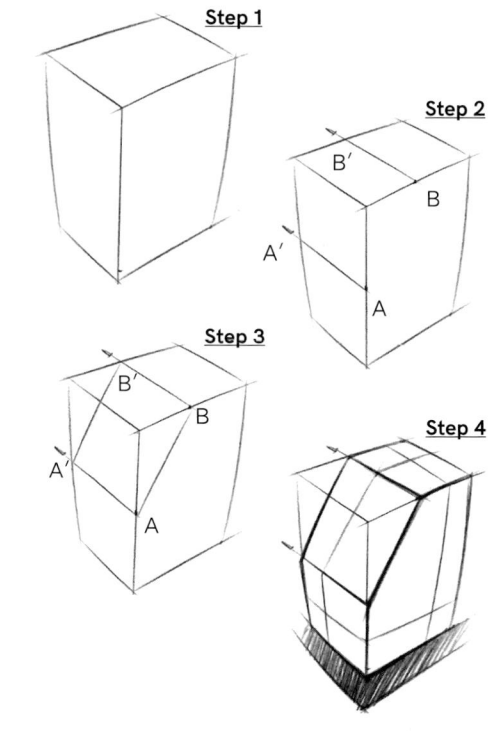

4.2.2　弧角的概念与绘制方法

弧角是许多产品都具备的一种倒角设计，即便是那些装饰极少、造型简洁的产品，其边缘也常常带有细微的弧度。这样的设计旨在提升产品的安全性，避免锐利的边缘对用户造成伤害。各面的弧角具有一定的独立性，根据产品造型的需求，每个面都可以拥有曲率不同的弧角。从产品造型的角度来看，这为产品赋予了较强的可塑性。

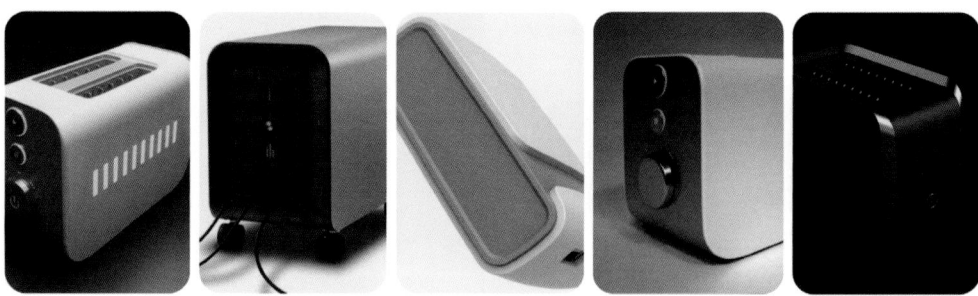

小弧角能为产品带来简洁现代的视觉感受，常见于咖啡机、超薄电脑、智能电视等电子产品中。饱满圆润的大弧角则给人以亲切可爱的感觉，特别适用于母婴产品、儿童玩具等，能增强产品的亲切感，营造出温馨舒适的生活氛围。

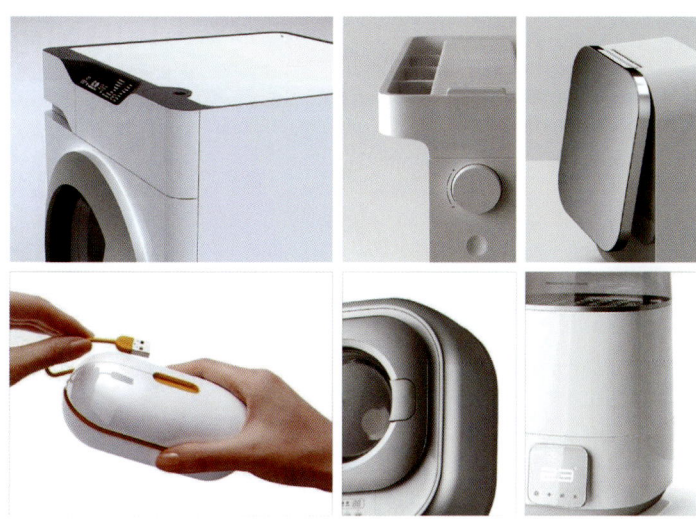

虽然产品中的不同弧角可具有不同的曲率，但是，在绘制弧角时，需要注意整体视觉效果的和谐，避免产品一侧的弧角相较于产品的其他部分过于干瘪或过于圆润，从而给人不协调的视觉感受。

绘制弧角与绘制切角相似，在连接倒角点时将直线改为曲线，切角就转换成了弧角。具体而言，绘制弧角包含以下四个主要步骤：

Step 1　确定物体的透视方向和比例。

Step 2　找到需要倒角的边，确定弧角的透视方向和曲率。可以先从距离画面较近的一端出发，通过定点 C、D 确定弧角的倾角和长度，再顺着物体的透视方向找到对应的点 C′、D′。

Step 3　用直线连接 C 和 C′、D 和 D′，再用曲线连接 C 和 D、C′ 和 D′，得到弧面。

Step 4　加重弧角边缘和外轮廓线，并顺着物体的透视中线添加剖面线，将倒角的弧度明确表示出来。接着，从物体的底边线向外拓展绘制出物体的阴影，完成弧角的绘制。

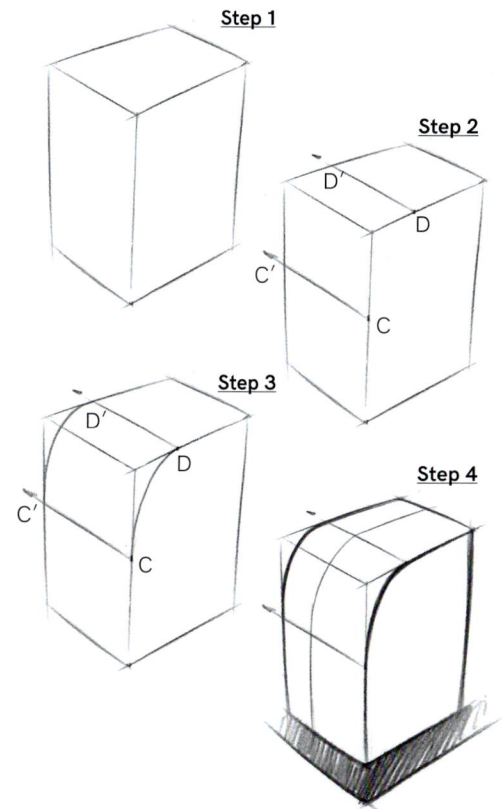

4.2.3 全倒角的概念与绘制方法

全倒角是指物体各边缘弧角保持统一的弧度而形成的特殊形态，体现为物体三个面的连接处呈球面状，给人以亲切感。例如，智能手表的圆角屏幕、圆润的面包机都采用了全倒角设计。

全倒角绘制演示

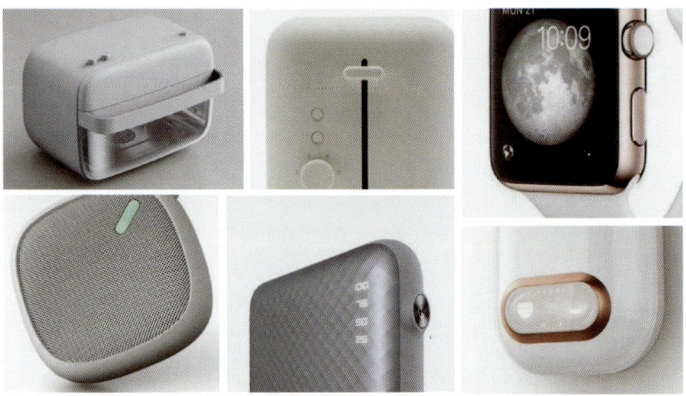

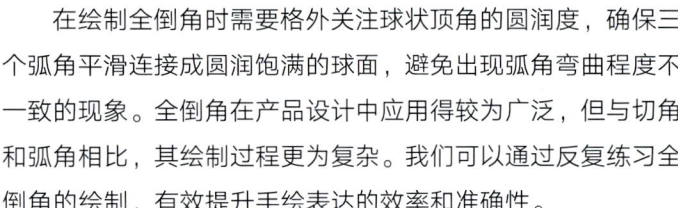

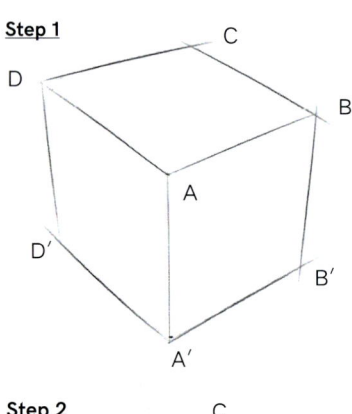

Step 1

在绘制全倒角时需要格外关注球状顶角的圆润度，确保三个弧角平滑连接成圆润饱满的球面，避免出现弧角弯曲程度不一致的现象。全倒角在产品设计中应用得较为广泛，但与切角和弧角相比，其绘制过程更为复杂。我们可以通过反复练习全倒角的绘制，有效提升手绘表达的效率和准确性。

我们可以先以正方体为主体，练习绘制全倒角：

Step 1　用较轻的线条绘制出物体的基本形。应注意透视的准确性，保证各面边长符合"近长远短"的透视原则，即距离画面近的一端，物体边长较长，距离画面远的一端，物体边长较短。例如，AA′ > BB′ > DD′。

Step 2　全倒角需要在该正方体的每一条棱上均以近似的弧度绘制弧角。在每条需要倒角的棱两侧分别绘制两条倒角线，此时，如果希望倒角曲率较大，则倒角线应距离棱较远，反之，如果想要表现较小的曲率，倒角线之间的距离则应相应缩短。由于棱 AB、AD 和 AA′正对画面，我们可以完整地看到这三条棱各自的两条倒角线，而对于位于正方体外轮廓的六

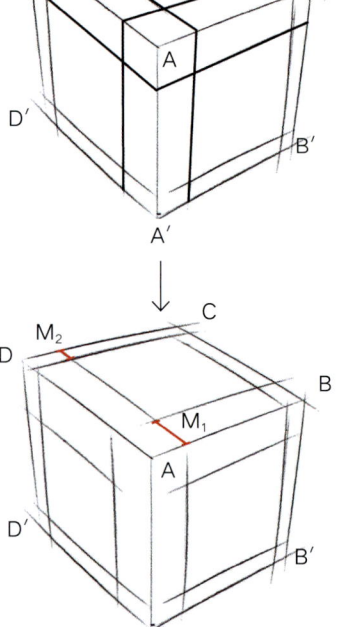

条棱，即 CD、BC、BB′、A′B′、A′D′、DD′，仅能看到一条倒角线。倒角线也需要符合"近宽远窄"的透视原则，故应有 $M_1 > M_2$。

Step 3 绘制全倒角时，可以先从距离画面较近的顶角开始，通过连接倒角线之间的交点绘制弧角。此时，注意保持各弧角的弧度大致相同，避免使某一弧角过于平坦，从而破坏统一、圆润的视觉效果。通过连接倒角线之间的交点，可获得顶角处的三条弧 A_1、A_2、A_3 以及产品边缘的弧 B_1、A_4、D_1。

Step 4 通过观察全倒角的结构可知，点 A 所在的顶角应呈现为八分之一球面，即由三条弧连接而成的类似花瓣的球面，而其余五个边缘顶角也均为八分之一球面，只是角度有所不同。我们需要用线条概括全倒角的其余五个边缘顶角。如下图所示，在弧 D_1、B_1 和 A_4 上，以正方体原本的棱为边界，各补充一个稍扁的半弧，我们会得到弧 D_2、B_2 和 A_5。需要注意的是，它们与正方体原本的棱之间应留有一些间隙，尽量避免完全紧贴正方体原有的外轮廓。因为，理论上，在倒角的过程中，正方体原有的棱已被磨去，所以，正方体原有的外轮廓应处于悬空状态，位于完成全倒角的新正方体之外。

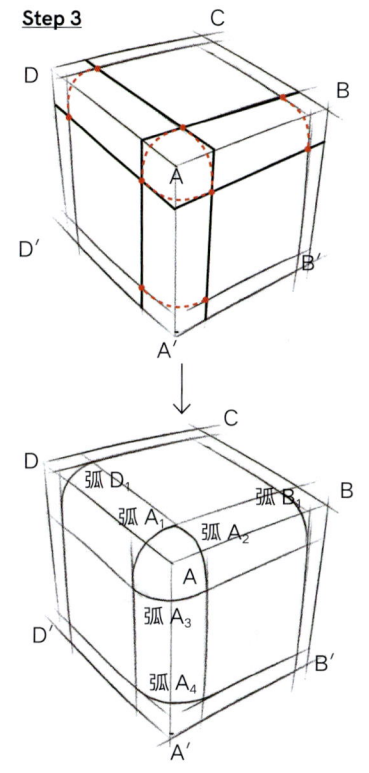

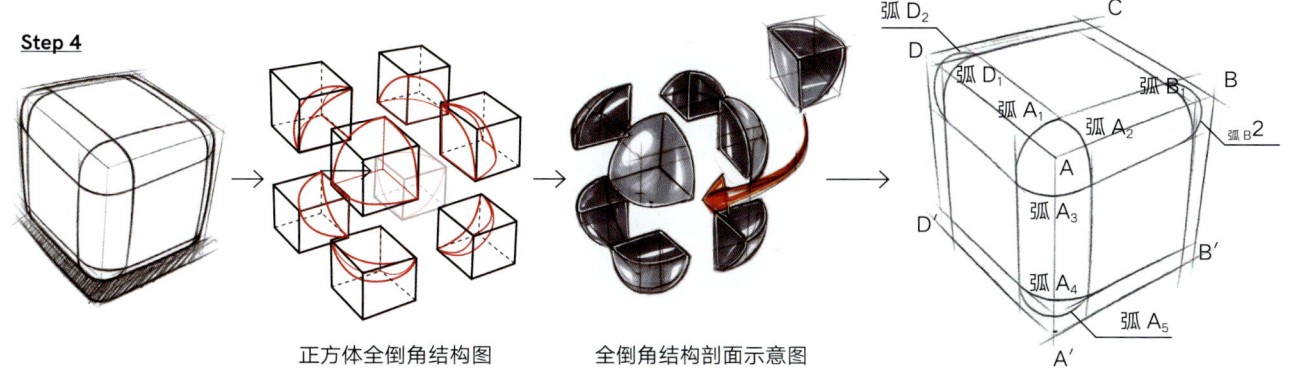

正方体全倒角结构图　　全倒角结构剖面示意图

Step 5 过弧 D_2、B_2、A_5，补充倒角后新的边缘线。注意，新的边缘线应在原正方体的边缘线与内侧的倒角线之间。如图所示，以弧 D_2 为例，从该弧出发，绘制出的新的边缘线应在原正方体的棱 DC 和内侧倒角线 D′C′ 之间，且新的边缘线也需与正方体的整体透视方向保持一致。

Step 6 在点 C、B′、D′ 所在的三个远端顶角处，使用低曲率的曲线连接倒角后，产生新的边缘线，从而封闭整个全倒角正方体。如图所示，在三个远端顶角处，两端的新边缘线会与两侧的倒角线分别相交，我们需要将新边缘线相交形成的尖角平滑处理为弧形，封闭该正方体。同时，将倒角线的末端由直线改为低曲率的曲线，使之与球面倒角的弯曲趋势保持一致。

Step 7 最后，对全倒角正方体进行线条加重并添加阴影，增强形体体感。注意，线条的轻重也会随着形体距离画面的远近而发生变化，距离画面越远，线条越轻，所以，在加重形体时，距离画面较近的一端，线条也应更重。有了线条"近浓远淡"的对比，整个形体也会更具视觉冲击力。

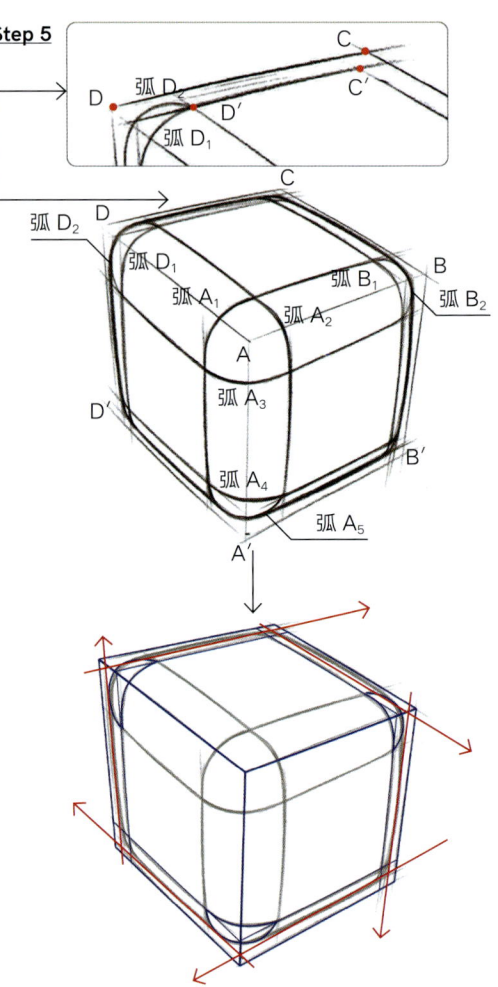

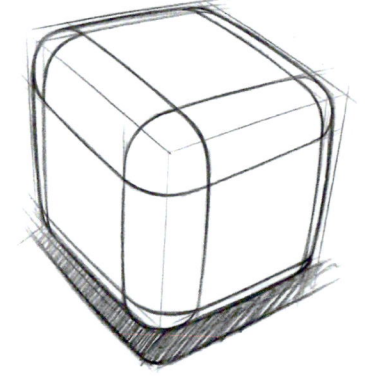

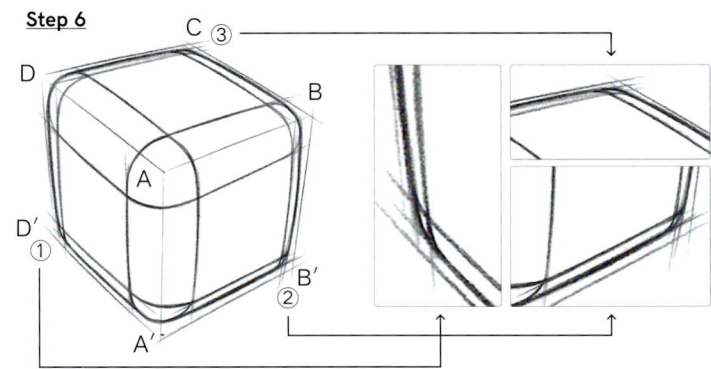

学后训练

训练 1

练习绘制以下产品线稿,注意保持产品透视的准确性,明确区分形体中不同线条的属性,在充分表现产品立体感的同时,保持画面的整洁度。

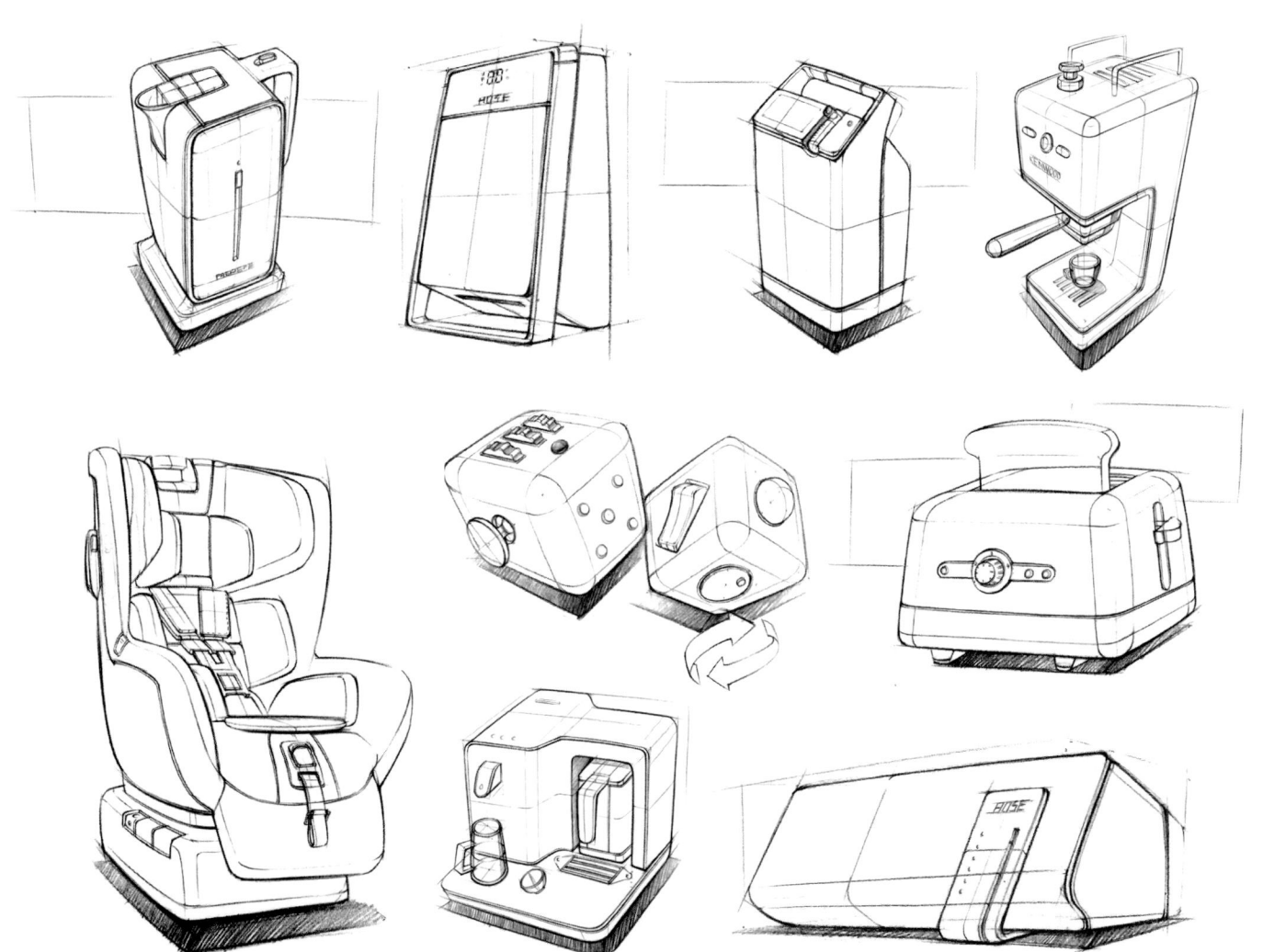

训练 2

临摹第 82~84 页展示的产品群组线稿，注意保持产品整体透视的准确性，明确区分形体中不同线条的属性。同时，注意排版与构图，避免某一产品体积过大或过小，或因为某一产品的位置过于靠近纸的边缘，导致其变形或者直接画出纸面。

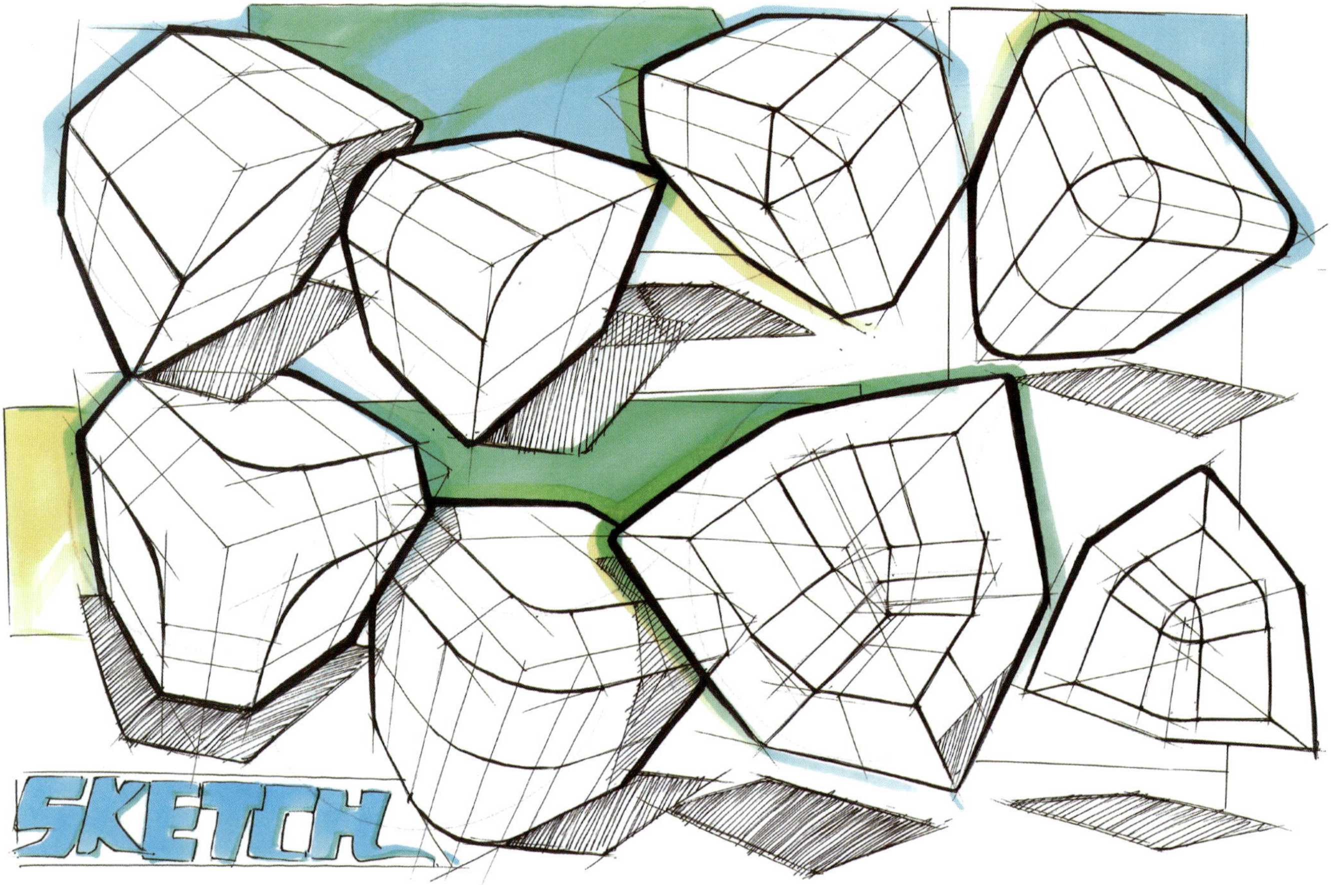

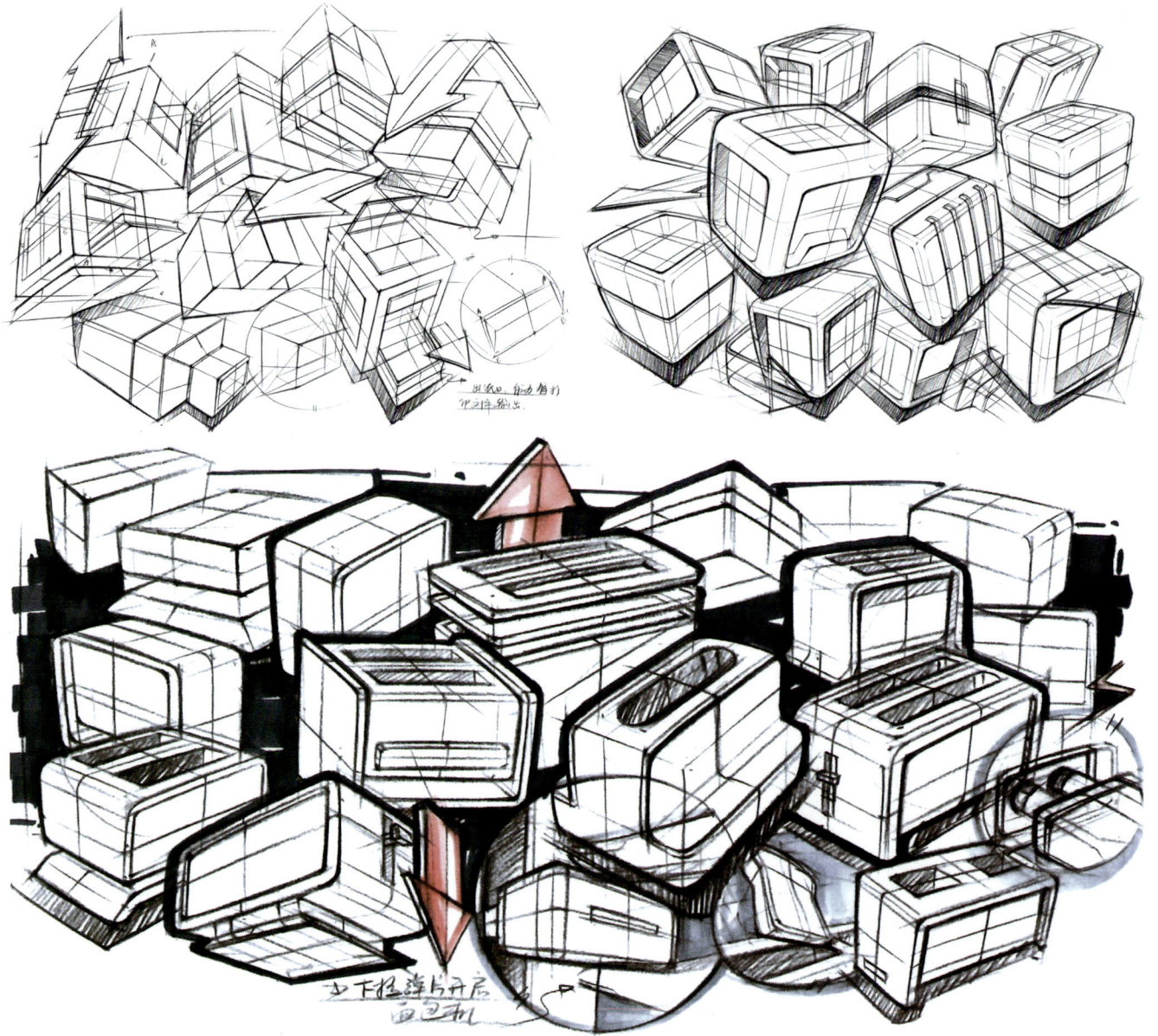

Chapter 5
第 5 章

Quick Representation of Product Rotation
产品转角度的
快速表现

产品的转角度练习是手绘训练中非常重要的环节,通过对物体的转角度刻画,可以更为清晰地展现产品各个面的细节。

对于设计师而言,在通过软件对设计作品进行 3D 建模之前,常通过手绘的方式对产品造型进行推敲。但是,在二维画面上无法实现产品的实时动态旋转,画面中的单个形体只能展现该产品在某一特定角度下的外观。所以,我们需要通过绘制多个角度下的产品来完整表达其造型设计。本章主要围绕产品转角度的绘制技巧,对不同形体的产品进行分类讲解,以帮助同学们充分诠释设计作品。

5.1 The Role and Basic Principles of Product Rotation
产品转角度的作用及基本原则

在绘制转角度的产品时需要注意以下几个问题:

(1)注意透视的准确性

我们一般通过绘制 2~3 个角度的产品来充分诠释产品各面的造型设计与功能分区。在绘制转角度后的产品形体时,一定要注意角度变化对三点透视效果的影响,避免出现仰视视角下针对悬空物体向地点连消失线的错误。

(2)注意转角度的多样性

对产品进行转角度绘制,旨在通过不同角度展示产品,以传达更丰富的信息。产品侧面的收纳空间、底部的充电底座、顶部的盖子——这些重要的产品设计元素可能无法通过单一角度完整展现。因此,我们需要绘制多个角度的产品,以更全面地展示产品各个面的设计。转角度的本质,就在于传递多样化的信息。

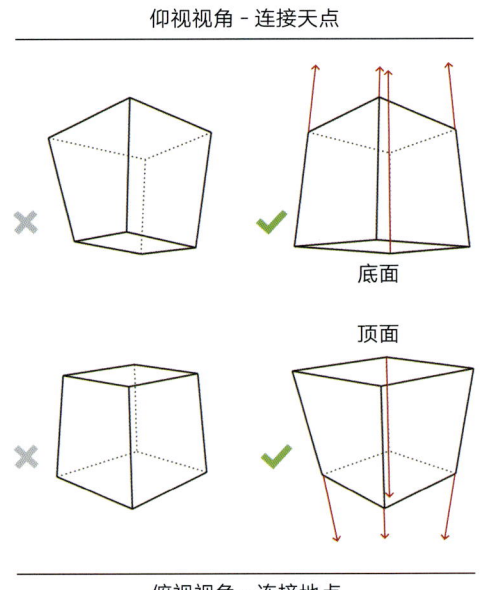

如右图 A 所示，在进行产品转角度练习时，初学者往往会受到刚学习产品透视时绘制的第一个正方体的深刻影响，导致在绘制不同角度的产品时陷入困境，仿佛无论怎么画都是在重复同一个角度，尽管绘制了多个产品，还是无法呈现出产品其他面的细节，仅仅是把同一个角度的产品放在了画面中的不同位置。右图 B 则展示了该正方体在仰视视角、俯视视角和平视视角下的不同状态，这种绘制方式能够充分展现产品不同面的设计。因此，在绘制产品转角度时，需要充分考虑如何从不同角度展示产品，尽可能全面地呈现出产品本身不同功能分区的设计。

对产品进行转角度手绘表达需要扎实的透视基础。在绘图时，可以通过草图形式，预先对产品的转角度展示进行构图设计。同时，可以在草图旁放置两点透视下的九宫格正方体和三点透视下俯视和仰视视角的正方体作为辅助参考，帮助我们发挥空间想象力，从而绘制出多样化的产品转角度视图。

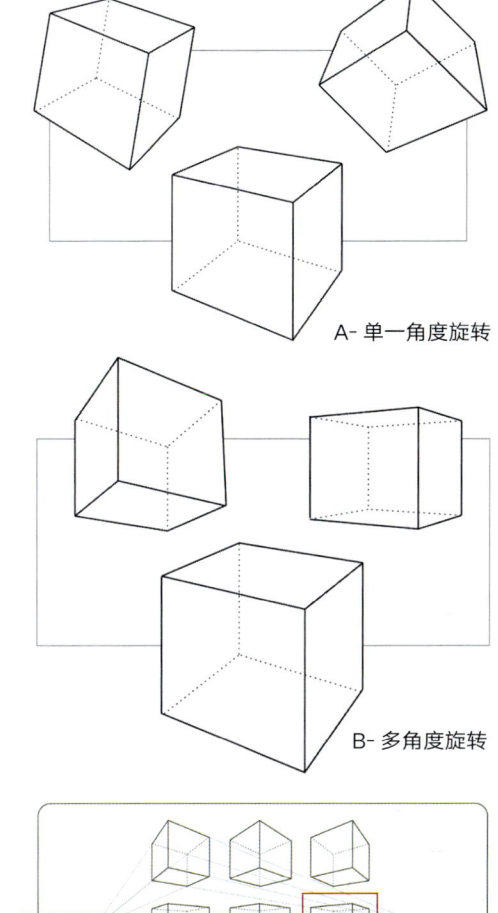

A- 单一角度旋转

B- 多角度旋转

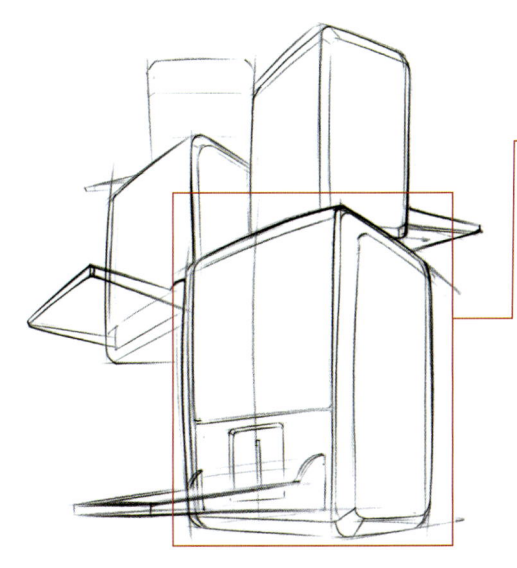

产品转角度对应参考

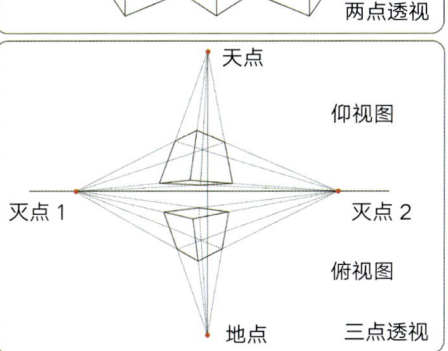

两点透视

三点透视

（3）注意转角度后产品形体比例的一致性

在转角度绘制产品时，最常出现的问题是在绘制多个角度的产品时使产品比例出现变化。比如，右图中长、宽、高比例约为1∶1∶2的机器人，在转角度绘制后可能变得"过胖"或者"过瘦"，导致很难辨识出画面中的多个形体实际上是不同角度下的同一款产品。因此，在进行产品的转角度训练时，需要尽量使不同角度下的产品形体比例保持一致。

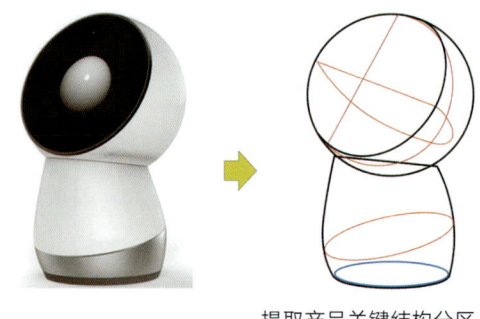

提取产品关键结构分区

5.2 Drawing Techniques of Product Rotation 产品转角度的绘制技巧

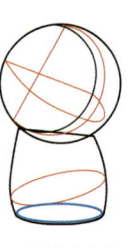  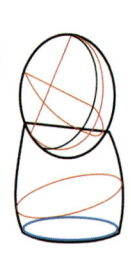

正确的头身比　　过长的身体　　过扁的头部

产品转角度练习需要扎实的透视基础和一定的空间想象能力，对于初学手绘的同学们具有一定难度，但也有方法可循。产品的形态可以大致归纳为五个类型：长方体类形体、球类形体、曲面类形体、圆柱类形体、较为复杂的组合体。针对这五个产品形态类别，我们可以运用"举一反三"的训练方法，从掌握每一类别下典型产品的空间旋转技巧出发，逐步解锁更多产品转角度的绘制技巧，从而达到提升手绘表达能力的目标。

5.2.1 长方体类形体的转角度

长方体类产品的典型特点是在长方体的基础上通过切割、添加细节来丰富产品造型。在绘制此类产品时，可以先用长方体来概括产品的基本形，通过绘制长方体确定产品的整体比例，并通过改变长方体的透视角度来实现产品的转角度。

接下来，以一款带有触摸屏的产品为例，展示长方体类产品转角度的绘制过程。

Step 1　构图与起形

用较轻的线条对产品效果图的版面进行设计。画面中，应以 2~3 个产品单体组合的形式来展示产品的造型，包含 1 幅较大的主图和 1~2 幅较小的转角度展示图，必要时可附上产品功能细节的示意图，以全面展示产品的造型及其使用方法。

以右图为例，首先通过绘制长方体确定各个产品单体的位置和尺寸，其中，左侧为产品的主图，右上角和右下角分别为该产品转角度后的辅助展示图。从空间位置关系上来看，主图距离画面更近，在画面上所占的面积也比展示图更大。视角上，主图为俯视，用于展示产品的顶面和两个侧面，右上角的展示图稍带仰视，而在右下角的展示图中，产品悬浮于视平线上方较远处，能够清晰地展示出产品的底部。

在绘制长方体时，需确保各长方体的长宽高比例保持协调一致，保证主图和展示图在视觉上归属于同一款产品，避免出现某一长方体过于"瘦高"或"矮胖"的情况。

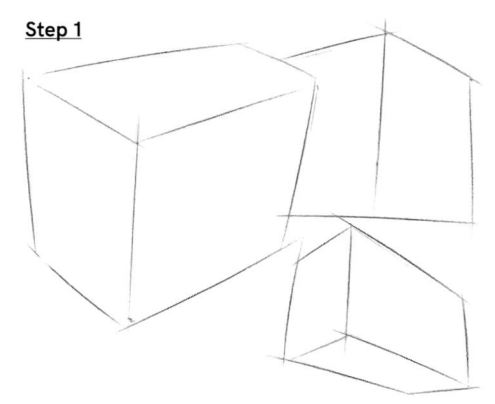

Step 2　构建形体基本骨架

确定好各产品的位置及其透视关系后，我们需要在长方体的基础上通过切割或补充细节，对产品进行进一步刻画，使之趋近于我们想表达的造型。在切割长方体和添加产品细节的过程中，需要注意使添加的切面和细节在主图及各展示图上保持位置、比例一致，避免出现产品上某一细节错位或比例发生变化的情况。

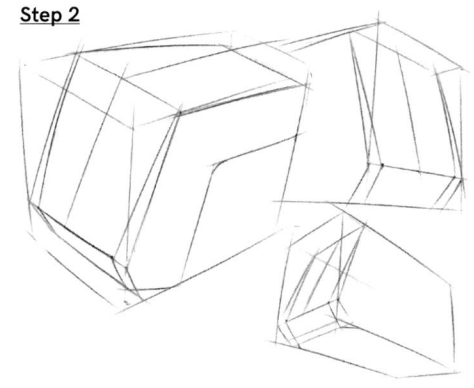

Step 3　形体倒角处理

绘制好产品的基础造型后，我们需要对产品进行倒角，使产品具有良好的人机互动性。对产品的倒角处理可按照如下顺序：①将产品顶面的尖角倒为弧角；②将产品斜切面的底角进行倒弧角处理，弧角曲率的大小取决于产品的造型设计需求；③按照产品下部斜面棱的走向，为斜切面弧角添加倒角线，并将产品底部的弧角补充完整；④将产品上剩余的尖角倒为弧角。

通过上述处理，可以使产品造型更具亲和力，并提高产品的安全性。

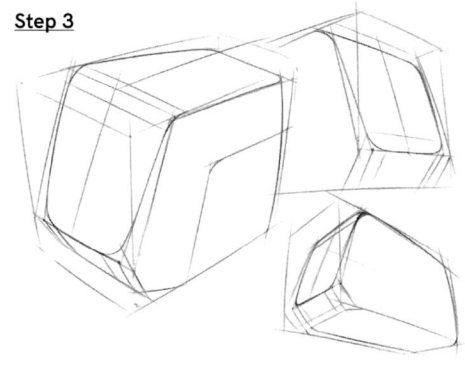

Step 4 区分线条属性并加重线稿

进一步补充产品细节,加重产品各部分的轮廓线,通过添加剖面线表现出产品表面的转折起伏,并通过绘制阴影衬托形体,增强产品的视觉冲击力与立体感。

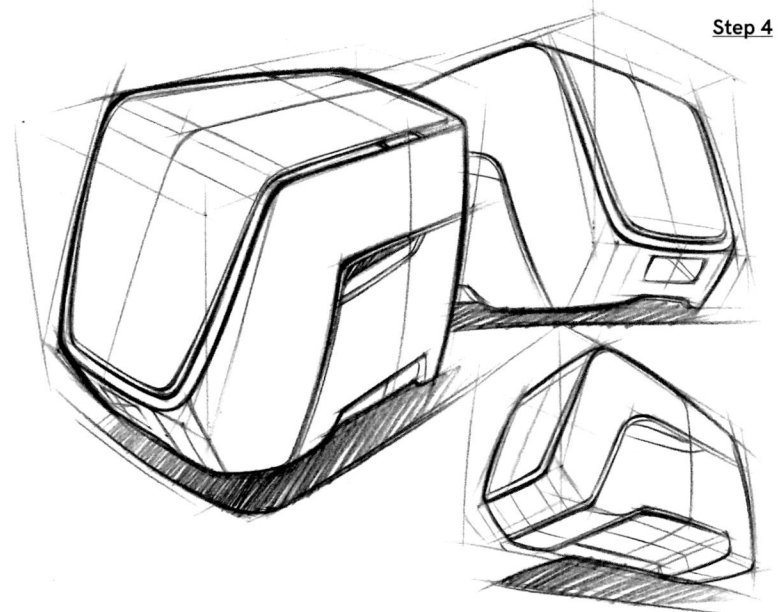

5.2.2 球体类形体的转角度

球体从任何视角看都呈现为圆形,所以,在转角度绘制球体类产品时,我们可以先绘制一个圆来示意产品所在的位置,再为球面逐步添加细节来示意产品转角度的方向。

接下来,以一款具有球形头部的智能机器人为例,讲解球体类产品的转角度绘制方法。

Step 1 把握好产品的比例关系,并分析构成产品的基本形体。例如,我们要绘制的小机器人的头部和身体的高度比约为2∶1,它的头部接近球体,而身体由多个共轴线的圆台组合而成。为便于在转角度绘制产品时保持该比例不变,在主图和各展示图中,可以先确定产品中轴所在的位置,并画出球体和圆台的剖面线。

Step 2 通过绘制小机器人的斜切屏幕来示意产品的转角度方向。在绘制椭圆时弧度应当饱满一些,加重曲线时要注意重合度,避免出现线条凌乱、分叉的现象。

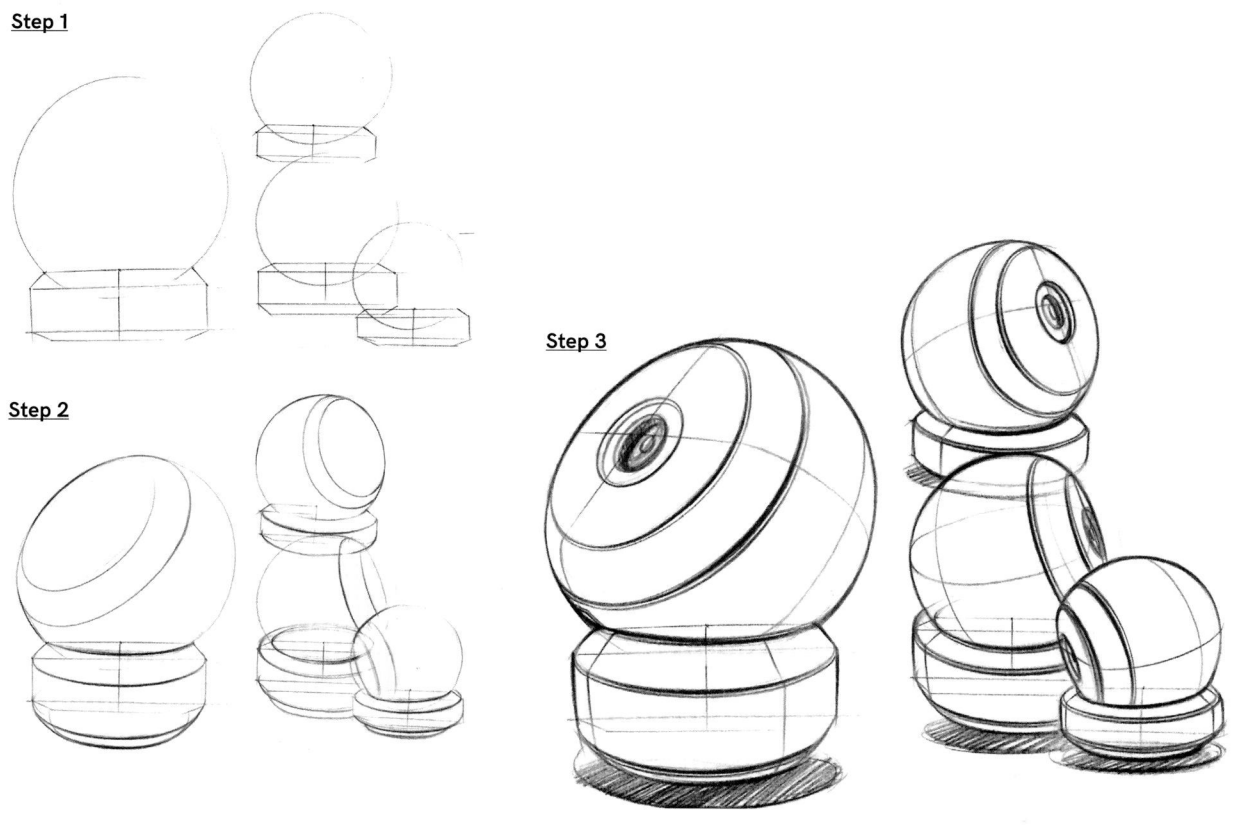

Step 3 为小机器人添加摄像头等细节，通过绘制分型线表现出不同材质拼接时留下的缝隙，并画出产品的阴影，提升画面的丰富度。

5.2.3 曲面类形体的转角度

曲面类形体是产品中重要的组成类别。在绘制该类产品时，很难通过切割的方式将曲面从基本几何体中分离出来，因此，我们通常使用空间架构法，即先构建曲面形体的特殊截面，再连接各截面的边缘，最终形成曲面形体。比如，根据设计需求，先确定曲面形体纵深方向、水平方向和底部截面的特殊点，再用曲线连接各截面的最高点、最低点，表现出产品表面的转折起伏，形成特殊截面的轮廓线。最后，通过连接各截面的外轮廓线，形成完整的曲面形体。

以鼠标的绘制为例，讲解基于空间架构曲线来转角度绘制曲面类形体的主要步骤。

Step 1　确定画面中需要出现的鼠标展示图数量和各展示图的角度，画出各展示图中的鼠标底面和中线，使整个效果图中的鼠标单体排布具有近大远小的透视空间感。

Step 2　根据设计的需求，画出鼠标的底面轮廓曲线，并确定鼠标底面中线纵深方向上的最高点、最低点等特殊点的位置。以这些点为基准，构建鼠标的剖面线。

Step 3　确定鼠标纵深方向和水平方向截面上的最高点、最低点等特殊点的位置，为鼠标补充更多剖面线。通过顺次连接剖面线边缘，构建出鼠标的基本轮廓。

Step 4　在鼠标的基础形体上添加滚轮、按钮等细节。

Step 5　加重线稿轮廓线，使之与剖面线形成轻重对比，提升线稿的视觉冲击力。在这一过程中，注意保持画面的整洁。

Step 1

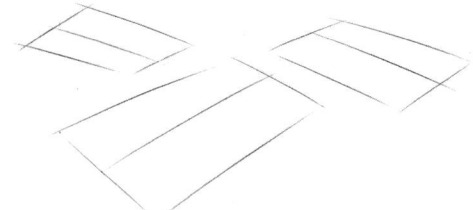

Step 2

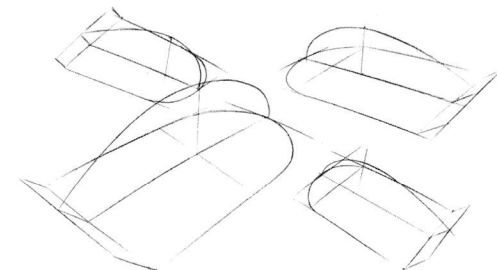

Step 3

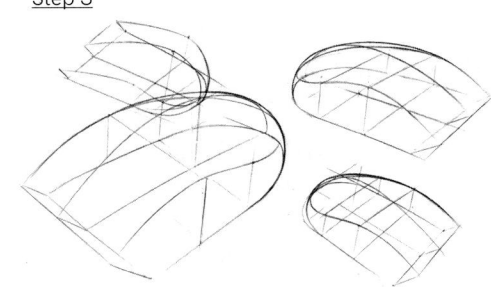

Step 4

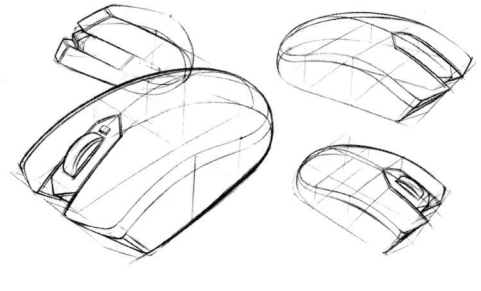

Step 5

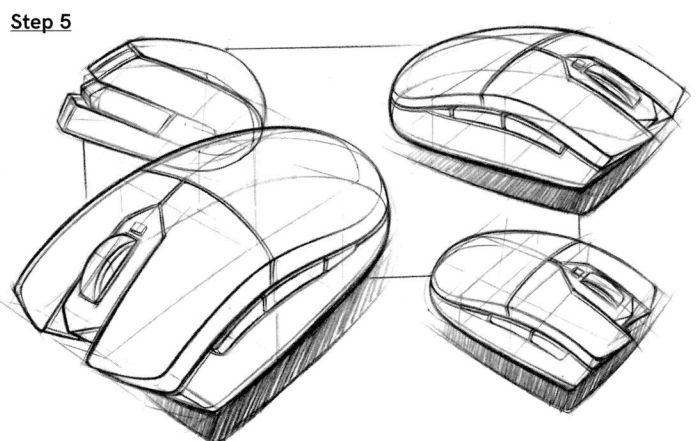

5.2.4 圆柱类形体的转角度

在绘制圆柱类形体的时候,需要注意,在圆柱的截面椭圆中,沿透视方向的短轴应始终与长轴相互垂直平分。同时,应注意截面椭圆圆润程度和其与人眼之间距离的关系:距离视平线越近,截面椭圆越扁;距离视平线越远,截面椭圆越饱满。

接下来,以一款便携式雾化器为例,讲解圆柱类形体的绘制方法。

Step 1 确定各展示图中产品圆柱的透视方向,也即圆柱短轴的方向,沿透视方向画出圆柱的中轴线。在各展示图中,在中轴线上选取两点,确定圆柱的长度,并分别过两点作被中州线垂直平分的垂线,得到圆柱上、下截面椭圆的长轴。

Step 2 分别连接上、下截面椭圆长轴的左、右端点,并根据设计需求画出产品底部的球体,确定产品的纵向截面。

Step 3 在圆柱的中轴线上确定便携式雾化器出口的倾斜方向,沿该方向画出辅助线,再作被该辅助线垂直平分的垂线,确定雾化器出气口所在的圆柱,并绘制出气口处的截面椭圆。对各基本几何体的连接处倒弧角,增强产品整体的人机互动性。

Step 4 在该雾化器的基础形体上确定关键结构所在的位置,例如出气口和盖子所在的位置,绘制对应的截面椭圆。

Step 5 刻画产品分型线,补充盖子的结构细节,并通过绘制箭头展示产品的开启方式。注意加重形体的轮廓线,使产品形体的结构展示得更为清晰。

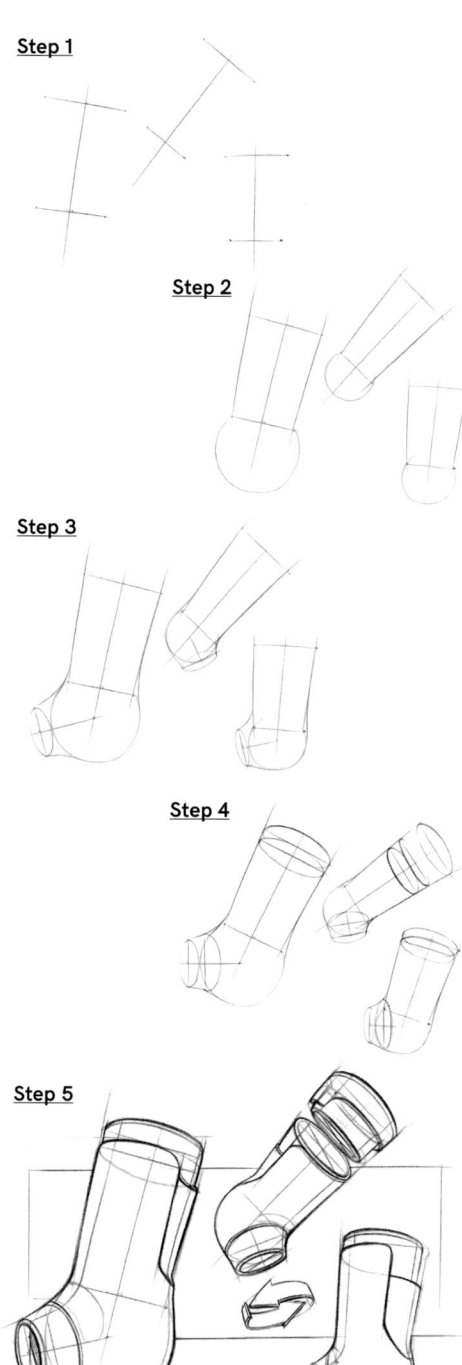

5.2.5 组合形体的转角度

部分形态较为复杂的产品由多个基本几何体组合而成。例如，相机的主体可视作由长方体和圆柱穿插而成，看似简单，但在绘制时，可能由于圆柱透视与长方体透视不一致而导致形体扭曲，或出现镜头与机身比例不协调的问题。接下来，以相机为例，讲解组合形体产品的绘制方法。

Step 1 确定各展示图在画面中的位置和大小，注意，展示图面积越大，其中的相机距离人眼越近。接着，在各展示图中，绘制出对应相机机身的长方体，并确定相机镜头圆柱的位置，根据长方体透视方向，画出镜头圆柱中轴线所在的直线。

Step 2 在相机镜头的中轴线上用两点截出镜头的长度，分别过两点作被中轴线垂直平分的垂线，确定镜头截面椭圆的长轴，并画出截面椭圆。注意，距离人眼越远的截面椭圆面积越小，曲率越大，形态越圆润。

Step 3 在相机基本形体的基础上，根据相机机身长方体的透视规则，刻画相机的闪光灯、镜头、按钮等细节，并加重相机各组件的外轮廓线，明确产品的结构。

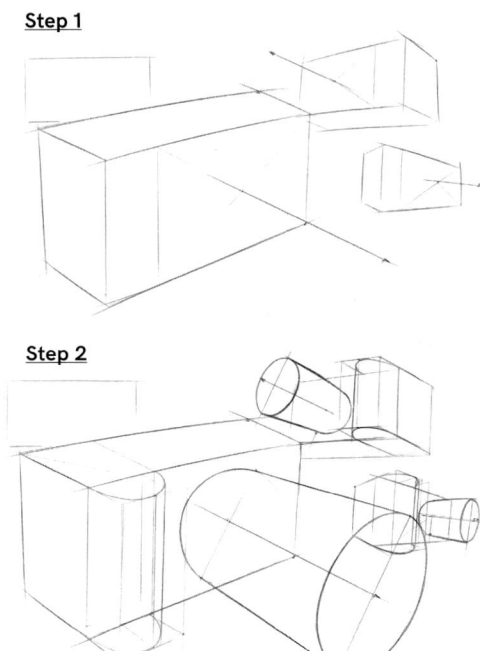

组合形体转角度
绘制演示

Step 3

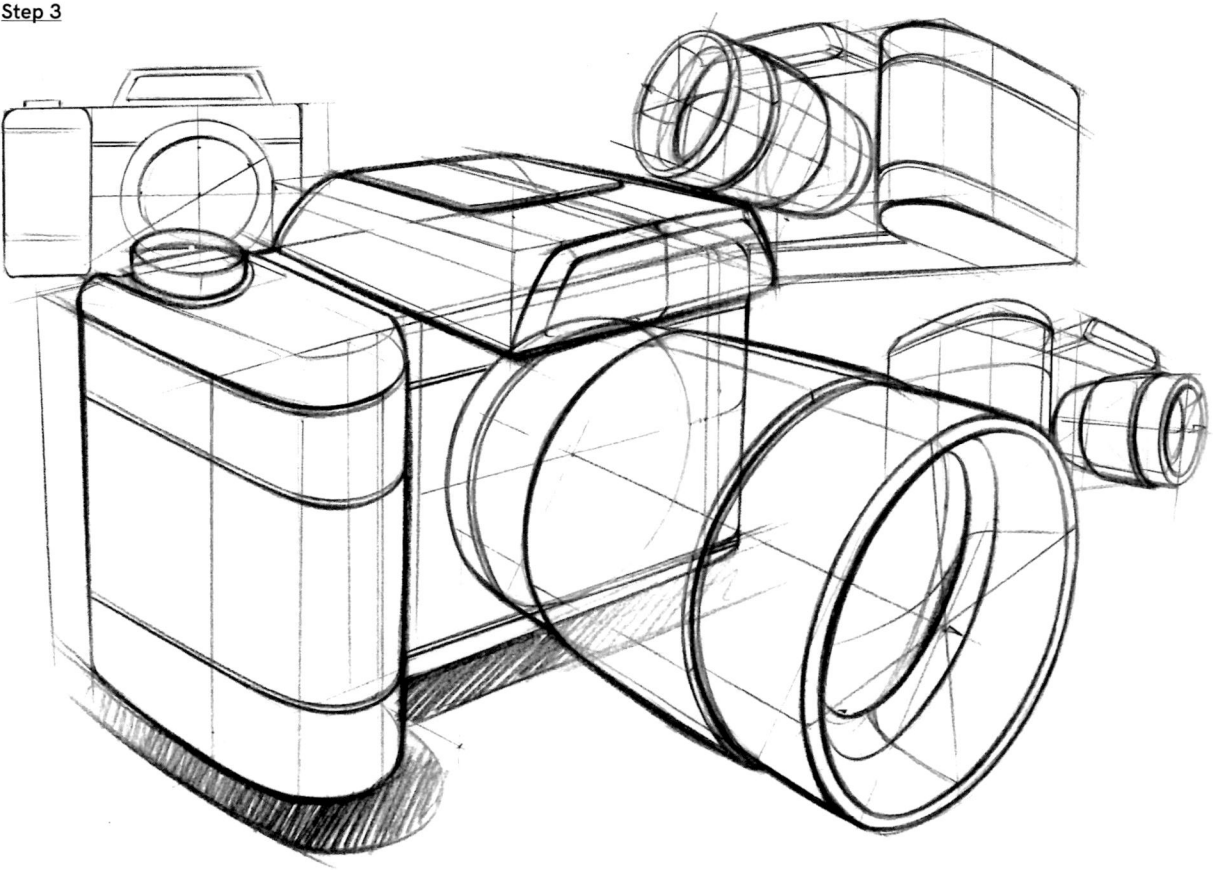

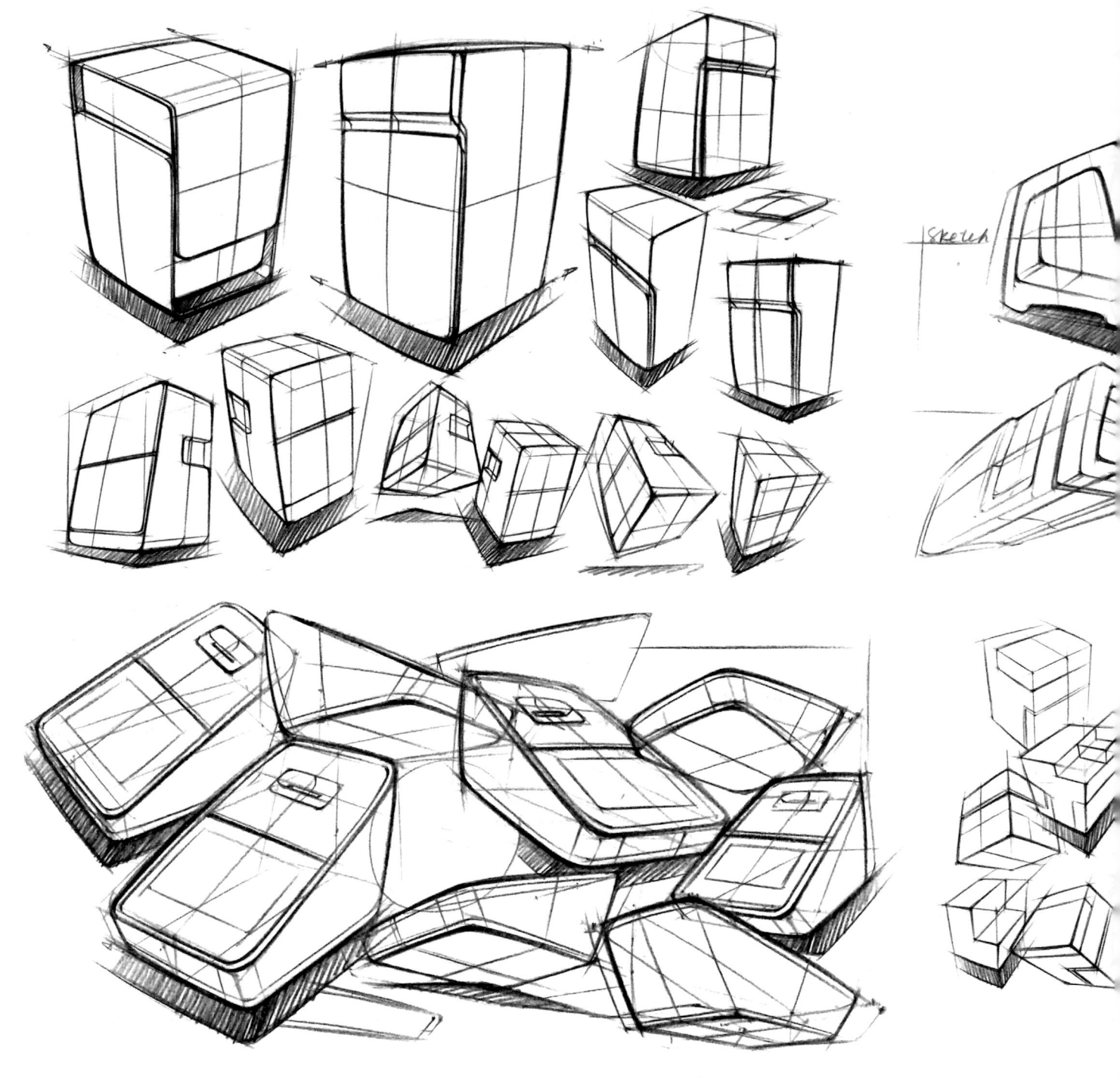

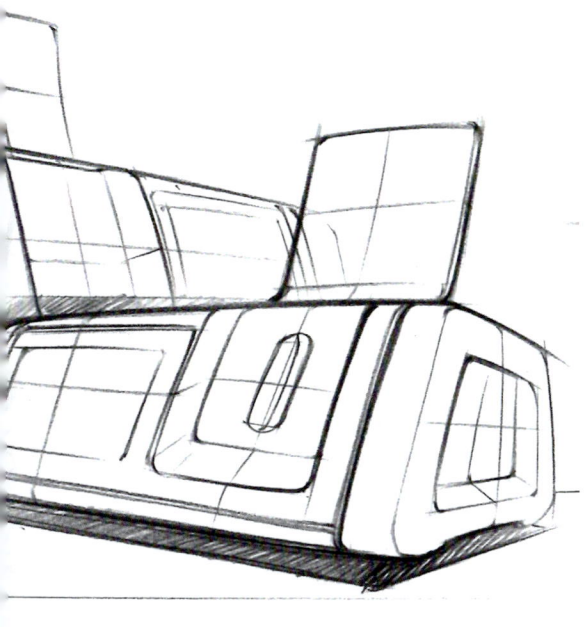

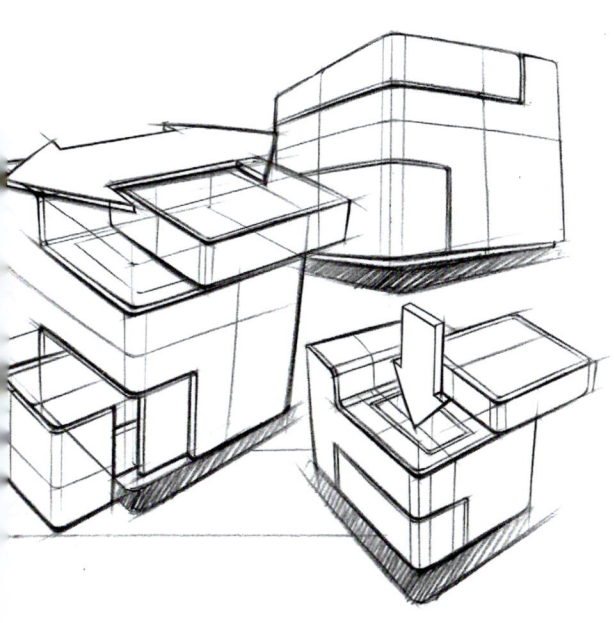

学后训练

临摹产品转角度线稿，注意提前做好构图规划。可以预先在草稿纸上排列产品的位置，选择一种角度的产品作为较大的主图，其他角度的产品展示图则可以画得略小一些，也可使形体局部被主图遮挡，以营造"近大远小"的立体空间感。同时，务必确保产品透视的准确性。

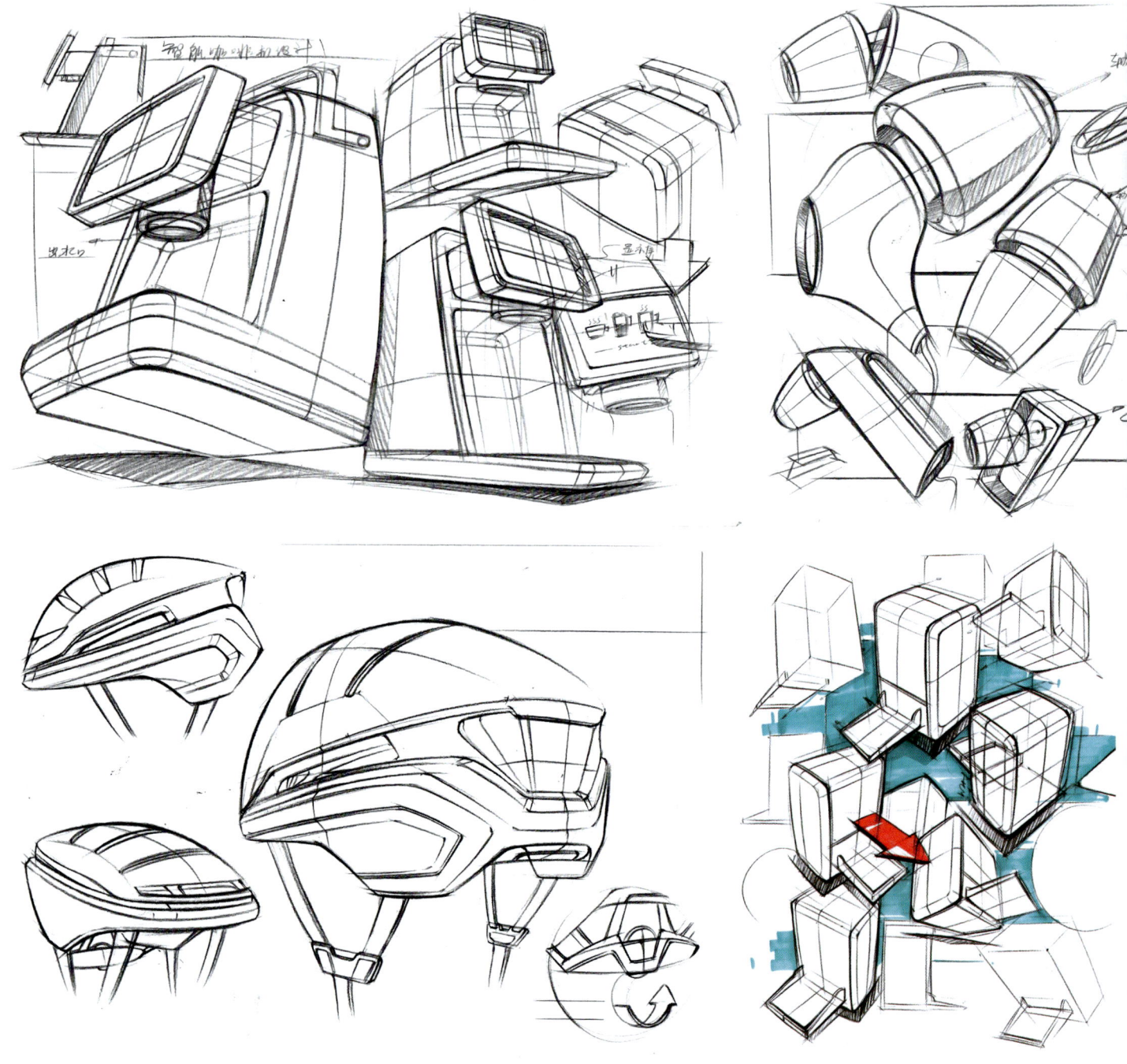

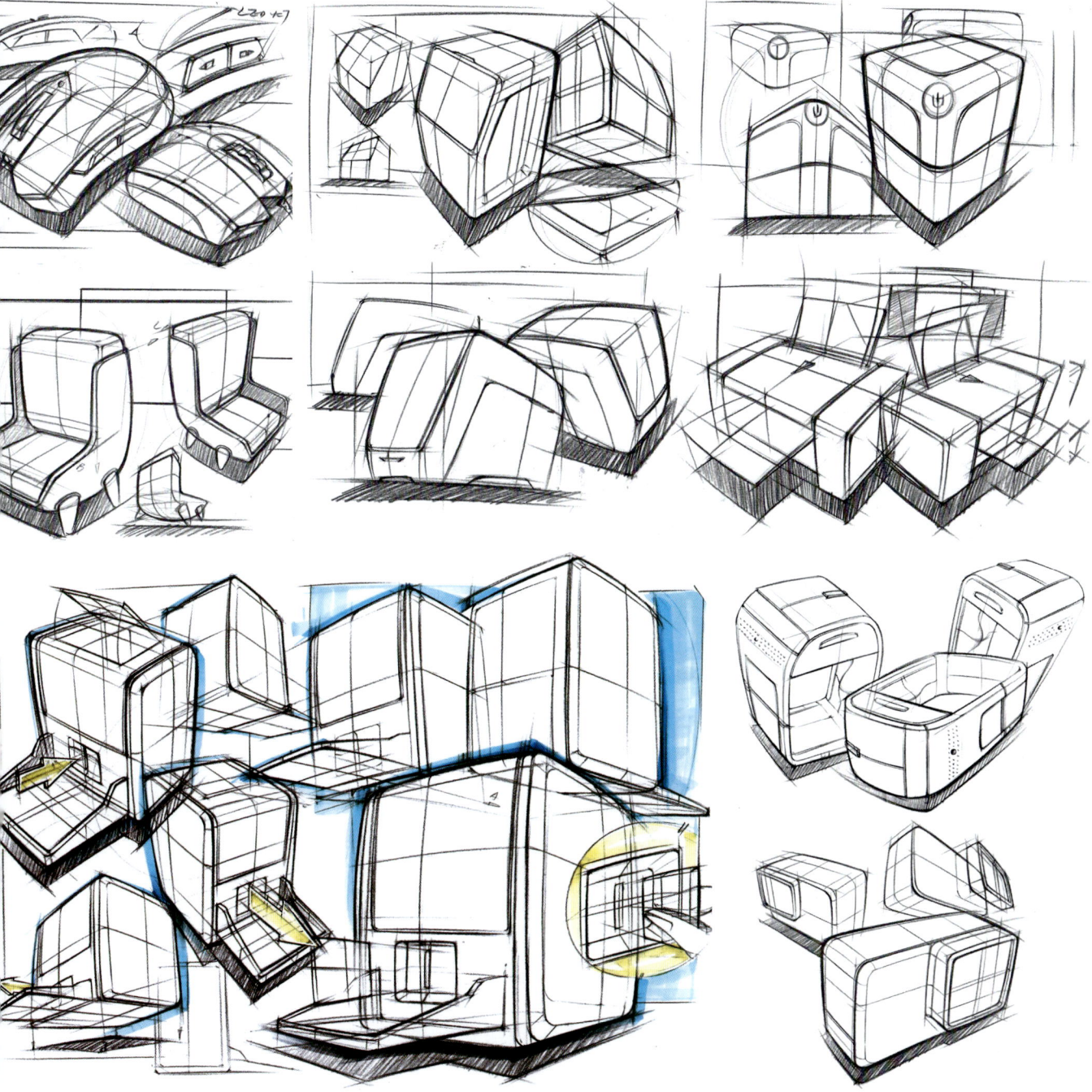

Chapter 6
第6章

Methods and Techniques of Product Styling
产品造型方法与技巧

产品造型设计是工业设计与产品设计中的重点内容。良好的产品形态不但可以帮助用户明确产品的使用方法，还能够满足人们的审美追求。无论是在职设计师还是学习设计的同学，在参与产品设计项目或手绘产品设计方案的过程中，产品造型始终是要重点考虑的问题。明确产品造型方法对于设计出良好的产品形态至关重要。本章介绍产品造型的原则及其手绘表达方法，帮助同学们在了解产品造型设计原则的基础上，学习产品造型的设计方法，掌握产品造型的设计技巧。

6.1 Principles of Product Styling
产品造型设计原则

在设计产品造型之前，我们需要从功能、科技、人性、美学的角度出发，了解产品造型设计的原则，使产品形态不但能适应人性化的便捷操作需要，还可以满足人们对美的追求。

6.1.1 功能原则

在设计中，我们经常提到"形式追随功能"的设计理念。所谓形式，指的是产品的造型、样式及其具有的装饰性元素，而功能指的是产品所能实现的使用价值。形式追随功能，指产品的造型应服务于产品的功能，造型是其功能的外在表现，在设计中应尽量避免与功能完全无关、过分夸张的造型。

以最常见的矿泉水瓶为例，请大家思考：为什么绝大多数矿泉水瓶选择了类似圆柱体的造型？我们能否将它设计成尖尖的圆锥体或者细长的管状呢？其实，只要分析它应当具备的功能，便能理解这种圆柱体造型的必要性。

矿泉水瓶的功能主要包括存储液体、握持饮用和集中运输。从功能出发，再来观察矿泉水瓶的造型，我们可以发现，圆柱体的形态允许在有限的空间内存储更多的液体。同时，瓶身粗细适中，便于成年人单手握持；高度适中，方便曲臂饮用；瓶身圆滑、没有棱角，使抓握较为舒适；瓶身上的凹凸纹理增加了摩擦力，提高了抓握时的稳定性。此外，在装箱时，没有尖锐边角的圆柱形设计也使矿泉水瓶不易破损。综合以上功能需求，圆柱体很可能是矿泉水瓶最佳的造型选择。

由此可见，在进行产品造型创意设计时，应充分考虑造型对其功能实现的影响。

6.1.2 科技原则

工业产品的发展与科技因素密切相关。很多时候，产品造型的改变并非来自大众审美的变革，而是源于某项技术突破为产品带来的全新功能和使用方式。电话从发明至今仅有一百余年的历史，但它的造型却发生了多次翻天覆地的改变。归根到底，技术进步是其造型转变的主要推动力。

得益于电脉冲技术的发展，声音得以转化为电信号进行传递。早期的电话通过有线电话网络和圆盘拨号技术实现通话，这样的技术也塑造了早期电话的基本形态。随着电磁波技术的兴起，可实现无线通话的手机出现。出于便携性的需求，手机的造型日趋小巧，且按键的装饰性作用受到重视。当时，由于功能机的主要作用是打电话和发短信，因此，屏幕尺寸并未成为用户的主要关注点。随着芯片、智能系统和触摸屏技术的成熟，智能手机应运而生，键盘逐渐消失，手机变得轻薄，人们也开始狂热地追求屏幕尺寸的扩大。

由此可见，在工业产品的造型设计中，技术的变革很可能成为对产品的整体形态起决定性作用的因素。

6.1.3 人性原则

产品的价值体现在用户的使用过程中，而其造型深刻影响着用户使用产品时可能产生的心理感受：平滑的表面比粗糙的表面更令人舒适，圆润的有机形态比坚硬的几何形态显得更为温柔，坚实的造型使人更有安全感……产品的造型不仅能直观反映产品的使用方式，也将它的使用体验隐喻其中。

6.1.4 美学原则

创造美好的事物是设计师的职责，但对于什么是美，每个人都有不同的定义和偏好。以椅子为例，有几何形态、流线形

为什么矿泉水瓶往往是圆柱状的？
图片来源：Steve Johnson (Unsplash)

技术推动电话造型变革
图片来源：Alexas_Fotos (Pixabay)、Naeem-Akram (Pixabay)、Pexels (Pixabay)

态、仿生形态、卡通形态、趣味形态、科技形态等。产品形态多种多样，不同的形态能产生不同的美感，很难说哪一种形态优于另一种形态。

应用美学原则的关键并不是比较哪一种风格更美，而是这种风格是否与产品的预期使用场景相契合、是否符合目标受众群体的审美偏好。只要产品的造型与环境和受众相协调，那么在这种场景下，它就是美的。反之，试想一下，如果在严肃的公务机关摆满卡通形态的桌椅，则无疑会显得异常突兀。

看起来舒适又温暖的产品造型
图片来源：JillWellington (Pixabay)

6.2 Techniques of Product Styling
产品造型设计技巧

基于对产品造型设计原则的学习，我们明确了产品造型设计需要遵循的功能、科技、人性、美学四大原则，这为设计产品形态指明了方向。常用的产品造型方法可大致分为加减造型法、截面造型法和仿生造型法三种。在掌握造型方法的基础上，同学们也应不断积累、学习优秀设计作品，通过持续的学习与创作，实现从量变到质变的转换，最终达成提升产品造型设计能力的目标。

6.2.1 加减造型法

通过观察可以发现，当前，市面上大部分产品的造型均来自基本几何体的加减变化。这是由机械化的生产加工方式所决定的，也符合现代主义的审美诉求。

加减造型法，可细分为加法造型法和减法造型法两种类型。使用加减造型法设计产品形态时，应遵循"形式追随功能"的造型法则，通过叠加组合基本形体，或者从一个主要的基本形

图片来源：StockSnap (Pixabay)、karishea (Pixabay)、abdullahsadie3141 (Pixabay)

体中减去一部分，设计出符合功能需求的新造型。

运用加法造型法设计产品时，需要注意考虑产品形体的比例与各部分的功能分区。如下图所示，吹风机的基础造型可以抽象为两个相互穿插且直径不同的圆柱。其中，直径较宽的圆柱作为吹风机的头部，直径较窄的圆柱作为把手。这种结构既易于加工，又满足了简洁大方的造型审美需求。

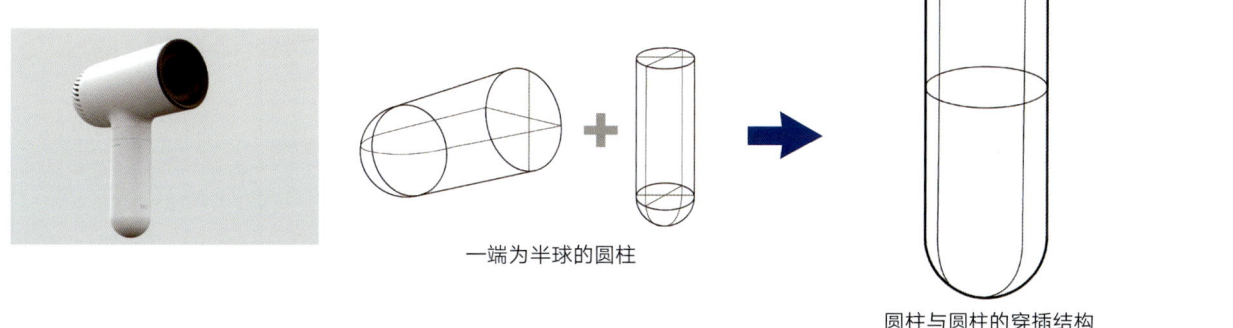

一端为半球的圆柱

圆柱与圆柱的穿插结构

如下图所示，同理，图中的相机设计也运用了加法造型法，在长方体的基础上增加了一个圆台作为镜头，再对锋利的边棱进行倒角处理，使产品造型更具人机互动性。

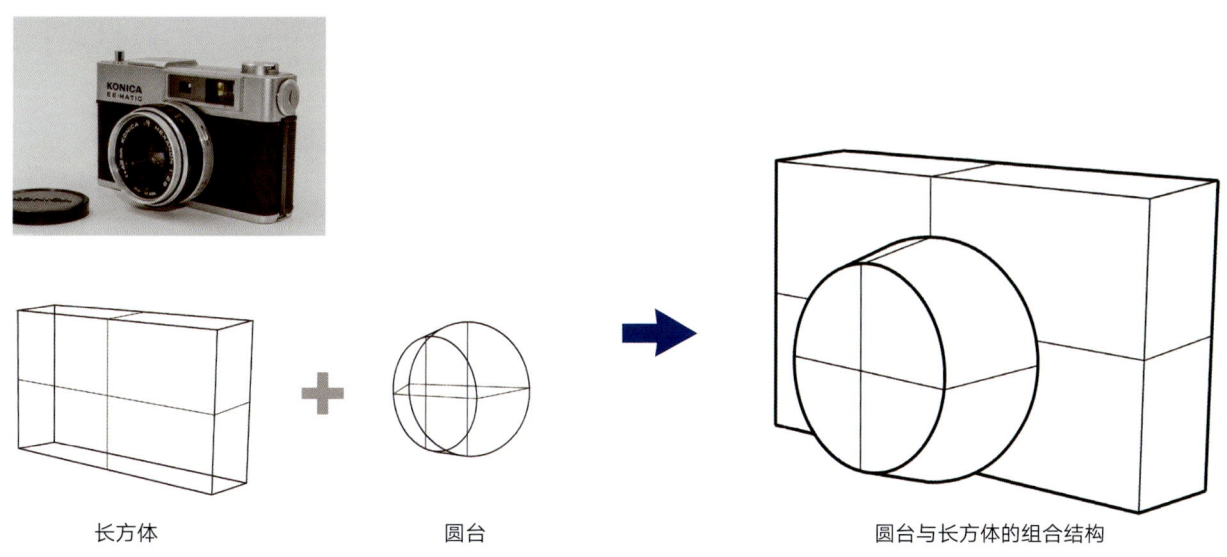

长方体　　　　　圆台　　　　　圆台与长方体的组合结构

运用减法造型法设计产品时，需着重关注产品形体比例和对基本几何体的切割方式。如下图所示，这款饮水机的造型即在长方体的基础上，通过减去部分组合体，为饮水机的台面、内嵌的接水口立面、顶部斜切面和操作面板留出了空间，整体呈现出简洁大方的设计效果。

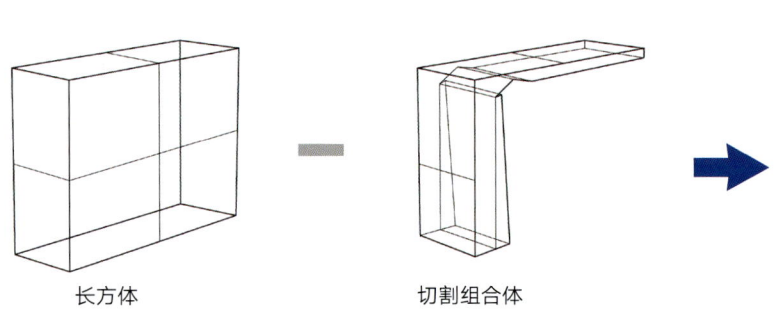

长方体　　　　切割组合体

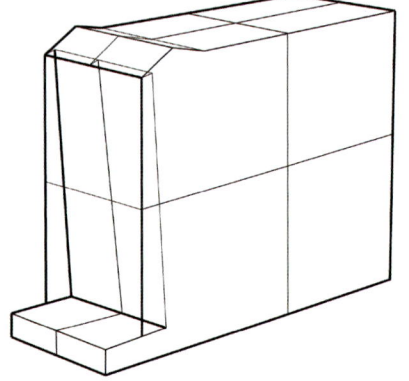

得到饮水机的基本体

同理，下图中的浴缸，其造型也以长方体为基础。通过在顶部切去体积较大的长方体，形成浴盆；又在侧面切去两个较窄的长方体，形成储物空间。这一造型的设计过程中，只采用了极少的步骤对基本几何体进行了切割，但这不仅满足了该浴缸的基本功能需求，也使之成为了一款具有现代主义风格的欧式浴缸产品。

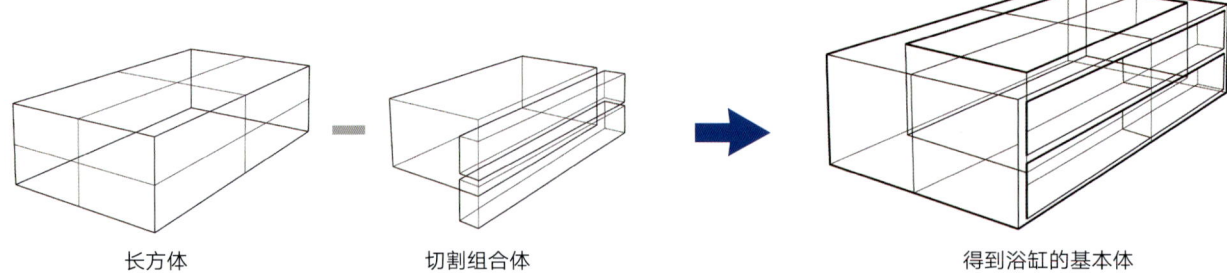

长方体　　　　切割组合体　　　　得到浴缸的基本体

加减造型法的优势在于能够帮助设计师迅速把握产品的基本形体，明确造型与功能之间的关联，并在此基础上添加细节、完善设计。加法与减法，正如日本设计师原研哉所言，世界的原型只有两种——棍棒与容器。棍棒象征着添加与攻击，是更为主动、功能性的造型，而容器象征着减少与接纳，是提供承载与保护的形态。

6.2.2 截面造型法

有些产品的造型并非规则的几何形体，而是呈现出柔和的有机形态。这些平滑的曲线为产品带来了流动感和科技感，但也会使产品造型变得复杂。如何才能在产品中创造这种复杂的曲面？可以尝试使用截面造型法。仔细观察就会发现，很多曲面造型的产品都可以被分解为多个不同形状的截面，而截面造型法正是以这一现象为基础，通过确定串联各截面的路径，并设计确定关键截面的形状，形成曲面产品的造型方案。

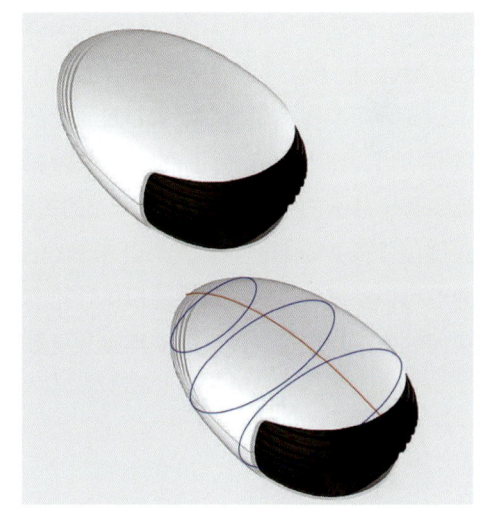

截面造型法需要一定的空间想象能力，但是对于创造曲面造型非常有效。截面造型法包含三个主要步骤：

Step 1 限定截面路径走向

预先构思产品摆放的角度和串联关键截面的路径形态，确定截面的排布形式与走向。不同的产品具有不同的功能，造型也各有差异，我们可以根据产品的功能对其造型进行推敲。

Step 1

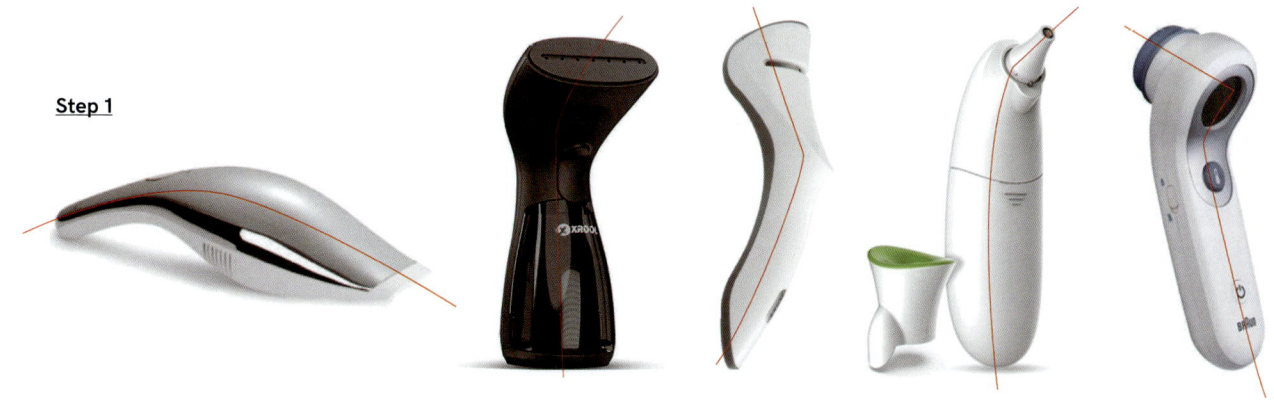

Step 2 设计关键截面形态

基于截面路径,绘制影响产品形态变化的关键截面。关键截面是指对产品造型起到重要限定作用的截面。以右图中的流线型产品为例,影响其形态变化的主要有 A、B、C、D 四个截面:截面 A 位于该产品圆头金属帽和下方银色塑料机身的交界处,也是球状顶端与流线型机身之间的界面;截面 B 位于机身形态的弯曲转折处;截面 C 位于该形体最鼓的位置;截面 D 位于形体末端收尾处。这四个截面限定了该流线型产品机身的形态变化,也是设计时需要重点把握的关键结构。

Step 3 限定形体外轮廓线

在确定截面路径的走向后,先设计产品的外轮廓线或关键截面均可。如下图所示,若先设计关键截面,可以用外轮廓线连接每个截面的最外端,从而将所有的关键截面纳入形体范围。关键截面的数量越多,对产品外轮廓线形态的限制性就越强。我们可以根据产品的功能构建形体外轮廓线,从而为产品赋予良好的人机互动性,使产品使用起来更舒适、便捷。

Step 2

设计关键截面形态和大小变化

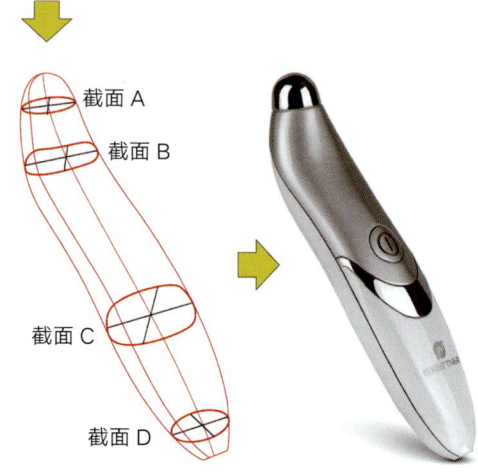

截面 A
截面 B
截面 C
截面 D

关键截面提取　　产品形态

Step 3

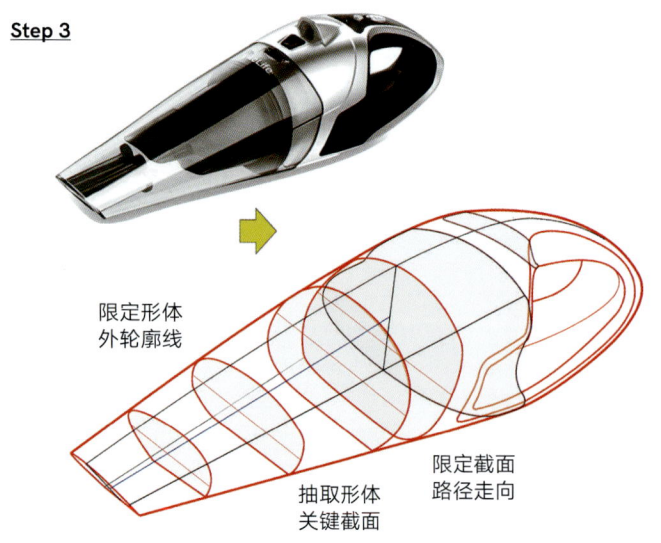

限定形体外轮廓线
抽取形体关键截面
限定截面路径走向

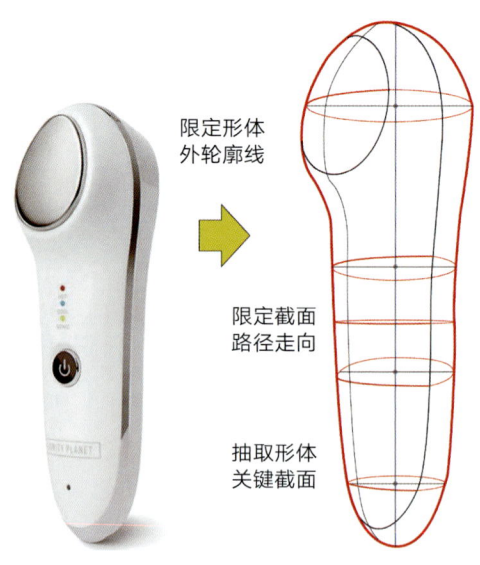

限定形体外轮廓线
限定截面路径走向
抽取形体关键截面

6.2.3 仿生造型法

自然是人类最好的老师,自然界的动植物经历了千万年的进化,在这一漫长的过程中,为求得生存与发展,逐渐具备了适应自然界变化的能力。因此,自然界中通过自然演化而形成的动物、植物,其造型和运作机制均有着天然的合理性,无论在功能还是效率上都有着优异的表现,可以说这是自然界展现的一种本能性设计。

仿生设计是人类社会的创造活动与自然界的本能设计的结合点。设计师通过观察自然造物,了解其中蕴含的原理,获得设计上的启发,通过模仿、变形、拓展,最终构建出独特的产品造型与结构。在这一过程中,产品也自然而然地获得了与动物、植物相似的特性。这正是仿生设计的精髓所在。

通过仿生设计,人们已经创造出很多优秀的产品。直升飞机的造型灵感来源于蜻蜓的飞翔和悬停,工程师和设计师分析了蜻蜓的飞行姿态和飞行原理,并将其抽象为直升飞机的形态。还有根据鲸鱼和海豚的交流方式设计研发的声呐系统、受到蝙蝠翅膀启发而设计的滑翔翼、模仿荷叶的结构研发的超疏水材料、借鉴鲨鱼皮的结构制成的低阻力游泳衣……类似的例子不胜枚举。

值得注意的是,很多同学认为仿生造型就是直接模仿自然界动植物的形态,这样的理解是片面的。从造型本身来说,我们确实会在一定程度上借鉴这些自然形态,但更重要的是思考这些自然形态为什么会演化成现在的样子、它们的工作原理是什么、在促进功能实现上有什么优势。了解这些,将自然形态引入设计才不会浮于表面。

直升飞机借鉴了蜻蜓的造型和飞行原理
图片来源: Chikilino (Pixabay)、RoyBuri (Pixabay)

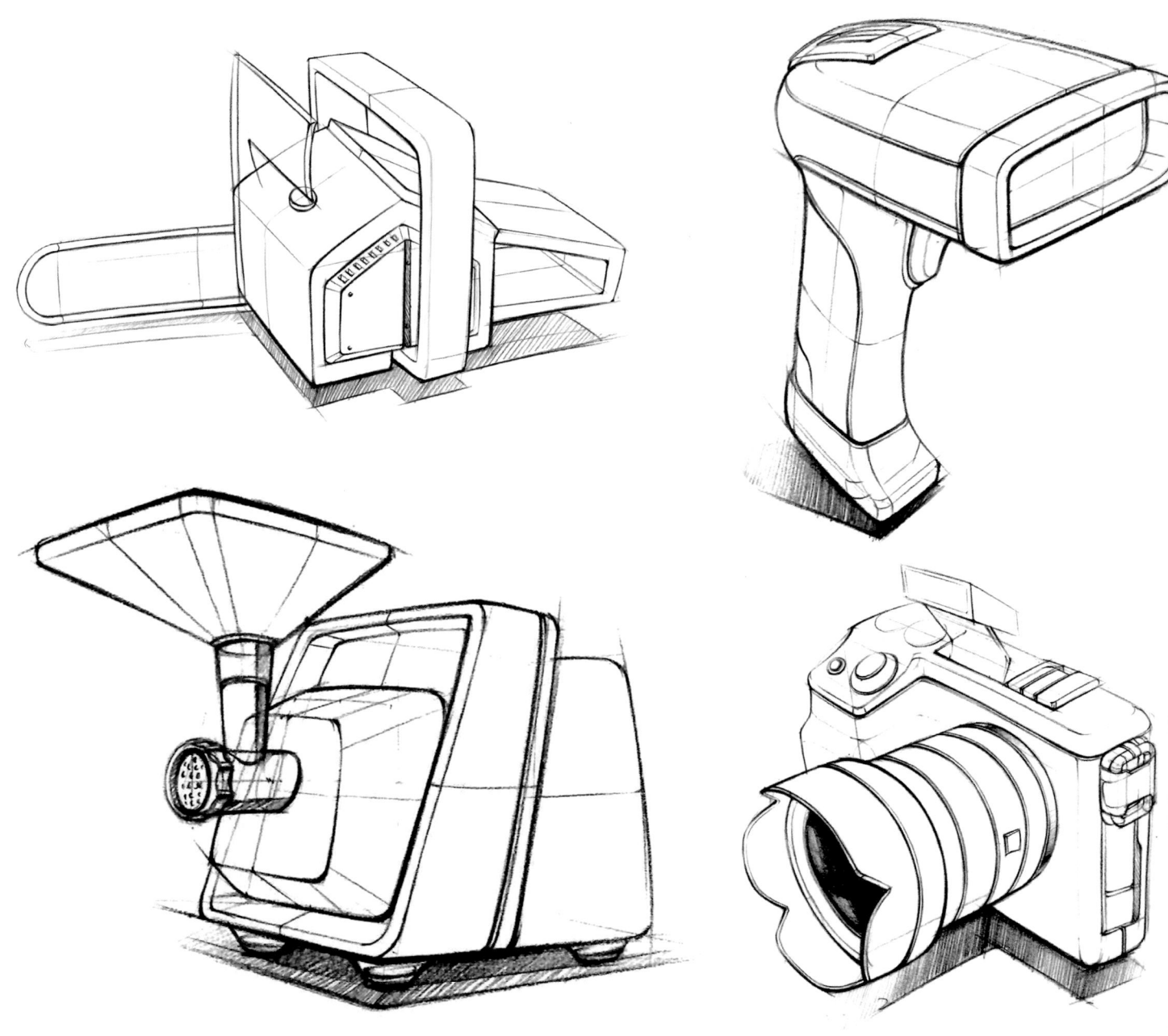

学后训练

训练1

仿绘产品线稿,并思考这些产品运用了何种造型手法。对于以基本几何体为基础的产品,先分析产品的整体造型,思考该产品的形体是如何通过基本几何体的加减变化得出的,再绘制线稿。如果是曲面类产品,可以使用空间曲线的绘制方法或使用截面造型法,先搭建好形体的骨架,再补充细节,在绘制过程中注意保持产品整体透视的准确性和画面构图排版的合理性。

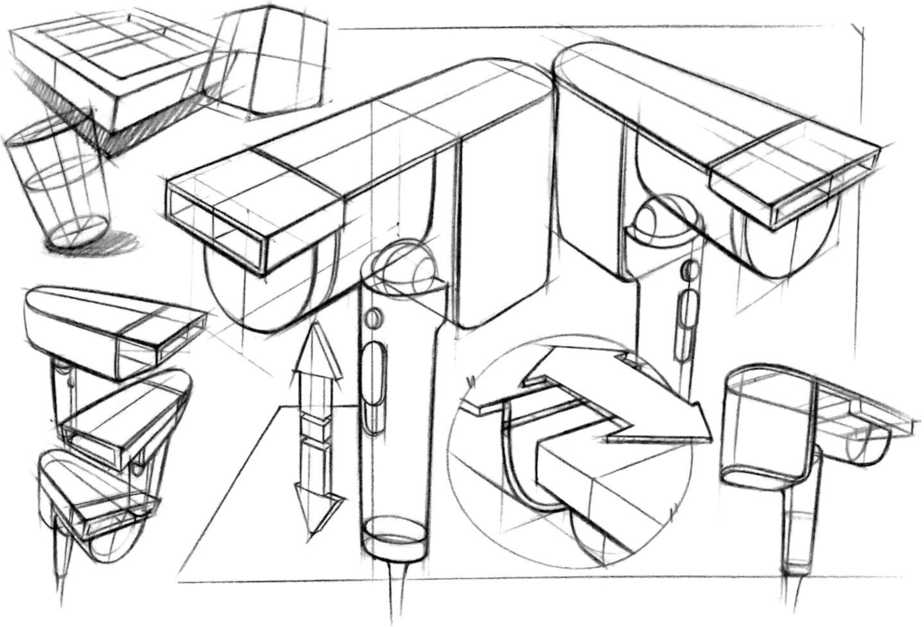

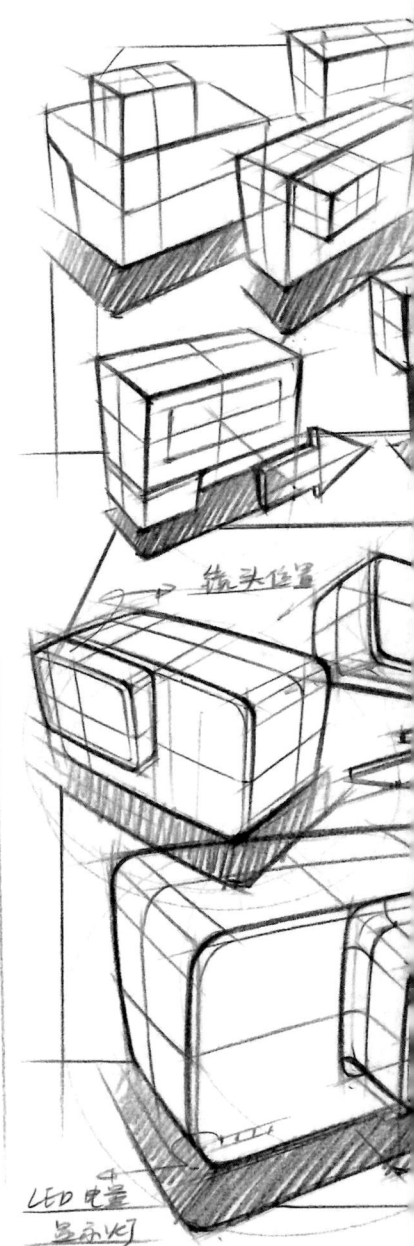

PART 3

Chapter 7　Marker Pens and Representation of Light and Shadow Relationship
第 7 章　马克笔使用与光影关系表达
Chapter 8　Quick Representation of Different Materials
第 8 章　不同材质的快速表现
Chapter 9　Product Design and Analysis
第 9 章　产品设计与分析

Coloring with Marker Pens and Product Analysis
马克笔上色与产品分析

Chapter 7
第 7 章

Marker Pens and Representation of Light and Shadow Relationship
马克笔使用
与光影关系表达

回顾前六章的学习内容，我们掌握了线条绘制方法、透视原理等产品手绘的基本功，并学习了形体转角度等产品造型的基础知识。本章围绕光影分析与基础形体的上色方法，从对产品手绘的常用上色工具——马克笔的介绍出发，结合光影的产生原因及其规律、光影明暗变化的三大面和五大调等理论知识，为大家分步讲解正方体、圆柱和球体的上色技巧，为后续学习使用马克笔表现产品材质奠定基础。

7.1 The Introduction to Characteristics of Marker Pens
马克笔特性介绍

马克笔是产品设计中常用的手绘工具，因色彩艳丽、墨水速干等特性而广受设计学习者和设计师的欢迎。了解其特性，有助于帮助我们更好地使用马克笔。

7.1.1 马克笔简介

马克笔（marker pen 或 marker），也叫记号笔或水彩笔，可用于书写或绘画，本身含有墨水，且通常附有笔盖。马克笔的笔头有软硬、粗细之分。通常，马克笔有前后两个笔头，一宽一细，可以根据所需绘制图形的面积大小选择要使用的笔头。

根据马克笔墨水性质不同，大致可分为水性、油性、酒精性马克笔三类：

（1）水性马克笔：颜色亮丽通透，但多次叠涂后容易损伤纸面，在塑料、玻璃材质上绘画后容易被擦除。

（2）油性马克笔：色彩柔和，墨水可快速风干，多次叠涂不会损伤纸面，在塑料、玻璃材质上绘画后不容易被擦除。

宽头
适合大面积铺色，可以通过变换握笔方式画出粗细不同的笔触

软头
质地类似毛笔，适合大面积铺色，也可绘制出粗细变化自然的线条

细头
适合细节刻画和小面积精细填色

（3）酒精性马克笔：主要成分为染料和工业酒精等，容易挥发，使用后需及时盖上笔盖。酒精性马克笔颜色艳丽且墨水速干，可在任意光滑表面流畅书写。

7.1.2　马克笔的特点

马克笔具有叠色效应、压感效应，使用不同的拿笔方式也能产生不同的绘制效果。通过了解并灵活运用马克笔的特点，选择恰当的绘制技法，可以在产品手绘中达到事半功倍的效果。

（1）马克笔的叠色效应

在一定的叠涂层数内，用马克笔叠涂的层数越多，颜色越深。这一特性可以用来表达产品表面光影的明暗对比，但也经常导致以下两个问题：

①涂色深浅不一：同学们在用马克笔铺色时，可能因走线不稳、不均匀而产生漏涂的空隙。如果用马克笔单独填充这些空隙，则会导致空隙边缘处局部颜色加深，看起来深一块、浅一块。要解决这个问题，只需再次铺色，并注意在铺色时覆盖漏涂的空隙即可。

②反复涂色导致纸张晕色甚至破裂：特别是在使用水性马克笔时，在同学们想通过反复叠涂加深局部色彩时，可能会出现晕色而使色彩溢出边界，纸张甚至可能因局部过于湿润而破裂。实际上，如下图所示，使用单支马克笔叠涂 4 次以上时，

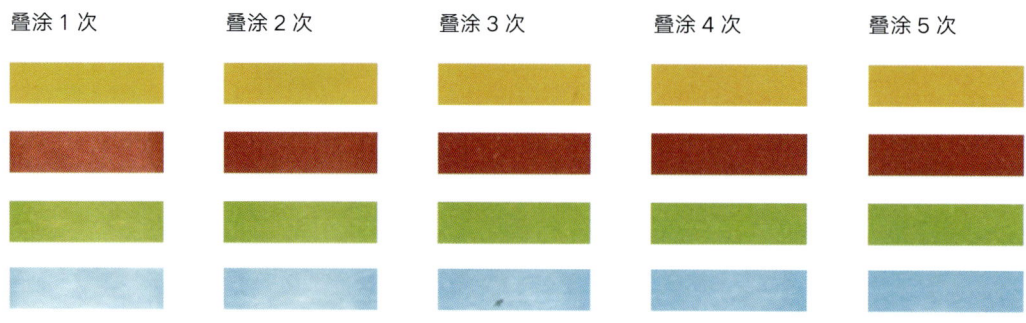

涂色区域的颜色将不再发生明显变化，如果此时仍想加深色彩，应换用同色系的深色马克笔。

（2）马克笔的压感效应

使用马克笔时，用笔头按压纸面的力度越强，画出的笔触颜色越深。这一特性经过设计与利用，可以让画面富有变化。如右图所示，通过压感变化可以绘制出丰富的笔触。反之，下笔力度不均匀，也会造成马克笔涂色区域颜色斑驳。

（3）马克笔拿笔方式对线条宽度的影响

马克笔的宽头使用频率最高，其使用方式十分灵活，通过改变拿笔方式，即可画出粗细不同的线条：将宽头完全接触纸面，画出的线条宽度约为 7mm；将宽头立起，笔尖与纸张的接触面积就会发生变化，画出的线条粗细也会改变，如右下图所示，侧峰画出的线条宽约 3mm，而立峰画出的线条宽约 1mm。初学者可能不太容易把握运笔的角度，造成线条粗细不一，画面凌乱。但是，只需多加练习，在练习中感受握笔姿势与马克笔的笔尖粗细变化的关系，就能灵活、高效地将这一特性应用在绘制过程中。

有轻重变化的笔触

通过压感变化可以绘制出多样的表面效果

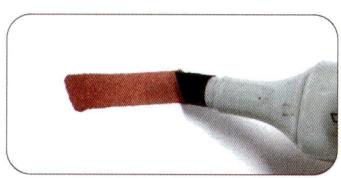

宽头 整个笔头完全接触纸

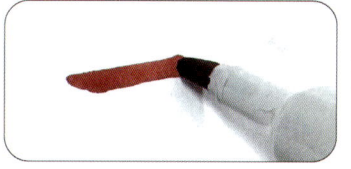

侧峰 将笔头倾斜或者横置

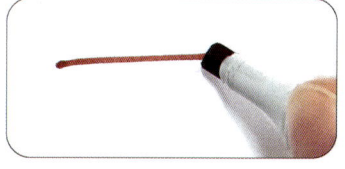

立峰 将笔头完全立起，用笔尖接触纸面

7.2 Techniques of Coloring with Marker Pens
马克笔上色技巧

"工欲善其事，必先利其器"，想把马克笔用好，需要首先了解它的使用技巧，学会使用马克笔进行铺色和色彩过渡，在此基础上勤加练习，才能做到熟能生巧，"下笔如有神"。

7.2.1 马克笔的走笔方向

使用马克笔时需要灵活运笔，随着图形变化及时调整握笔姿势，切勿僵硬地保持一个走笔方向，导致铺色不均匀或涂到图形轮廓之外。

需要注意的是，针对某一图形的马克笔走笔方向并不是固定的，可以根据填色形状和用笔习惯灵活调整。如下图，在为

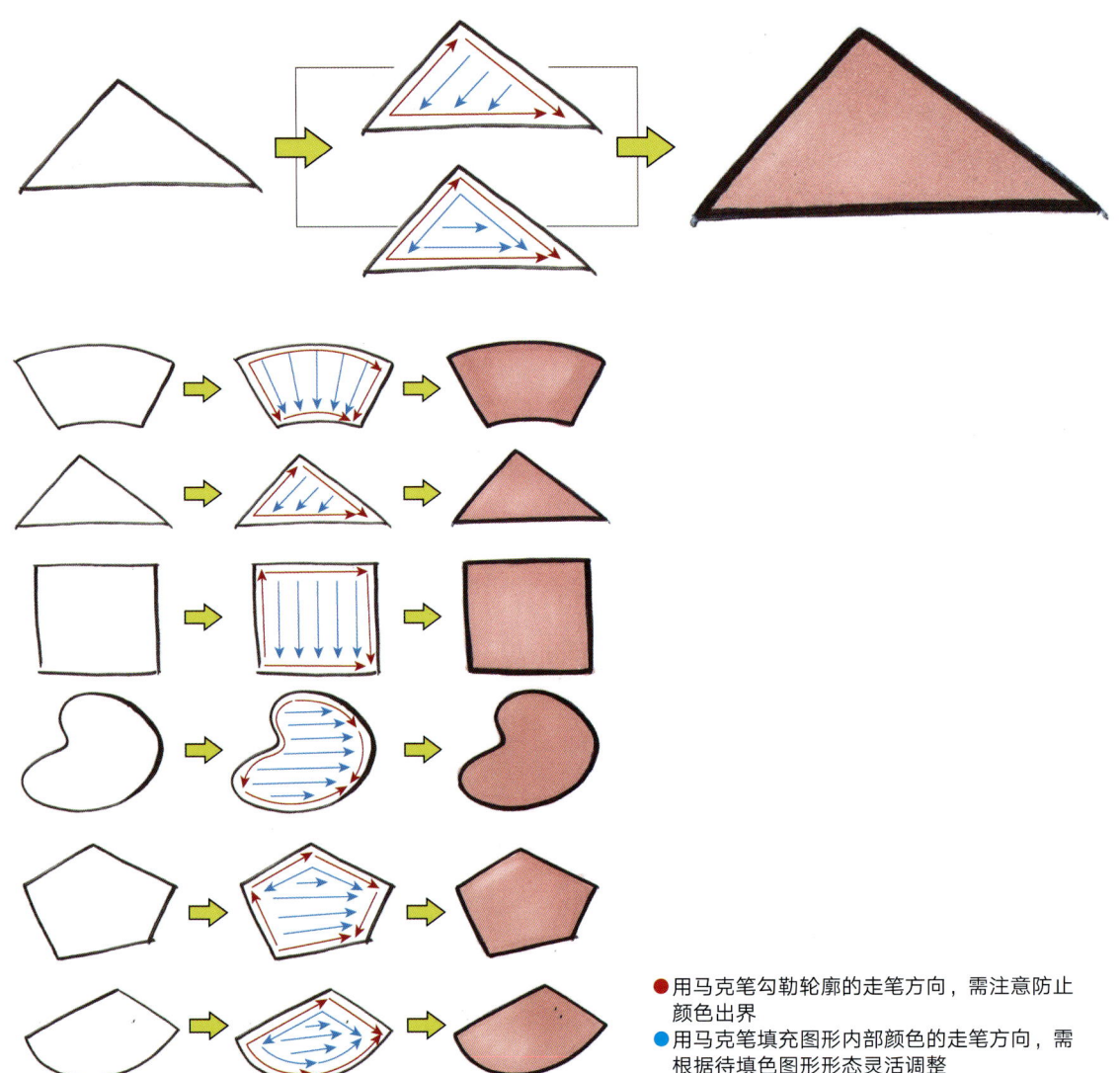

- ● 用马克笔勾勒轮廓的走笔方向，需注意防止颜色出界
- ● 用马克笔填充图形内部颜色的走笔方向，需根据待填色图形形态灵活调整

三角形色块填色时，马克笔既可以沿着某一方向倾斜走笔，也可以沿着水平方向走笔。

7.2.2 马克笔的笔触

马克笔的笔触是指绘画过程中马克笔的运笔痕迹。马克笔的运笔方向、压感强度、颜色叠加层数等都会对马克笔的笔触造成影响。笔触的形态应该根据想要达到的画面效果来设计和表现。下图展示了一些常见的错误笔触和较好的笔触案例对比。

7.2.3 马克笔的排线方法

马克笔的排线训练是产品形体上色的基础性练习之一，排线训练不到位会导致画面颜色斑驳。如右图，马克笔排线的形式主要包括直线排线、直线扫笔排线、渐变排线、曲线排线、曲线扫笔排线、倒角排线和圆圈排线。

常见的马克笔错误笔触

❶ 局部补色导致颜色不均匀

❷ 笔停顿太久形成点状晕染

❸ 走笔速度太慢造成晕染

❹ 没拿稳笔 / 笔与纸面没有完全贴合

❺ 拿笔倾斜导致一侧笔触整齐，另一侧不规则

较好的马克笔笔触示范

单层马克笔笔触

两端没有过大的晕染停顿点，走笔速度快，单层颜色清透，多层颜色无明显的不规则晕染

多层马克笔笔触

马克笔渐变笔触

颜色渐变过渡自然，中间无突兀或不规则的深色晕染痕迹

① **直线排线**

 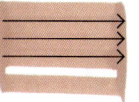

沿水平直线方向，自上而下依次排线

② **直线扫笔排线**

为实现均匀排线，应先将第一笔延伸至接近右侧边缘处，再从另一端扫笔拼接线条

 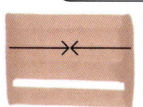 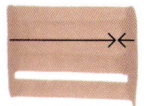

分别从左右两端出发，拼接线条实现排线效果

③ **渐变排线**

 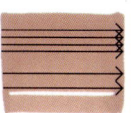

沿水平直线方向，自上而下排线，从上至下叠加层数逐渐减少，形成由深至浅的颜色渐变

④ **曲线排线**

 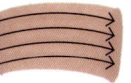

沿曲线方向，自上而下依次排线

⑤ **曲线扫笔排线**

为实现均匀排线，应先将第一笔延伸至接近右侧边缘处，再从另一端扫笔拼接线条

 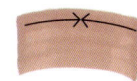 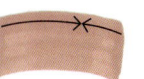

分别从左右两端出发，拼接线条实现排线效果

⑥ **倒角排线**

通过调整握笔方向，在左右两端绘制圆弧，并与直线相接，形成圆角矩形

⑦ **圆圈排线**

通过调整握笔方向绘制圆形，提高控笔能力

7.3 Basics of Light and Shadow
光影的基础知识

光影是产品手绘中非常重要的元素，光影的变化有助于画面节奏的形成，能增强画面的灵动感与真实感。掌握光影分析的基础知识，能为后续的复杂形体上色打好理论基础。

7.3.1 光影的产生与规律

"光"和"影"如同"明"和"暗"一样相伴相生，没有光就没有影，两者相互依存。现实生活中的物体只有经过光的照射才会产生明暗变化，没有光源，我们的眼睛将看不到任何东西。当光照射在一个物体上时，如果物体不透明，就会对光线具有一定的遮挡作用，在光线照射不到的一面形成黑色的阴影。一切肉眼可见的实物，都会在光的照射下产生这种受光、背光、反光部分的明暗变化。这种变化本身以及对这种变化的表现方法，在绘画中被称为"光影关系"，也叫作"明暗关系"。

7.3.2 光影明暗变化三大面

物体是多样的，来自不同光源的光线照射在不同材质、形状的物体上，产生的光影效果皆不同。但是，总体上，物体受光源照射后会形成亮面、灰面、暗面三个面，合称"三大面"：

亮面：被光源直射、在画面中最亮的面，也称亮部。

暗面：光源照射不到、在画面中最暗的面，也称暗部。

灰面：受光但未被光源直射的部分，色彩明度介于浅色的亮面与深色的暗面之间。

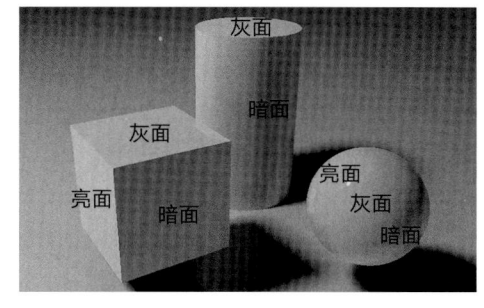

7.3.3 光影明暗变化五大调

在物体被光源照射时，其立体效果会通过光影关系呈现在我们面前。在光影效果的衬托下，我们可以顺着物体上光源的明暗变化趋势，感受该物体转折起伏的结构与轮廓，找到高光、灰面、明暗交界线、反光、阴影"五大调"。可将五大调进一步分为受光面和背光面两个部分，其中，受光面包括高光与灰面，背光面包括明暗交界线、反光、阴影。

高光： 光源直射在物体表面上形成的最亮区域。高光的形态和面积受到光的强弱、照射面积的大小、光源距物体的远近等因素的影响。除此之外，物体的材质、形状等因素也会影响高光的形状与面积。一般情况下，高光在光滑的材质上体现得更明显，边缘也更清晰。

灰面： 也称为亮灰部，通常指最亮的高光和最暗的明暗交界线之间的颜色过渡区。

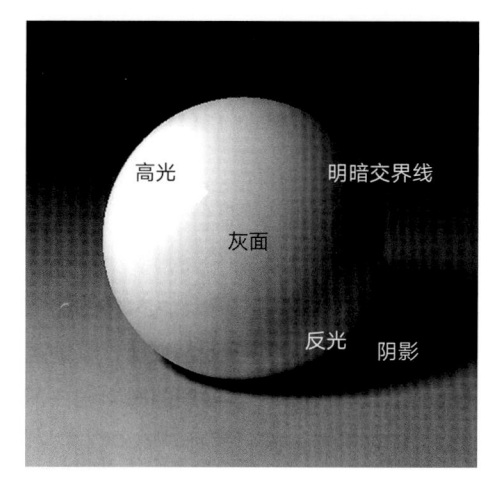

明暗交界线： 亮部与暗部的交界，一般位于物体结构的转折处。需要注意的是，明暗交界线并不是某一根具有明确形态的线条，其颜色深度和具体形态都会随着光的强度和物体自身结构的不同发生变化。

反光： 物体背光面受周围环境或物体的反射光影响，在暗部背光区域中呈现环境色，产生暗中透亮现象的区域。其中，环境色指在日光、月光、灯光等光源照射下，同一空间内其他物体的反射光又反射到该物体上所呈现出的颜色。反光量与物体的材质肌理有关，表面光滑的玻璃、陶瓷、不锈钢物体反光量大，其反射的光对周围物体的影响也较强；反之，表面粗糙的物体反光量小，对周围物体的影响也较弱。

阴影： 物体遮挡光线后产生的投影区域，该区域内亮度极低且色彩灰暗。阴影的形状与物体本身的形态有关，在产品手绘中，无需精确描绘阴影的形状，只需根据物体的整体造型，概括其阴影的轮廓即可。长方体类产品的阴影边缘线较直，球体类、曲面类产品的阴影呈椭圆状，对于其他形体的产品，也可以沿着其底边线向外扩展一圈阴影轮廓线，示意阴影位置和面积，增强产品的真实感。

7.4 Representation Techniques of Light and Shadow
光影的表现技巧

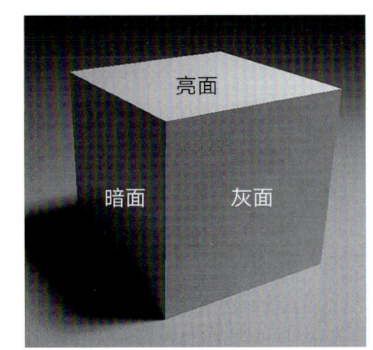

大多数产品都是由基础几何体的加减组合形成的，在对相对复杂的产品形体进行上色之前，掌握基础几何体的光影分析与表达尤为重要。初学绘画的同学往往不了解基础形体的光影关系，导致后续分析形体时不知道应该在哪里绘制明暗交界线，进而影响后续的上色。本节以正方体、圆柱、球三种基本形体为例，详细分析光影关系，并分步演示使用马克笔上色的方法与效果。需要注意的是，色彩会凸显形体线稿中存在的透视问题，因此，在上色之前，同学们也应反复检查线稿的准确性，为表达形体的光影关系奠定良好的基础。

7.4.1 正方体的光影关系分析与表达

正方体又称"六面体"，是最基础的几何体之一，也是我们学习手绘几何体时的首要练习对象。

如本页首图所示，正方体通常有三个面呈现在画面中，在单一光源的照射下，亮面、灰面和暗面清晰可辨。

如右图所示，正方体表面的明暗交界线有两条，分别位于暗面和亮面之间、暗面和灰面之间的棱处。

在上色之前，需要首先分析确定该正方体的光影关系。如右图所示，当光从右上方入射时，该正方体的 A 面为光源直射面，即亮面；B 面为背光面，即暗面；C 面侧向受光，也属于光照面，其亮度介于亮面 A 与暗面 B 之间，为灰面。在暗面 B 的左下方会产生投影，距离 B 面越近的位置，投影颜色越深。同时，可以在各个面的底端和远端留出反光区，尤其是在暗面区域，可以通过在其与地面相接触的位置表现出反光，减轻沉闷感。

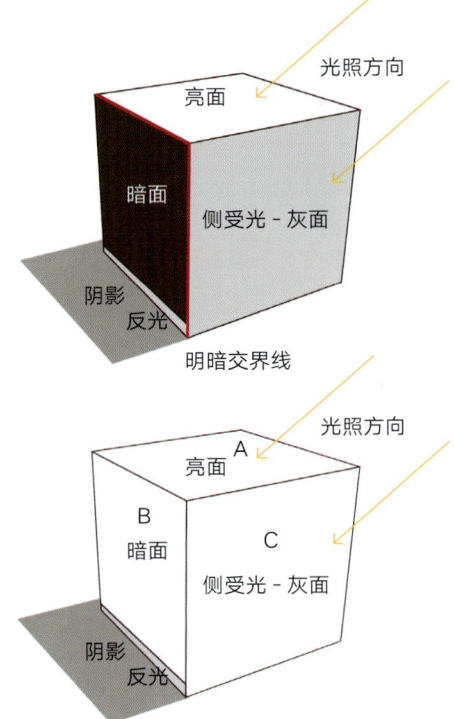

在使用马克笔上色时，要注意笔触均匀、快速走笔，避免由于犹豫而导致笔头在纸面停留时间过久，造成局部晕色。为了提升整个形体的颜色对比度，优化视觉效果，在绘制环境反光时，在颜色较浅的亮面、灰面区域，可以直接采用留白的形式表现反光。暗面的反光处颜色应比暗部整体略浅，但比灰面颜色略深，由此形成轻重对比，增强整个形体的立体感。

以下，分步讲解使用马克笔为正方体上色的关键步骤：

Step 1　使用浅色给各面打底

使用浅色马克笔为正方体各面均匀上色。各面的底端或者远端可以作留白处理，将反光区直接预留出来。

Step 2　区分各面的明暗光影关系

在灰面和暗面用深一度色号的马克笔叠涂上色，将亮、灰、暗三个面的颜色区别开来，注意应使暗面颜色深于灰面，并保持亮面留白多于灰面。

Step 3　添加明暗交界线与反射光

加重各面的边缘，增强各面的光影对比度。可以在灰面上部倾斜的三角区域添加浅色反光，使灰面的光影效果更生动。

Step 4　添加投影

沿着暗面底部的外轮廓线延伸出一个矩形，作为投影的轮廓线，并使用灰色马克笔绘制正方体的投影。给投影上色时，为避免投影部分显得过于沉闷，应在远离暗面底部的区域留出一块浅色区域以表现环境反射光，从而增强产品的立体感。

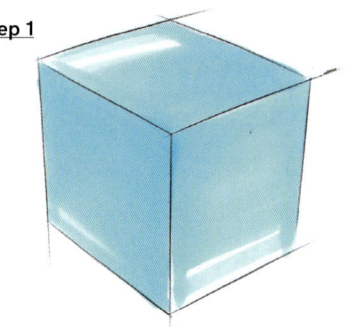

Step 1

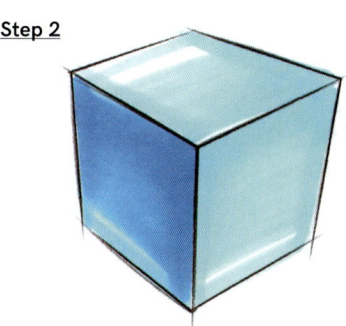

Step 2

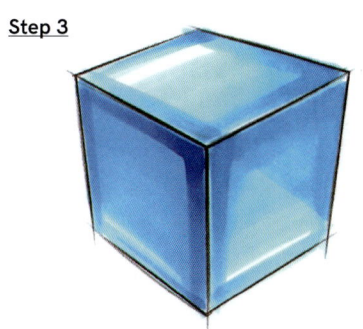

Step 3

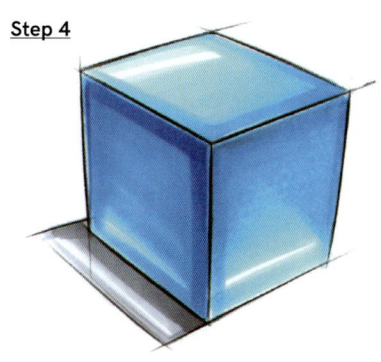

Step 4

7.4.2 圆柱的光影关系分析与表达

圆柱是构成产品的最基础的形体之一，其上色技巧在产品手绘中应用得非常广泛。

如右图所示，我们可以将圆柱想象成在正方体的基础上倒弧角所形成的几何体，其侧面为流畅的曲面。当来自单一光源的光照射在圆柱体上时，在其侧面会形成两条明暗交界线：距离光源较远的一端，明暗交界线较粗、颜色较深，周边的颜色过渡区域也较宽；距离光源较近的一端，明暗交界线较细，颜色过渡区域较窄，区域内光影急剧变化。

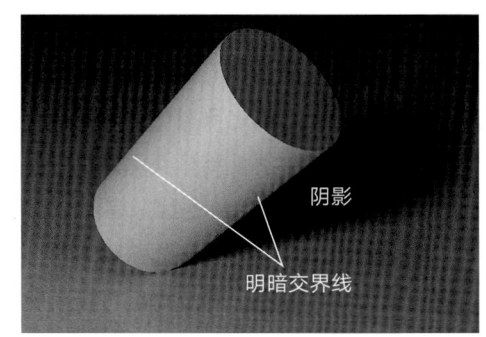

在给圆柱上色时，首先应确定光源的位置。如第 127 页上图所示，我们可以设定光从左上方入射。此时，留白区域由上到下贯穿整个圆柱，明暗交界线则位于圆柱的两侧。

以明暗交界线的位置为参考，越接近光源直射的位置，圆柱表面越亮，上色时应使用的颜色越浅。反光可以靠近形体的边缘，避免暗部颜色过深而带来沉闷的视觉感受。椭圆顶面为灰面，颜色可以绘制得较浅，以增强整体的光影对比。

如第 127 页中图所示，可将圆柱表面划分为 A、B、C、D 四个区域。光从左上方直射 B 区，因此，B 区在绘制时可作为高光区，留白处理。圆柱表面的 A、C 区为灰面，可以将明暗交界线绘制在这两个区域中靠近圆柱边缘的位置，此时，根据"近浓远淡"的透视规律，应使位于 C 区的明暗交界线比位于 A 区的更宽、颜色更深。光侧向扫过 D 区，在为此区域上色时，可以使用浅色，并保留一定的留白区域，增强该面的光感。

第 127 页下图展示了使用马克笔为圆柱上色的效果。在给圆柱侧面上色时，应沿着边缘处的长直线方向快速走笔，在形体上均匀铺色，使绘制出的圆柱侧面呈现出顺滑的弧面形态，切忌来回涂抹。也应注意握笔姿势，以免造成笔触歪斜或弯曲。为了使形体更有光泽感，在为圆柱顶面上色时应注意留白。明暗交界线是圆柱表面颜色最深的位置，可以在上色完毕后用高光笔提亮此区域，进一步增强形体表面的光影对比。

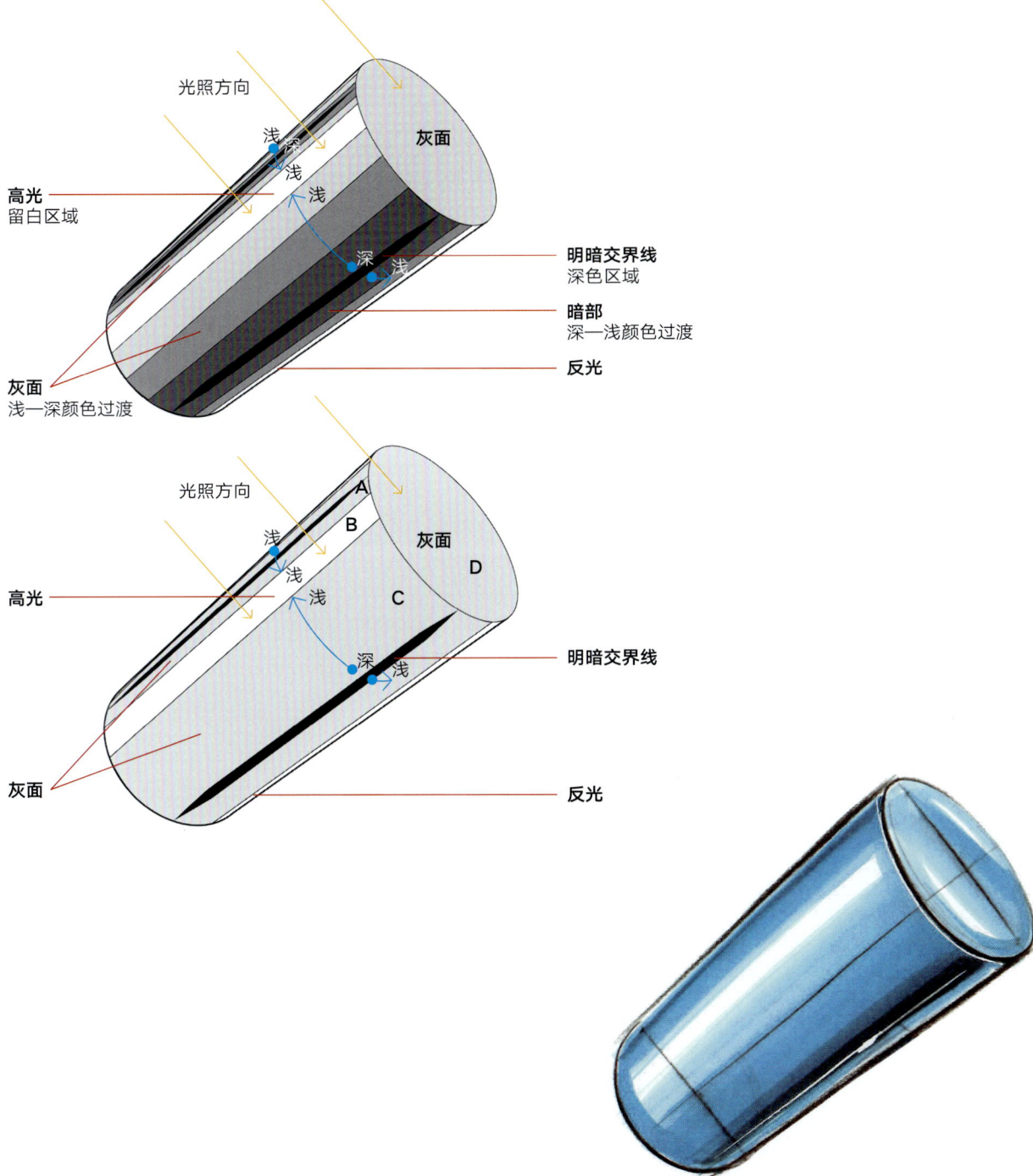

在明确圆柱表面的光影关系后，即可分步骤进行上色：

<u>Step 1</u>　确定留白区域和明暗交界线的位置。使用浅色马克笔，用两根较细的线条划定留白区域的边界，并在圆柱两侧靠近边缘处绘制出明暗交界线。注意应避免使明暗交界线与形体边缘重合，防止边缘颜色过深而导致形体显得笨重、不清透。

<u>Step 2</u>　在形体上进行颜色过渡，增强立体感。可以使用色号由深到浅的马克笔，从颜色最深的明暗交界线向留白区域逐渐过渡，以表达形体表面的光影明暗变化。在上色时，应控制好深色的面积，留出浅色区域，切忌将过深的颜色涂在距离留白非常近的地方。

<u>Step 3</u>　调节形体的明暗关系，拉开色彩对比度。马克笔墨水完全晾干后，颜色会略微变浅。所以，在初步将形体的明暗关系表现出来之后，可以再次加重明暗交界线，进一步提升形体表面的色彩对比度。

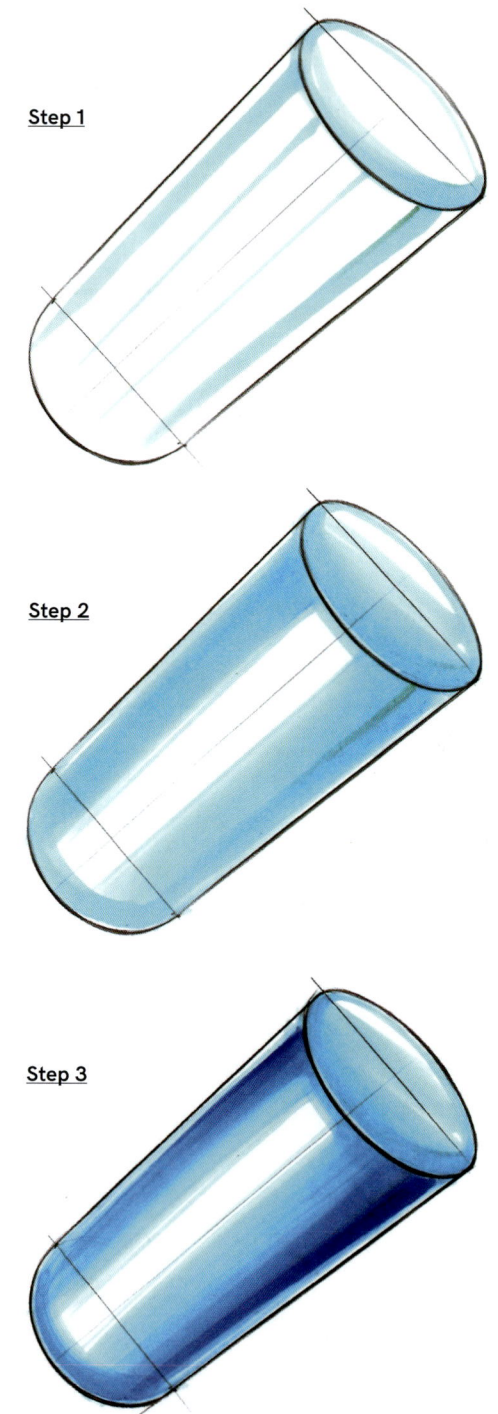

Step 1

Step 2

Step 3

TIPS 如果希望实现顺滑的色彩过渡，可以在颜色未干时进行色彩叠加，使笔触色彩相互融合；如果想要较为干净利落的笔触，可以在上一层颜色干透之后，再使用更深或者更浅的色号进行过渡。

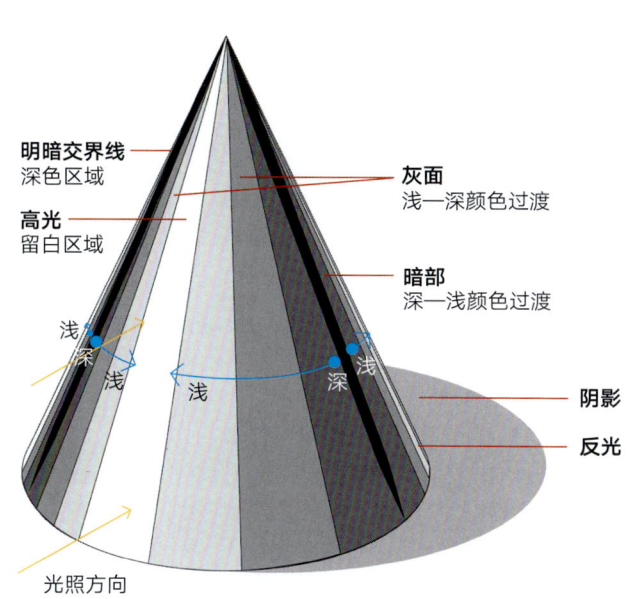

TIPS 圆锥可被视作底部为椭圆、顶部汇聚至一点的圆柱，其上色方法与圆柱类似，但需注意使马克笔走笔方向与形体的结构方向保持一致，避免出现横七竖八的笔触，也应注意避免顶点处色彩出界。可以考虑从顶点出发，向下运笔至底面末端后，再向上扫笔，使得整个形体的色彩均匀融合在一起，避免在底边处因顿笔而造成色彩晕染。

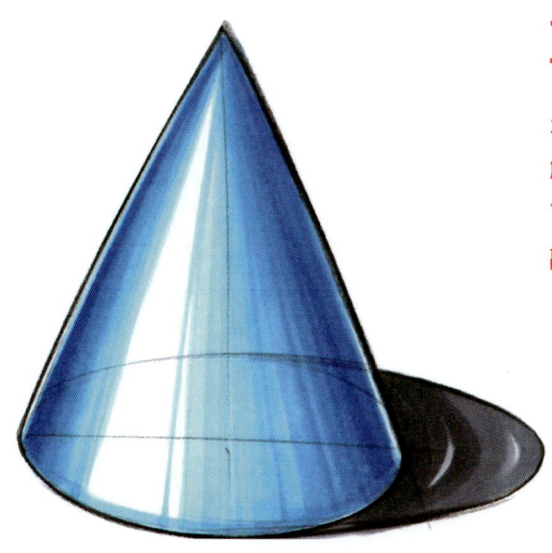

7.4.3　**球的光影关系分析与表达**

球体是最基础的几何体,也是构成产品的常见基本形体之一。球体的上色相较于圆柱、正方体稍难,需要对马克笔具有较强的控制能力。

在绘制球体时,应注意光影关系的表达。球体由曲率较大的曲面构成,所以,在为其上色时要注意明暗交界线和高光之间的灰面色彩过渡。灰面的色彩过渡越均匀,球体的立体感就越强。在为球体暗部上色时,需要预留反光位置,使形体色彩更加清透、真实感更强。

光照方向反映在高光在球体表面的位置上。如右下图所示,当光由左上方入射时,球体表面的左上侧会出现椭圆形的光斑。在绘制时,应确保该高光区域呈较为规整的椭圆形。若该区域形状不规则,很可能会干扰人们对球体形态的理解。

明暗交界线的位置也与光照方向有关。同时,由于球体整体由曲面构成,所以其明暗交界线弧度较大,在绘制时,应避免明暗交界线曲率不足,或是呈一条略微弯曲的直线,从而削弱曲面的视觉效果。

要使球体表面的呈现较为均匀的色彩过渡效果,需要使用多支色号逐渐加深的马克笔,避免出现色号断层。

如第131页所示,分步骤展示球体表面光影的绘制过程:

Step 1　确定高光形态和明暗交界线的位置。可以先用浅色的马克笔,在左上角确定椭圆形的高光区域,再在与光源相对的方向绘制弧度较大的明暗交界线。

Step 2　在形体上进行色彩过渡。可以从明暗交界线出发,向白色高光区域逐步过渡色彩,这一过程中应沿弧线走笔,避免沿直线平涂。

Step 3　增强形体色彩对比度并绘制投影。球体的投影呈椭圆形,在给投影上色时,可以沿弧形路径运笔,并在投影远离形体的一端预留反光区,让投影显得更清透,避免直接将投影涂黑,造成晕色和沉闷感。

Step 4　强化明暗交界线与投影,完成上色。

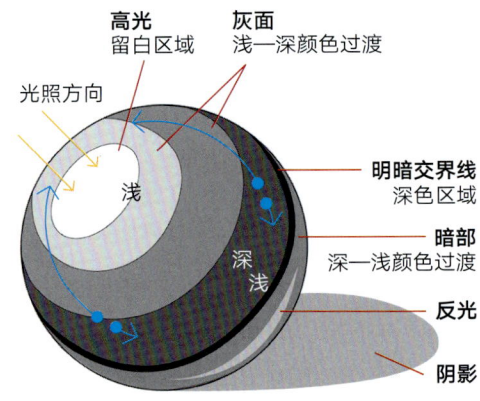

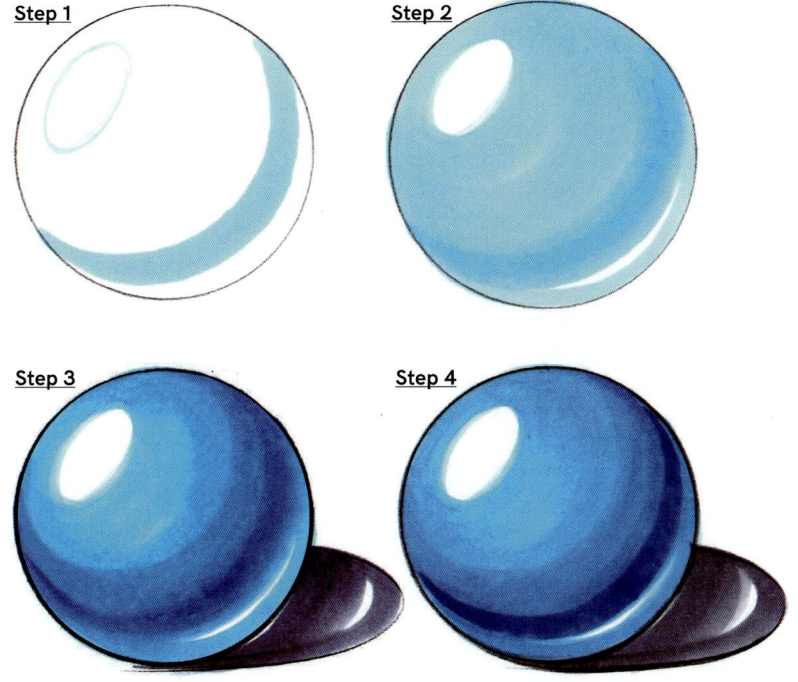

　如下图所示，也可以选用一种更为简单的方法为球体上色。该方法的原理与前述的球体上色步骤相通，但减少了弧形走笔叠色的层数，所以使用起来相对容易。在为球体上色时，同学们可以自由选用更擅长的上色方法，只要能清晰表达出球体表面的曲率及光影关系即可。

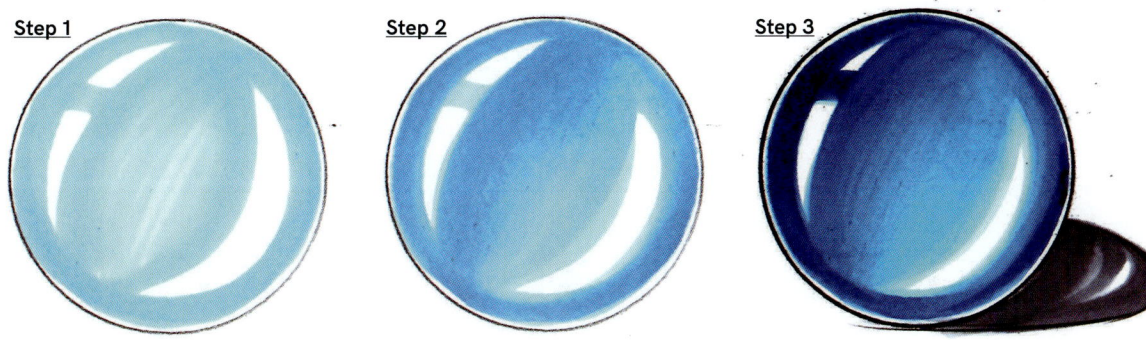

学后训练

仿绘基本几何体上色图,可以改变图中形体的位置,注意保持形体的准确性,切勿潦草起形、着急上色,导致出现透视错误等基础问题。上色时,应注意颜色过渡均匀,避免形体颜色过浅或过深,影响对形体的塑造和表现。

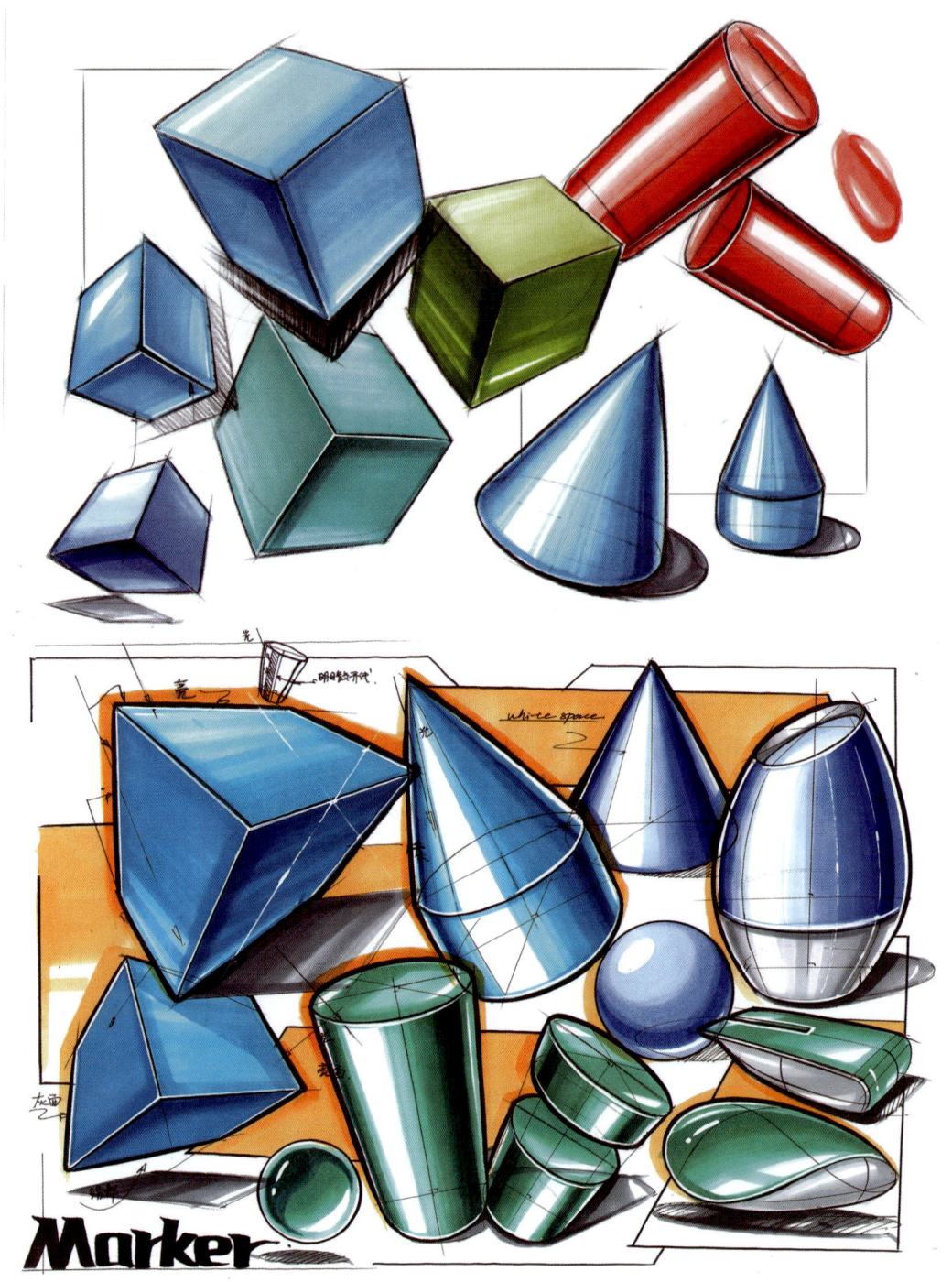

Chapter 8
第 8 章

Quick Representation of Different Materials
不同材质的
快速表现

本章聚焦于塑料、金属、橡胶、玻璃、木头及布料六大材质在产品手绘中的表现技巧。通过学习各类材质产品的绘制方法，同学们将掌握如何在产品手绘中运用马克笔上色技法和光影分析知识，准确传达各类材质的视觉特性与光影效果，为产品增添真实感与表现力。

材质绘制演示

8.1 Representation of Plastic
塑料材质的表达

塑料是产品中使用最广泛的材质之一，塑料材质的绘制也是产品手绘中最常用的材质表达技巧。在练习绘制这一材质之前，我们需了解其特点，分析并确定其应呈现的质感，随后，结合马克笔的上色技法，模拟塑料材质特有的光感效果，从而更准确地实现对这一材质的手绘表达。

8.1.1 塑料材质的特点

塑料是典型的人造材料，其主要成分是合成树脂。作为一种高分子化合物，塑料具有良好的可塑性，这也是它被称为"塑"料的原因所在。由于其较强的可塑性和低廉的生产成本，塑料被大量应用于工业产品。环顾我们周围的世界，在大部分产品中都能找到塑料的身影。

然而，塑料很难被自然界分解。同时，普通塑料的耐热性不好，且作为垃圾燃烧时会释放有毒有害物质，是一种对环境不友好的材料。在产品设计中用到塑料材质时，应审慎考虑其降解和再利用问题。

8.1.2 塑料材质的绘制方法

塑料材质的主要特点是留白区域较窄，且具有丰富的颜色过渡区，绘制时，在定好明暗交界线与留白后，即可在灰面区域进行色彩过渡。

第 7 章中，在展示基本几何体的上色技巧时，实际上使用了塑料材质的绘制方法。回顾塑料材质的上色方法，主要包含使用浅色给各面打底、区分各面的明暗光影关系、添加明暗交界线与反射光、添加投影四个步骤，如第 137 页所示。

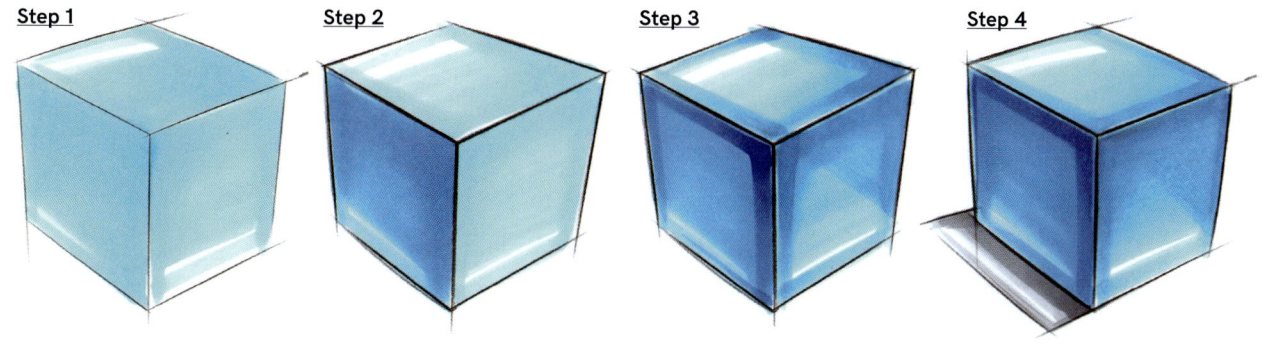

8.2 Representation of Metal
金属材质的表达

金属材质具有良好的光泽度与延展性，美观、耐磨，也是产品设计中应用范围较广的材质之一。常用的金属材质加工工艺主要包含电泳、表面着色和喷砂三种。对于马克笔上色而言，金属材质具有反光强烈、留白面积大、色彩过渡区域窄的特征。

8.2.1 金属材质的特点

金属是以金属元素为主且具有金属特性的材料的统称。对金属的应用始于人类文明的早期，青铜器、铁器均为人类文明进步提供了重要的助力。随着技术的发展，特种金属越来越多地出现在高端制造中。金属虽然质地坚硬，但是可塑性良好。在产品设计中，不锈钢和铝合金的应用最为广泛。不锈钢主要用于大型产品，具有良好的抗腐蚀性和延展性，同时，高品质的不锈钢可以用于生产与食品直接接触的产品。铝合金则兼具坚硬和轻质的特征，在手机等小型产品的制造中应用广泛。

虽然金属冶炼时需要消耗大量能源，但金属材料的回收工艺相对简单，可以实现高效的回收再利用。

8.2.2 金属材质的绘制方法

金属材质的主要特点是留白区域大,颜色过渡中色彩梯度分明,明暗对比度高。如右图所示,以圆柱作为演示,分步骤讲解金属材质的上色方法:

Step 1　画出要表达的金属材质形体轮廓,使用浅灰色马克笔描摹轮廓边缘,并通过直线扫笔初步确定暗部所在区域,注意直线扫笔区域面积不能过大、线条不宜过多。

Step 2　在暗部的浅灰色基础上局部叠加略深的灰色,略微增强对比度。

Step 3　使用更深的色彩强调暗部和形体轮廓,注意在深色区域的边缘与形体轮廓之间添加圆角过渡,确定反光区域。因为金属往往表面光滑且反光强烈,其反光区域通常呈现这种圆润且与暗部对比鲜明的效果。

Step 4　使用接近黑色的深灰色强调形体边缘和明暗交界线,注意保留两者之间的过渡圆角。在此基础上,使用浅色增强形体上表面和反光区域的立体感,完成绘制。

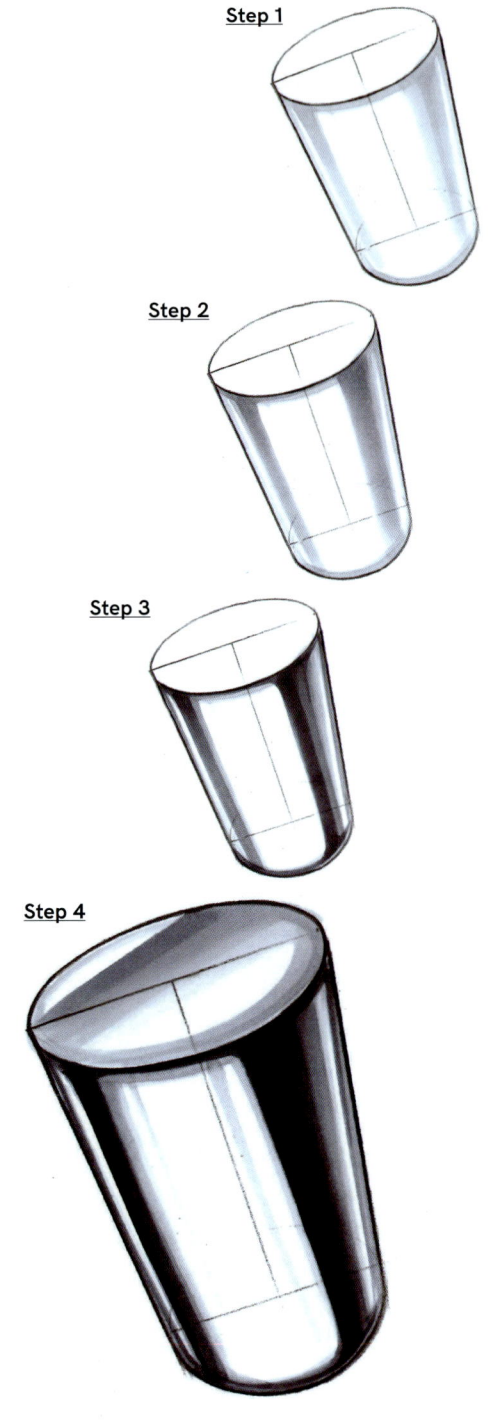

8.3 Representation of Rubber
橡胶材质的表达

橡胶材质弹性较好，表面摩擦系数较高，在交通工具配件、户外用品以及日常生活产品的制造中应用广泛。使用马克笔上色时，橡胶材质具有颜色过渡均匀细腻、反光区域面积较小的特征。

8.3.1 橡胶材质的特点

橡胶是一种具有弹性的聚合物材料，在较小的外力下就能产生形变，外力消失后恢复原状。同时，橡胶具有较高的摩擦系数，可以起到防滑作用，且较耐磨损。这样的特性使得橡胶材料常常用于制作交通工具中的配件，比如轮胎、气垫、密封垫圈等，具有防滑、缓冲、减震和保护产品的作用。在日常生活产品设计中，橡胶也被大量应用于鞋底、把手、儿童玩具等的生产。此外，橡胶还有较好的防水效果，可以用来制作帐篷、雨衣等户外用品。

8.3.2 橡胶材质的绘制方法

橡胶材质的主要特点是反光区域较小，颜色过渡柔和。通常，通过叠加使用1~2支马克笔，就能有效表达橡胶材质的效果。以下以深灰色的橡胶把手为例，分步讲解橡胶材质的上色方法：

Step 1 确定目标产品形体的大致轮廓。在绘制产品形体时，应保持轮廓饱满、线条清晰，必要时可以增加结构线，方便后期使用马克笔根据结构线绘制光影走向。

Step 2 对产品形体进行铺色。先用略浅的色号进行大面积铺色，注意沿着形体的外轮廓曲线运笔，并适当留出白边作为自然的高光。接着，使用深一度色号进行局部加重。

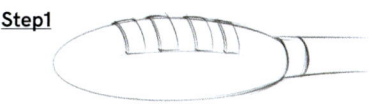

Step 3 在浅色与深色之间进行色彩过渡，并进一步强化深色部分，并对留白进行细化。

Step 4 加重外轮廓线和分型线，平滑马克笔笔触的毛边，并用高光笔细致勾勒高光线条，可在适当的位置使用白色彩铅均匀涂抹，让留白位置更加自然。完成橡胶部分的绘制后，填充非橡胶材质部分的色彩。

本节以深灰色的橡胶材质为例，但市面上还有许多颜色各异的橡胶产品，例如绿色的橡胶厨具等。绘制这些产品时，可以选用其他色号的马克笔，注意做好颜色的衔接过渡即可。

8.4 Representation of Glass
玻璃材质的表达

玻璃是日常用品中常见且重要的材质，其加工工艺主要有蚀刻、蒙砂两种，通常用于制造窗户、餐具、摆件等。正确绘制产品的基本骨架和内部结构是表现玻璃材质的基础。在使用马克笔上色时，应做到走笔快速，铺色通透，表现出玻璃光滑的材质特征。同时，应注意留白，形成较强的明暗对比，突出玻璃材质的光泽感。

8.4.1 玻璃材质的特点

作为被意外发现的材料，玻璃一度被视为神奇且珍贵之物。如今，玻璃生产工艺已经非常成熟，玻璃出现在我们生活的各个角落。玻璃对光既具有折射作用，也具有反射作用，它可以呈现无色透明的状态；通过混合其他物质，也可降低玻璃的透明度，或是制造出彩色玻璃。玻璃可以经高温熔化，再吹制或拉制成各种形状，这为设计提供了多种可能。玻璃属于脆性材料，一般情况下绝缘，抗压性能良好，但抗冲击能力差，很容易碎裂。但是，在表面形成了压应力的钢化玻璃可以有效应对冲击力，破裂后也不会产生飞溅的碎片，是制造汽车玻璃的主要材料。

8.4.2 玻璃材质的绘制方法

玻璃材质留白区域较大，明暗对比较强。在绘制时，马克笔走笔速度较快，颜色较为清透。玻璃本身是透明的，因此，玻璃材质形体的内部结构也需要清晰表达出来，尤其是要表现出玻璃形体底面和侧面的厚度。上色时，玻璃的内边缘颜色较深，通过内外边缘的深浅对比，可以充分体现玻璃的通透感。接下来，以玻璃杯为例，分步骤讲解玻璃材质的上色方法：

Step 1　绘制玻璃产品造型线稿。注意保持透视准确，线条清晰有力。

Step 2　使用浅灰色强化椭圆形底面的边缘，并从顶面开始，顺着玻璃杯的竖向结构，根据圆柱上色的光影原理，绘制出玻璃杯的明暗交界线。注意马克笔的笔触要自然清透，体现渐变感。

Step 3　在浅灰色的基础上，用略深的灰色进行加重，强化明暗交界线。

Step 4　使用黑色勾线笔加重玻璃杯的边缘轮廓线。注意，如图所示，外侧的轮廓线无需加重，仅加重杯子内侧的轮廓线即可。

Step 5　使用高光笔细腻勾勒边缘，并使用浅灰色马克笔沿着轮廓线勾勒出玻璃杯的投影。

Step 6　绘制杯中的液体。可以选用浅蓝色表现清澈透明的水，也可以自行选择其他的色彩表现有色饮料，在绘制时注意留出白色的高光区。

Step 7　将液体部分的顶面补充完整，注意局部添加浅蓝色以表现水纹的投影。

8.5 Representation of Wood
木头材质的表达

木头材质具有隔热、耐磨的特性,给人以自然亲切的视觉感受,常用于制造家具、地板、工艺品、厨房用具等。在使用马克笔表现木头材质时,需要通过刻画纹理表达木纹效果。

8.5.1 木头材质的特点

木头是非常古老的天然材料,具有天然形成的色泽及纹理,质量轻、韧性强。木材的种类繁多,不同密度和质地的木材具有完全不同的美感。实木是来源于自然的木材,具有丰富的质感和纹理,常被应用于高端家具,但由于自然生长,实木内部性能不均匀,处理不当会出现开裂变形的现象。另外,将木料粉碎、粘合,可以重新制成质地更加均匀的人工合成木材。合成木价格低廉,性能稳定,但质感总体上逊于实木,且粘合剂中的挥发性物质很可能带来健康隐患。

只要不过度砍伐,木材是非常环保和实用的材料:由于实木是来自于自然界的材料,因此废弃后很容易被自然降解;人工制造的合成木由于粘合剂的使用会对环境造成一定的危害,但与其他完全人工合成的材料相比,它能在相对短的时间内被降解,进入自然循环系统。

8.5.2 木头材质的绘制方法

根据光影关系塑造形体体感是绘制木头材质的基础。类似橡胶,木头表面的颜色过渡非常柔和,反光区域一般较小,通常使用白彩铅或者高光笔进行提亮即可。

木头表面的纹理类似于贴图,需要配合使用马克笔和彩色铅笔在底色上绘制纹理。为形体表面添加不同的纹理,就可以绘制出所用木料不同的各类木制产品。

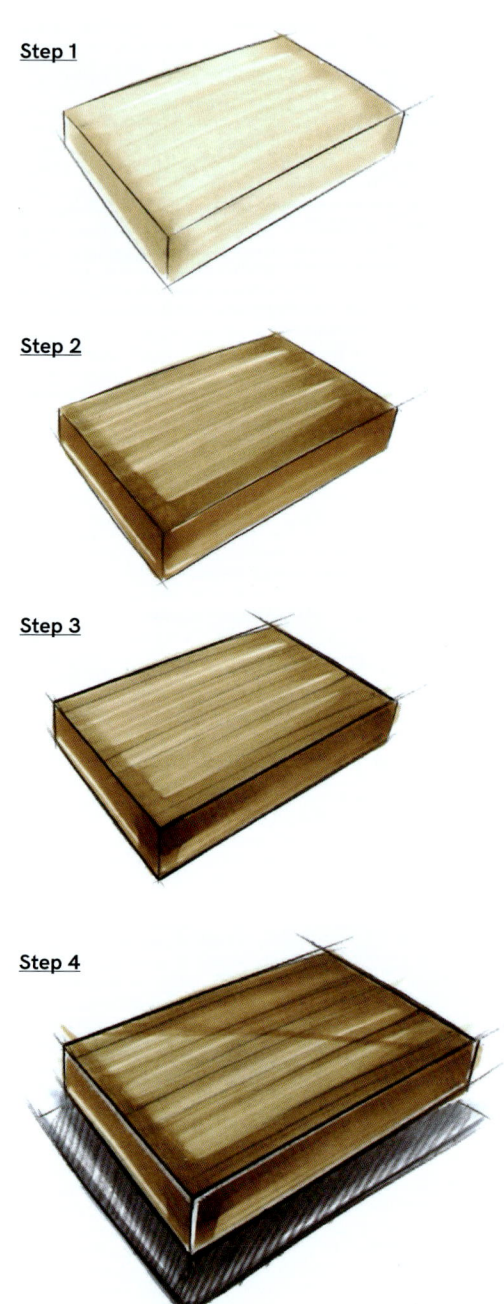

Step 1

Step 2

Step 3

Step 4

接下来，分步骤讲解木头材质形体的上色方法：

Step 1 绘制长方体的形体轮廓，并进行基础色的铺色。此时，铺色不需要追求非常均匀的效果，可以保留自然的线条痕迹作为木纹的肌理。

Step 2 使用深一度色号的马克笔加重木块背光面，营造深浅对比。

Step 3 用彩铅加重外轮廓线，并在形体表面用彩铅绘制出淡淡的细木纹。细木纹不用贯穿形体整面，从一侧开始，逐步淡化即可。

Step 4 添加地面投影以及木板平面上的反光效果。用深色的马克笔从对角线位置开始画线，如第 142 页步骤图所示，向一角进行加重，在对角用白色高光笔点缀形体轮廓的高光，表现木头上过清漆之后的亮面效果。

接着，讲解更常用且纹理更明显的平面木纹绘制方法：

Step 1 画一个长方形，并用浅色打底，绘制出如图所示的自然条纹纹理。

Step 1

Step 2 用深色马克笔绘制不规则木纹效果，形状样式可参考下图。

Step 3 用黑色彩铅加重轮廓线，并对木纹线条进行局部加重。

其他样式的平面木纹效果如第 144 页所示。

Step 2

Step 3

8.6 Representation of Fabric
布料材质的表达

布料材质在产品设计中常见于服装、背包等。布料材质的绘制原理与木头材质基本一致,均通过刻画纹理褶皱、添加高光和阴影,形成富有层次的视觉效果。

8.6.1 布料材质的特点

布料是我们每天都会接触的材料,通常质地柔软,具有一定的韧性和良好的拉伸性能。布料可以分为天然纤维布料、化学纤维布料两类。天然纤维布料指使用棉、麻、丝绸、毛料等天然纤维材料制作而成的布料,这类布料亲肤性好,但通常易缩水、易皱,不够结实,且褪色较快。化学纤维布料主要包括用人工合成的高分子化合物制成的布料,以及将这些材料与天然纤维混纺制成的布料,这类布料的造型性能优异,有较好的垂感,可以自由控制布料的拉伸性能,但用这类布料制造的服装通常不如天然纤维布料体感舒适。

天然纤维布料的生产通常不会对环境造成严重的污染,是较为环保的材料,而化学纤维材料的生产过程则会产生大量废气,对环境伤害较大。但两者都可以回收再利用,相对易于循环。

8.6.2 布料材质的绘制方法

布料的上色原理和木头类似,都是在柔和的底色基础上配合纹理,塑造出不同的材质效果。但是,布料与木头的纹理不同,且需要绘制出褶皱效果。在形态上,布料的轮廓线一般曲线感较强,较为柔和,但边缘处会有凹凸的褶皱。下面,以背包为例,分步骤讲解布料材质的上色方法:

Step 1 绘制出产品形体的基本轮廓。

Step 2 使用较浅色号的马克笔进行铺色打底,注意自然留白,不要涂抹得过于均匀,由此营造布料的肌理感和褶皱感。

Step 3 使用同一色系的深色马克笔进行加重,打造更逼真的立体光影效果。注意,布料属于漫反射材质,明暗对比不宜过强,因此深色不应涂抹得过多过重。

Step 4 使用黑色彩铅对边缘轮廓进行局部加重,添加高光、布兜的针缝边等细节,并为其他非布料材质的部件填充色彩。最后,绘制出地面上的投影。

Step 1

Step 2

Step 3

Step 4

学后训练

综合运用材质表达技巧,仿绘第 146~151 页的马克笔上色稿。注意在线稿阶段保持形体透视的准确性,上色时注意笔触的均匀顺畅。

金属材质

橡胶材质

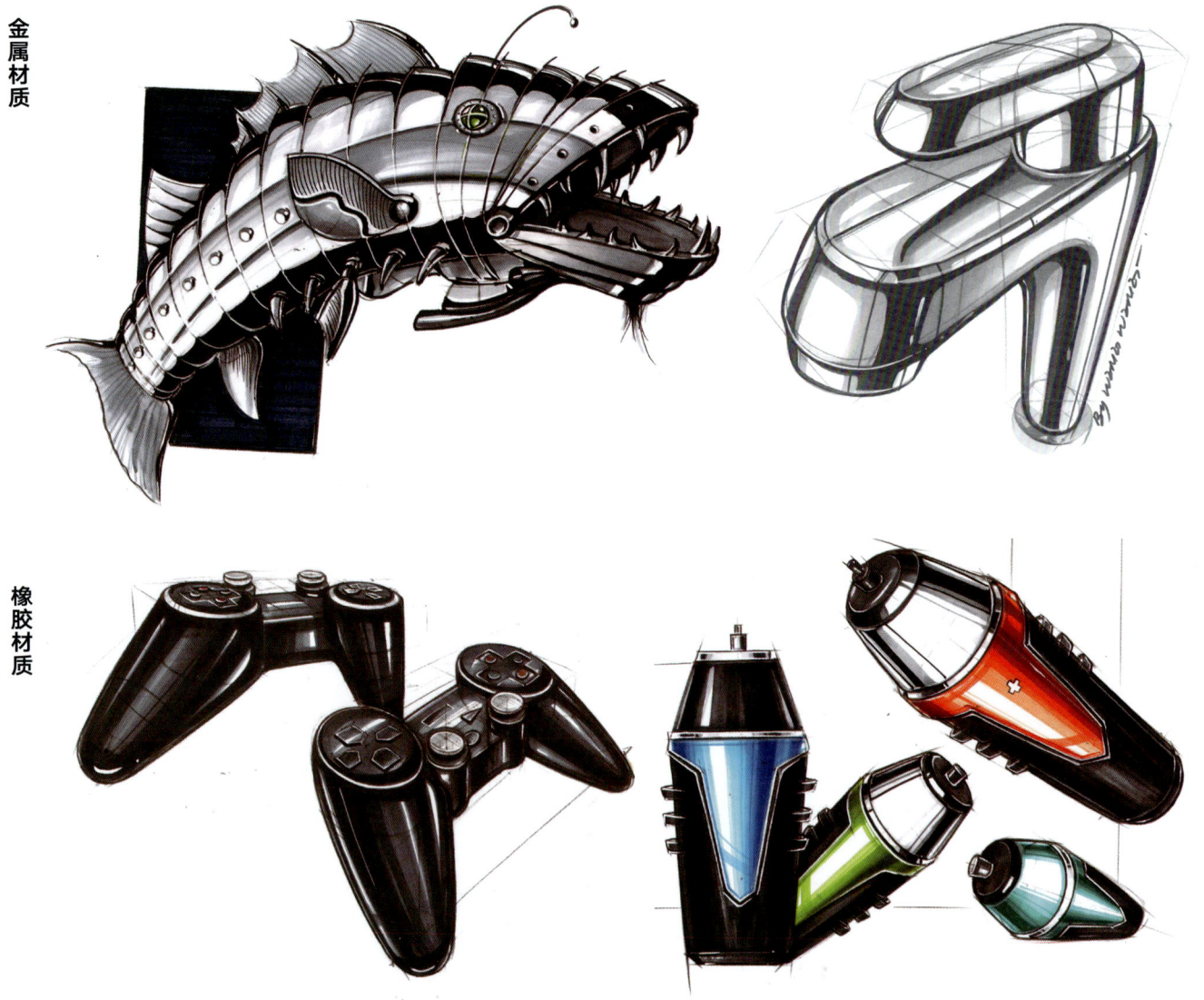

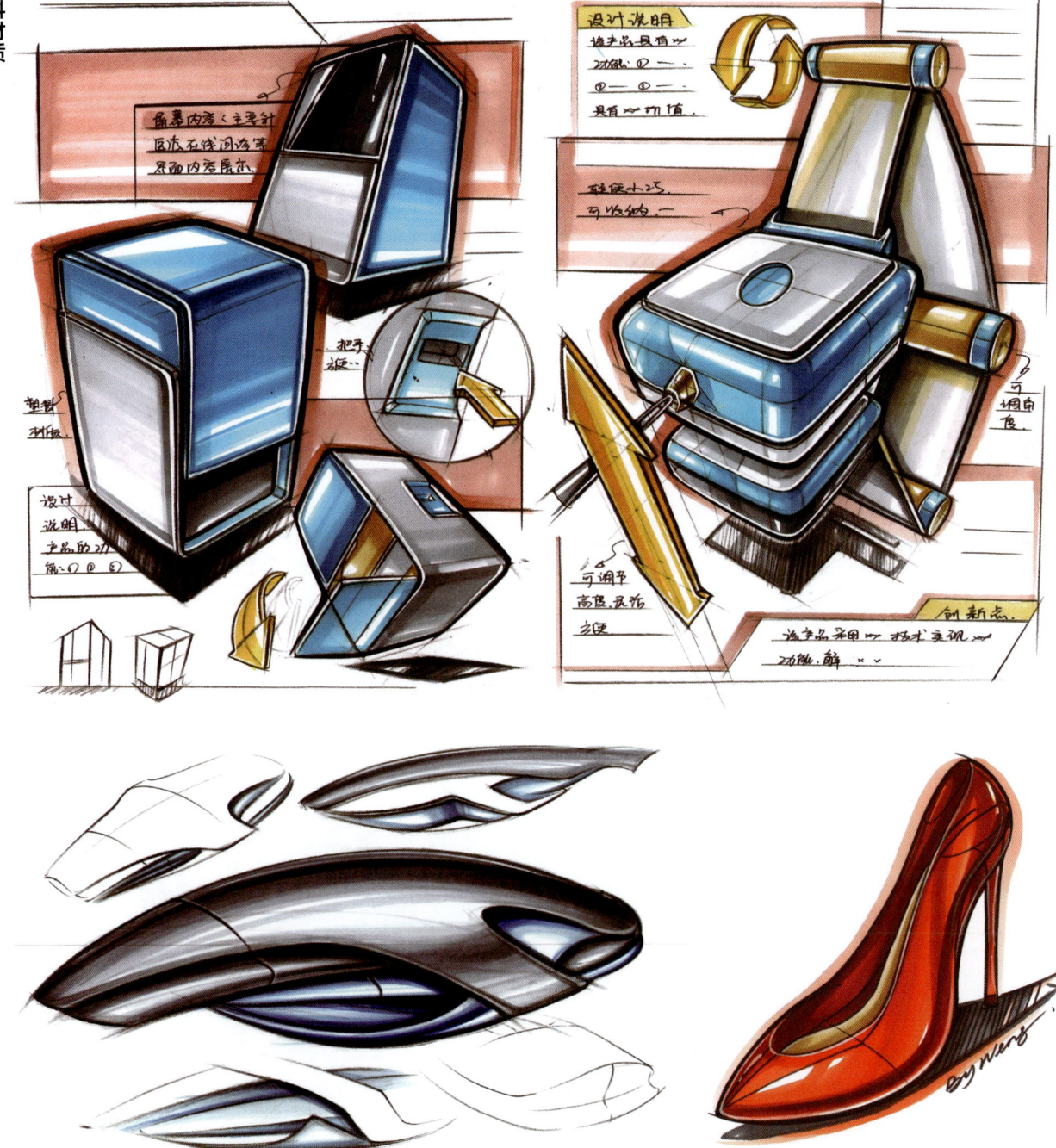

玻璃材质

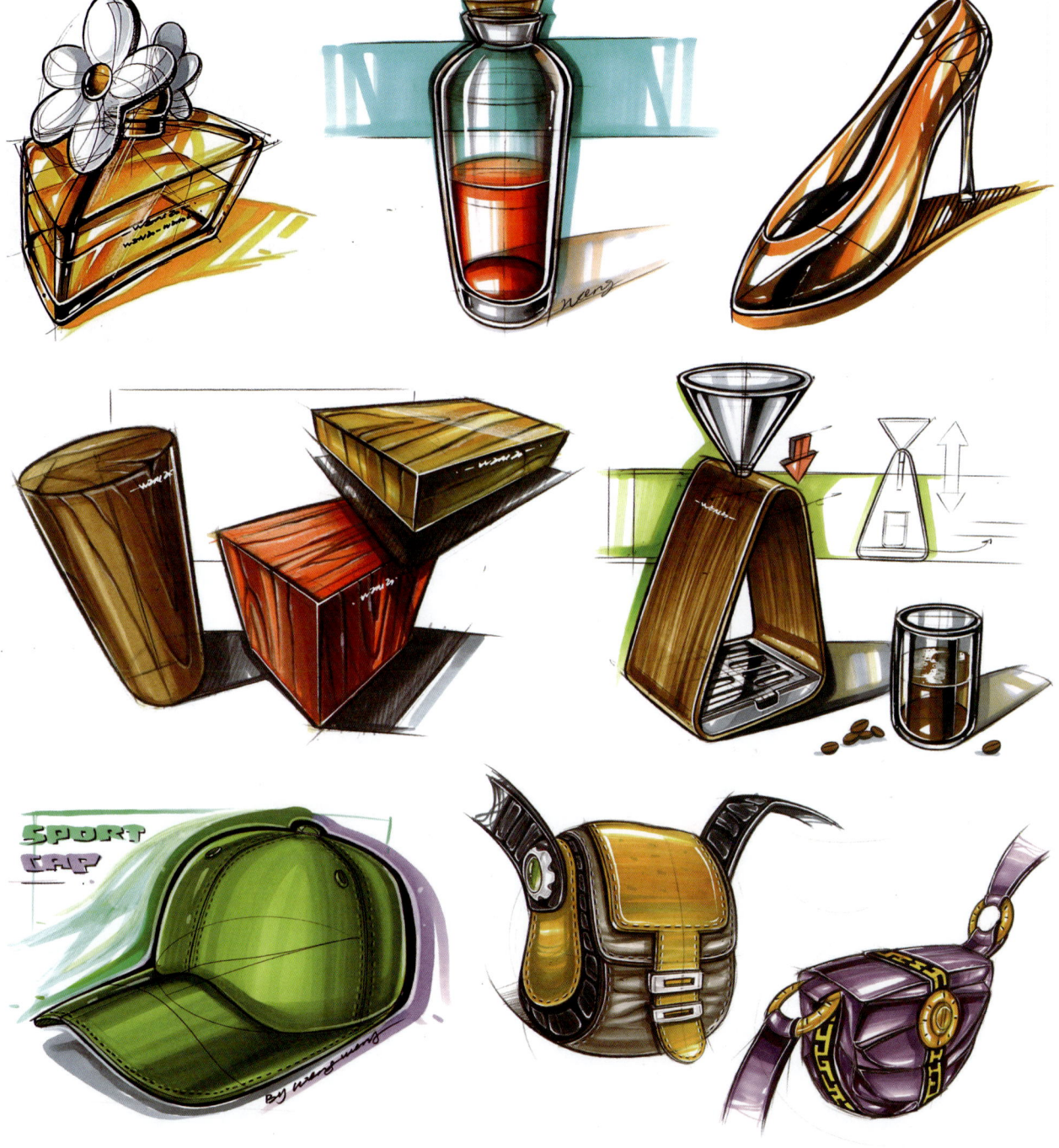

木头材质

布料材质

第 8 章 不同材质的快速表现

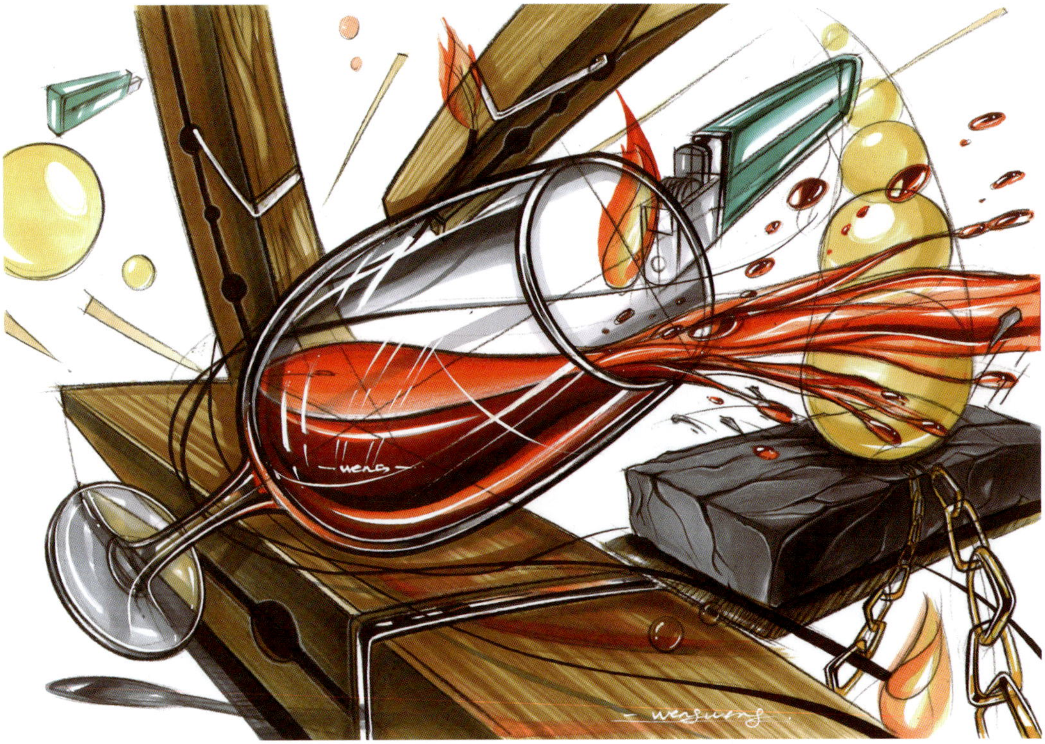

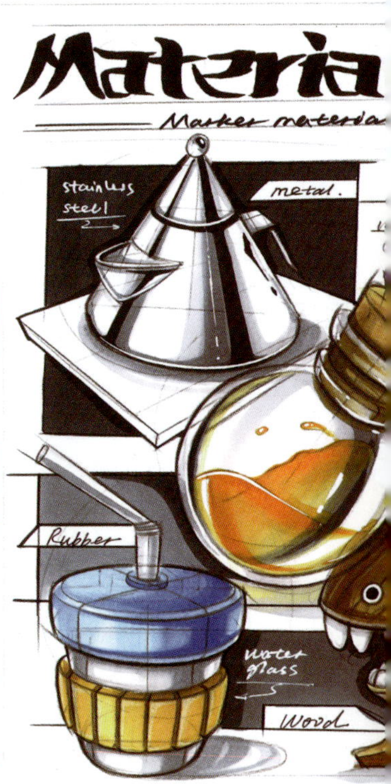

复合材质

Chapter 9
第 9 章

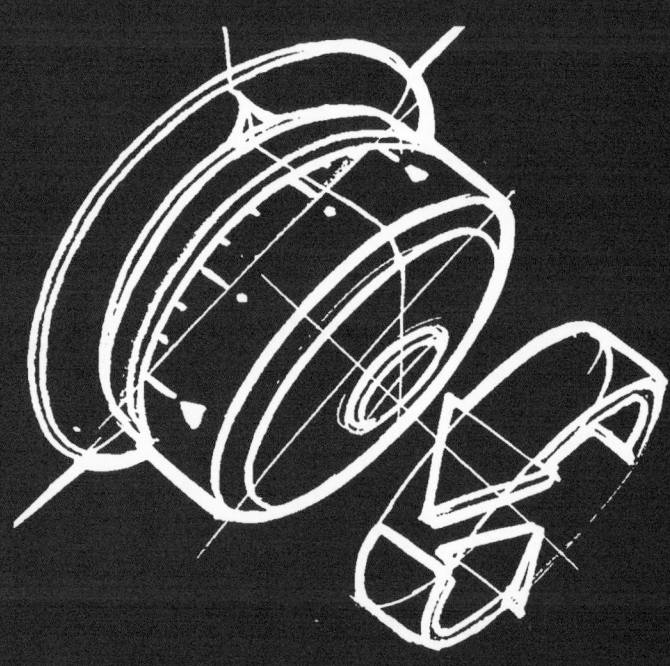

Product Design and Analysis
产品设计与分析

通过手绘表现产品的设计与分析过程,能有效帮助用户理解设计亮点。例如,通过草图展示设计方案的推敲过程,或是详细说明产品的色彩搭配理念、材料和表面工艺等,不但有助于评估产品的成本造价,还能够彰显产品的设计巧思、帮助用户理解产品的使用方式。

9.1 Product Sketch Design 产品草图设计

产品草图设计是产品设计流程中既初始又关键的一环,它指的是设计师运用简单的工具、线条和色彩,迅速地将脑海中的创意和构思呈现为直观图形形式的过程。

在设计工作中,产品草图设计具有多重功能。

(1)草图是激发创意和灵感的有效手段。通过快速地勾勒草图,设计师能够不受束缚地探索各种可能的设计方向和概念。

(2)草图有助于设计师在产品设计的早期阶段可视化评估产品的整体形态、比例和大致特征,从而及时发现和修正设计思路中的不足之处,及时调整产品造型。

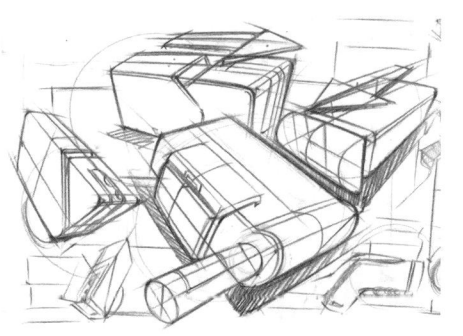

(3)草图能够作为设计师与团队成员、客户之间沟通交流的直观媒介,便于清晰地传达设计意图和设计细节,获取反馈和建议。相较于口头表达,产品草图的信息传达效率更高,很多时候,一张草图胜过千言万语的解释说明。

设计产品草图时,需要注意以下关键点:

(1)保持思维的敏捷和流畅,不应过分关注细节的完美,而应注重捕捉灵感和想法,从宏观层面展现出设计方案的特征与亮点。因此,设计师需要较为深刻地理解形态构成、比例关

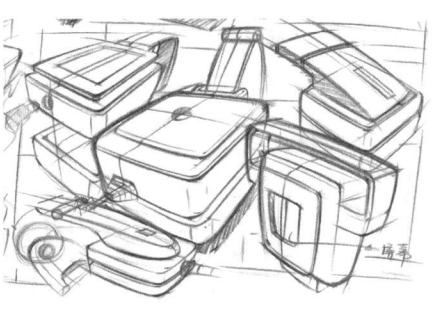

系、空间布局等产品设计原理,从而做到手随心动,在短时间内完成方案的表达。

（2）熟悉不同类型产品的特点和设计要求,了解各种设计风格和趋势,以便根据具体的设计任务灵活变通。同时,应注意构图的合理性,确保产品在草图中的布局能充分展现其主要特点和优势。

（3）运用简洁而富有表现力的线条,突出产品的关键轮廓和结构特征。可通过线条的疏密来体现光影和质感,并适当运用简略的符号标记来表示材质、工艺等信息。

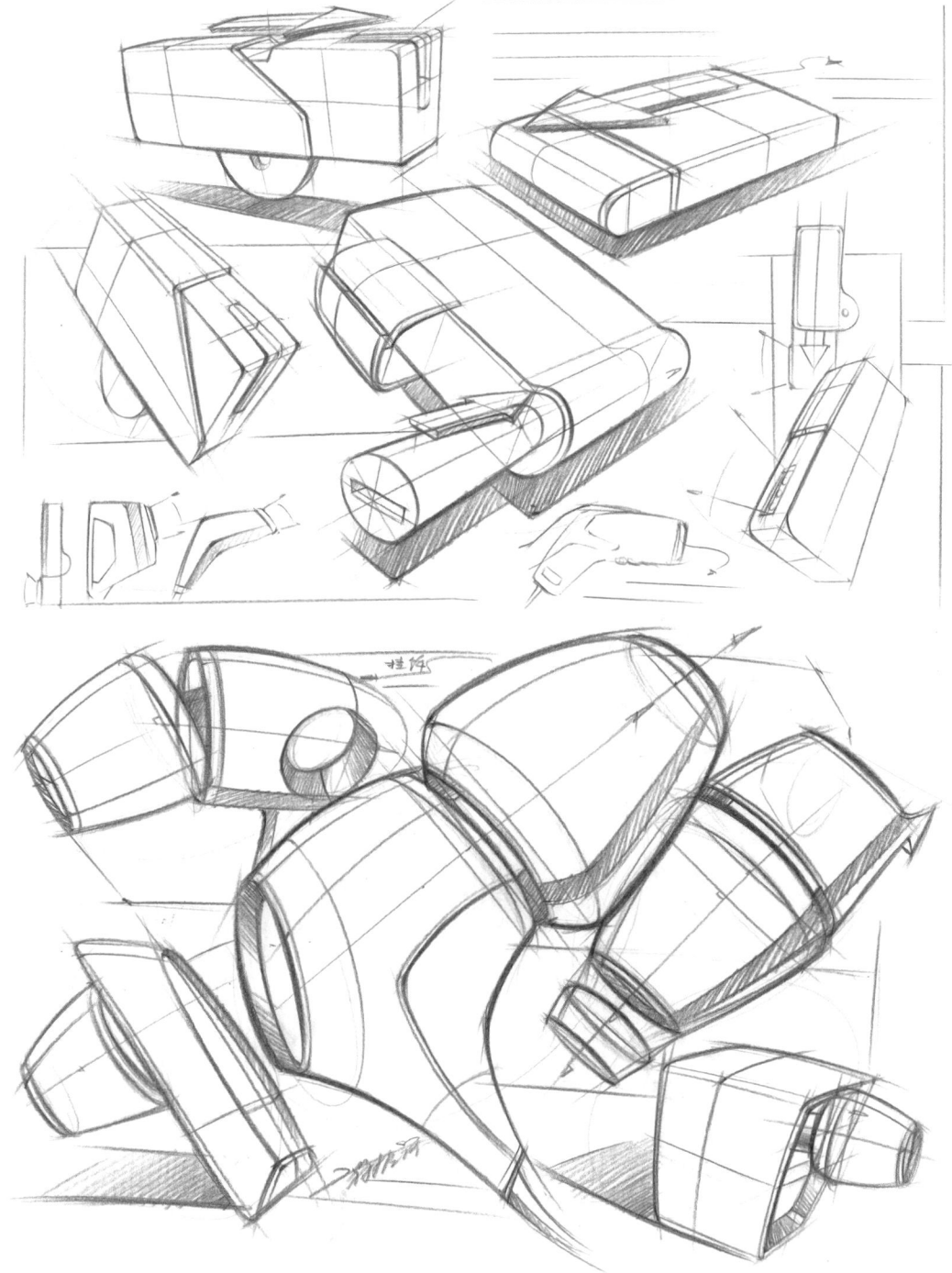

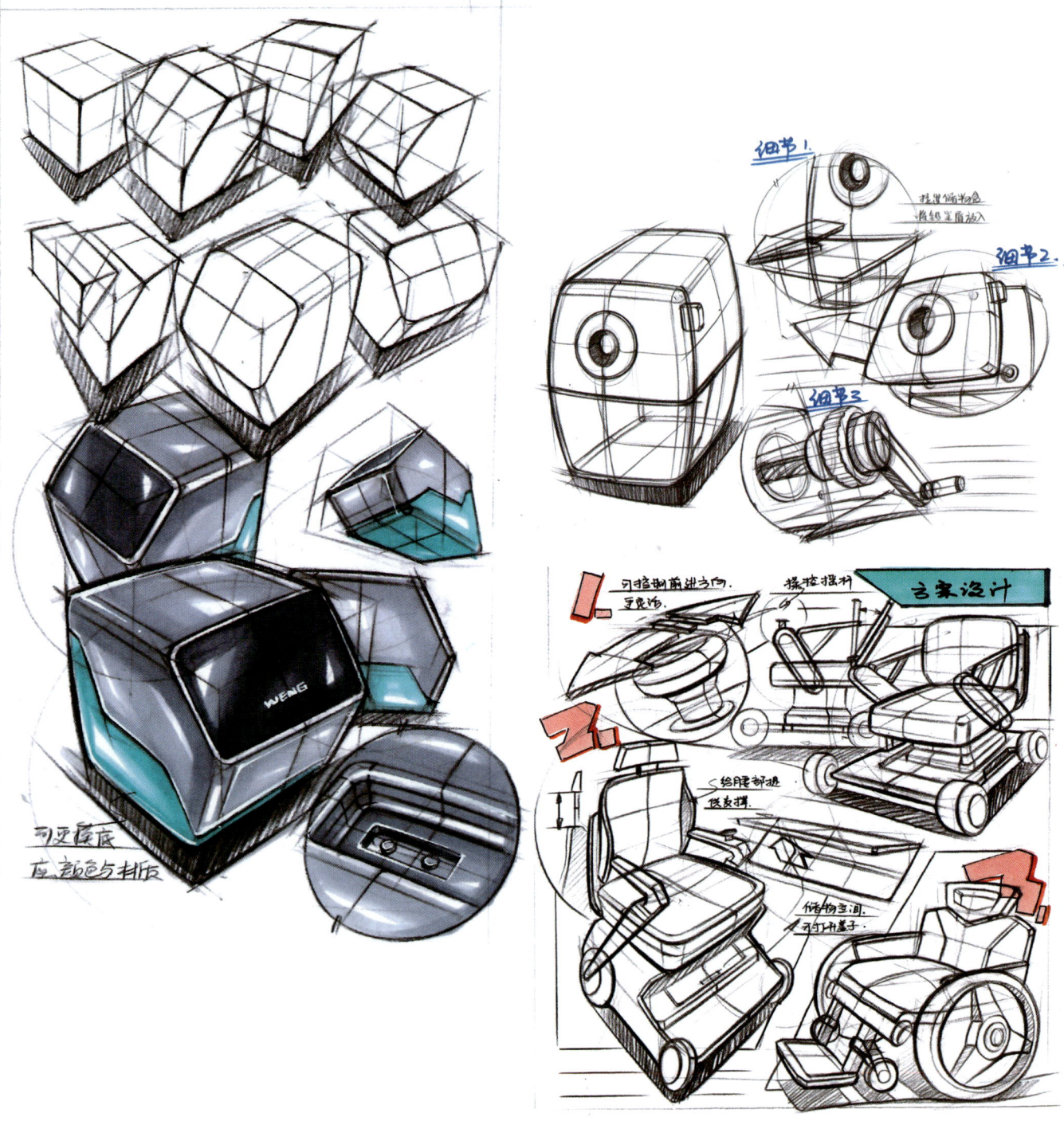

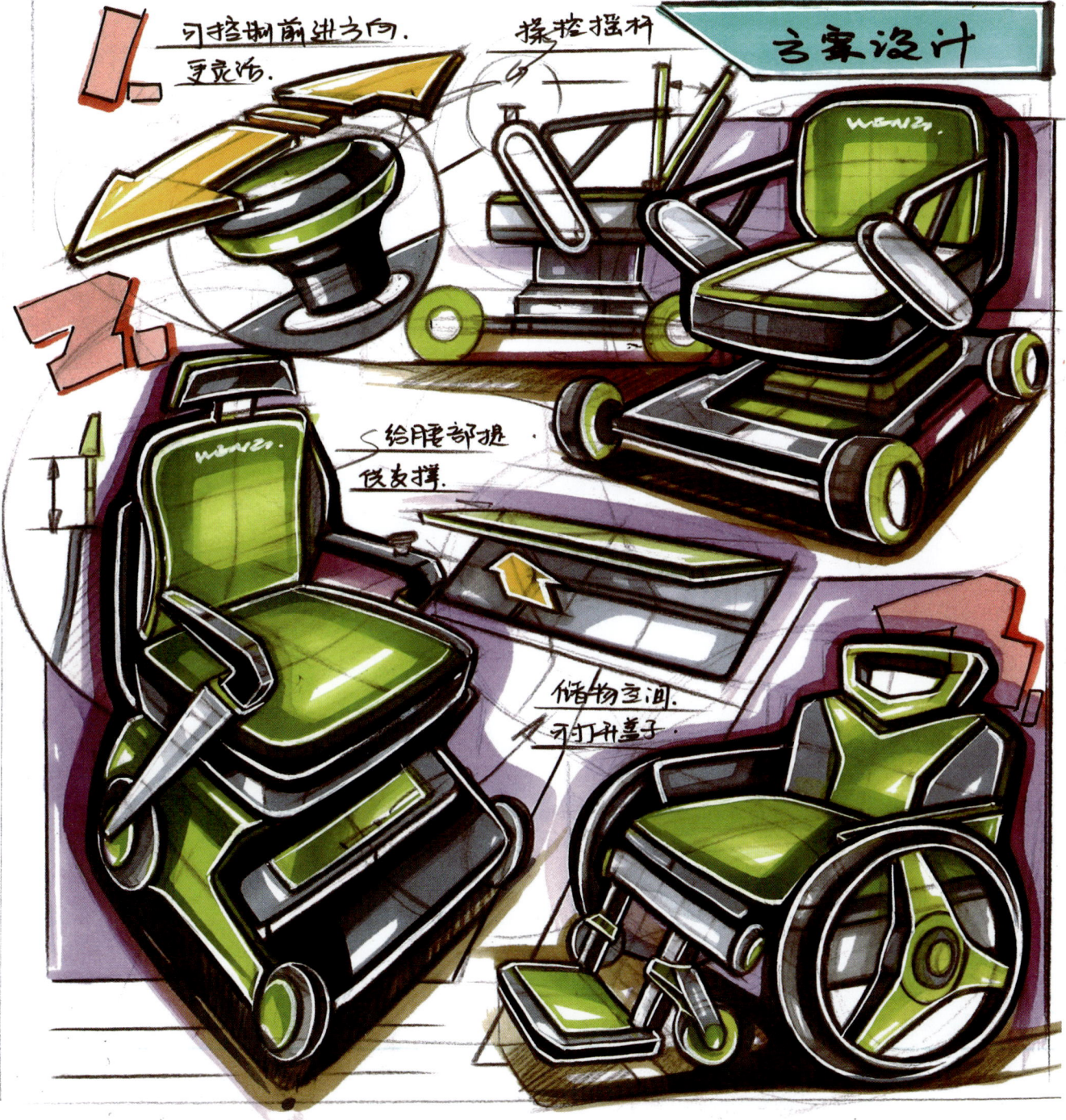

9.2 CMF Analysis
CMF 分析

CMF 即 Color（色彩）、Material（材料）、Finishing（表面处理），在产品设计领域占据着至关重要的地位。它涵盖了对产品外观特性的深入研究和创新应用，旨在达成美学、功能与用户体验的协调融合。

色彩在 CMF 中不仅是颜色的简单选取，它包含了色彩的搭配、色调的调整以及色彩所引发的情感联想。材料的选择在产品设计中起着决定性作用，它决定了产品的质感、强度、重量以及成本等关键特性。表面处理包含众多工艺，例如抛光带来的光滑亮丽、磨砂营造的细腻柔和、拉丝形成的独特纹理、电镀产生的金属光泽、喷漆带来的丰富色彩和保护作用等。

以飞利浦新安怡（Philips Avent）推出的电动吸奶器产品为例，如第 159 页所示，色彩上，该产品以白色和粉色为主要配色，给人温馨洁净的感受；材料和表面处理上，该产品选用了质地柔软、轻巧的橡胶按摩垫，方便清洗，能够提高用户使用产品的舒适度。

在 CMF 设计过程中，设计师需要权衡工艺的可行性和成本。某些特殊的材料和表面处理工艺虽然能够带来独特的效果，但可能在技术上存在难度或者成本过高。设计师需要在对创意的追求和实际生产条件之间找到理想的平衡，以确保设计方案能够顺利实现并具有市场竞争力。了解各种材料和表面处理技术的具体效果、适用范围和工艺流程，有助于设计师根据设计需求做出最佳选择。

以相关理论为指导，设计师能够更加精准地把握用户对色彩、材料和表面处理的喜好和感受，从而创造出更具吸引力和亲和力的产品。在与 CMF 相关的设计理论中，感性工学与情感化设计理论占据着重要的地位。它们以用户的感性需求为中心，将其转化为具体的设计要素，从而实现产品 CMF 要素与用户情感之间的深度共鸣。

色彩心理学则揭示了色彩对人的心理和情感所产生的显著影响。具体而言，不同的颜色会传递不同的情感和信息，比如，红色常象征激情与活力，蓝色给人以信任与稳定之感，绿色则让人联想到自然与和谐。设计师需要根据产品定位和目标用户群体的心理特点，选择合适的色彩方案。例如，儿童产品通常会采用鲜艳活泼的色彩来吸引孩子们的注意力，激发他们的兴趣和好奇心；高端商务产品则可能倾向于选择稳重、低调的色彩，以传达专业和权威的形象。

材料美学关注不同材料的美学特质，能够指导设计师通过理解、运用材料的特性彰显产品的独特魅力。例如，木材的自然纹理能为产品增添温暖、质朴的气息，而金属的光泽和冷峻感则适合营造现代感和科技感。

总体而言，CMF设计是产品设计中不可或缺的关键组成部分，它融合了科学、技术、艺术和文化等多领域的知识和理念，通过对色彩、材料和表面处理的精心拣选和巧妙组合，设计师能够创作出既美观、实用、可靠，又高度契合用户需求和市场趋势的卓越产品。

9.3 Representation of Product Details
产品细节表现

产品细节表现是产品设计中的重要环节，它专注于刻画和展示产品的零部件、纹理、装饰元素等微观细节，是展现设计思维和产品功能结构的重要途径。

优良的产品细节表现能够提升产品的整体品质和价值感，在视觉和触觉上给人以精致、高端的印象。产品的细节表现可反映在产品的不同位置上，例如，设计合理的按钮纹理不仅能提升操作舒适度，还能增加摩擦力、防止手指滑脱，从而提高操作的精确度和安全性。再如，巧妙的衔接处处理不仅能增强产品的耐用性，还能提升产品的整体美感，并减少缝隙积尘。细节设计还可以体现在材质选择上，通过精选材质，能为产品营造细腻的微观视觉效果。细节设计的周到程度，直接关系到用户的使用体验和产品的市场竞争力。

在设计产品细节时，需要关注以下几个要点：

（1）必须深入理解产品的整体设计理念和风格。细节设计应与整体设计保持一致和协调，以确保产品在视觉和功能上的统一性，从而保障用户体验的连贯性。

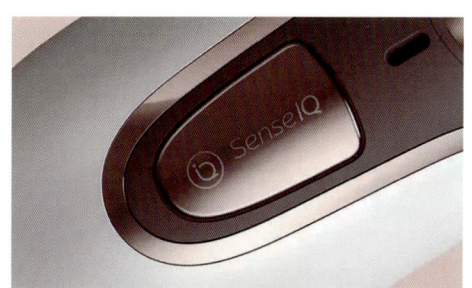

图片来源：Philips 官方网站

（2）细节设计必须注重实用性和功能性。过于注重美观而忽视使用时的便利性，可能会为用户的实际使用过程带来不便，甚至引发用户的负面评价。

（3）应考虑生产制造的可行性，并控制生产成本。一款理论上的完美设计，若在实际生产中难以实现或成本过高，那么它也难以得到推广应用。因此，产品细节设计也须充分考虑制造工艺和成本因素，选择适当的材料和技术，以实现设计方案的可操作性和经济性。

在通过手绘表达产品细节时，应清晰传达产品中的关键结构和重要的操作方式等，可通过绘制箭头或手势等方式，表达产品的开启方式、充电方式，突出体现产品设计亮点的功能性细节。

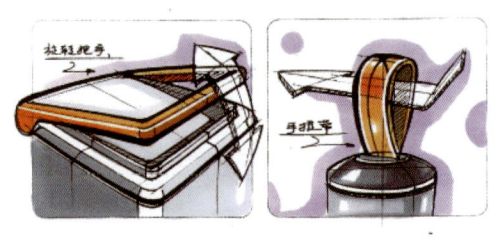
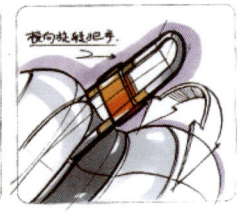
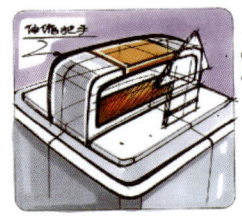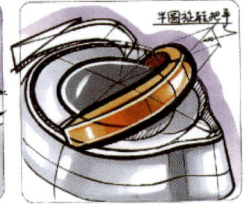

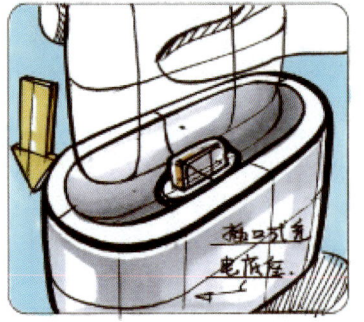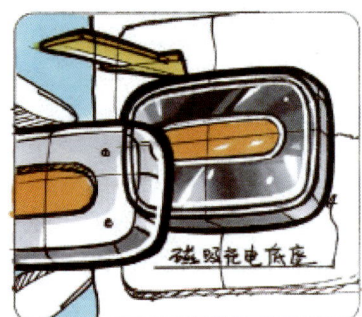

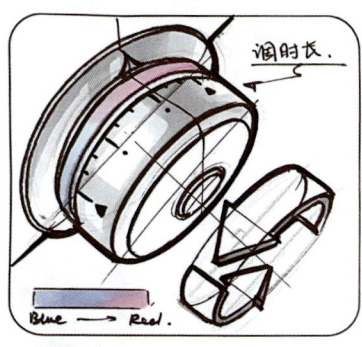
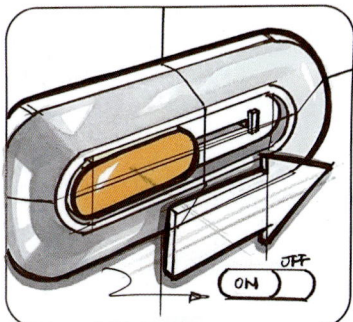

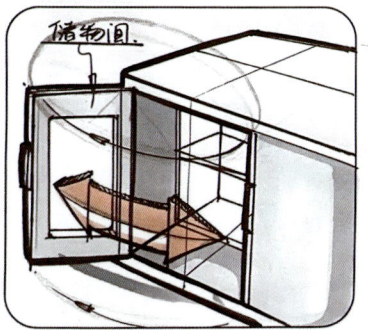
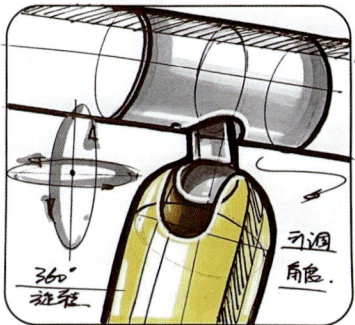
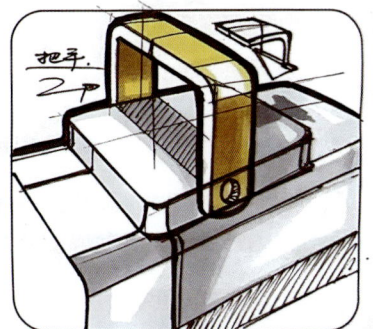

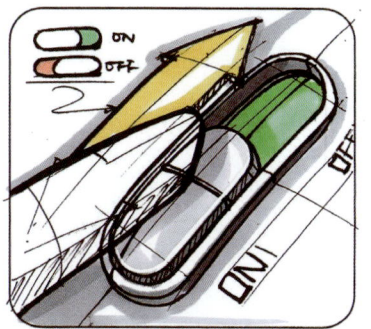

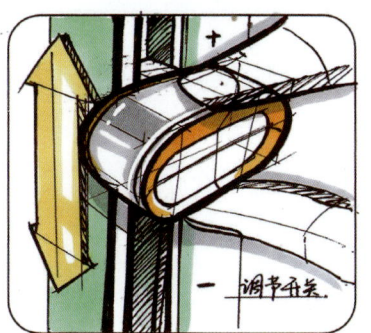
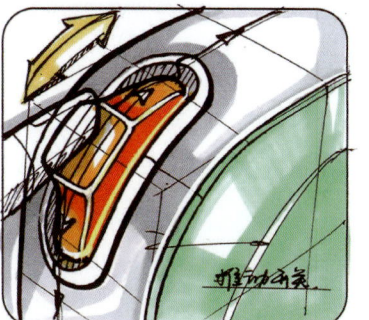

PART 4

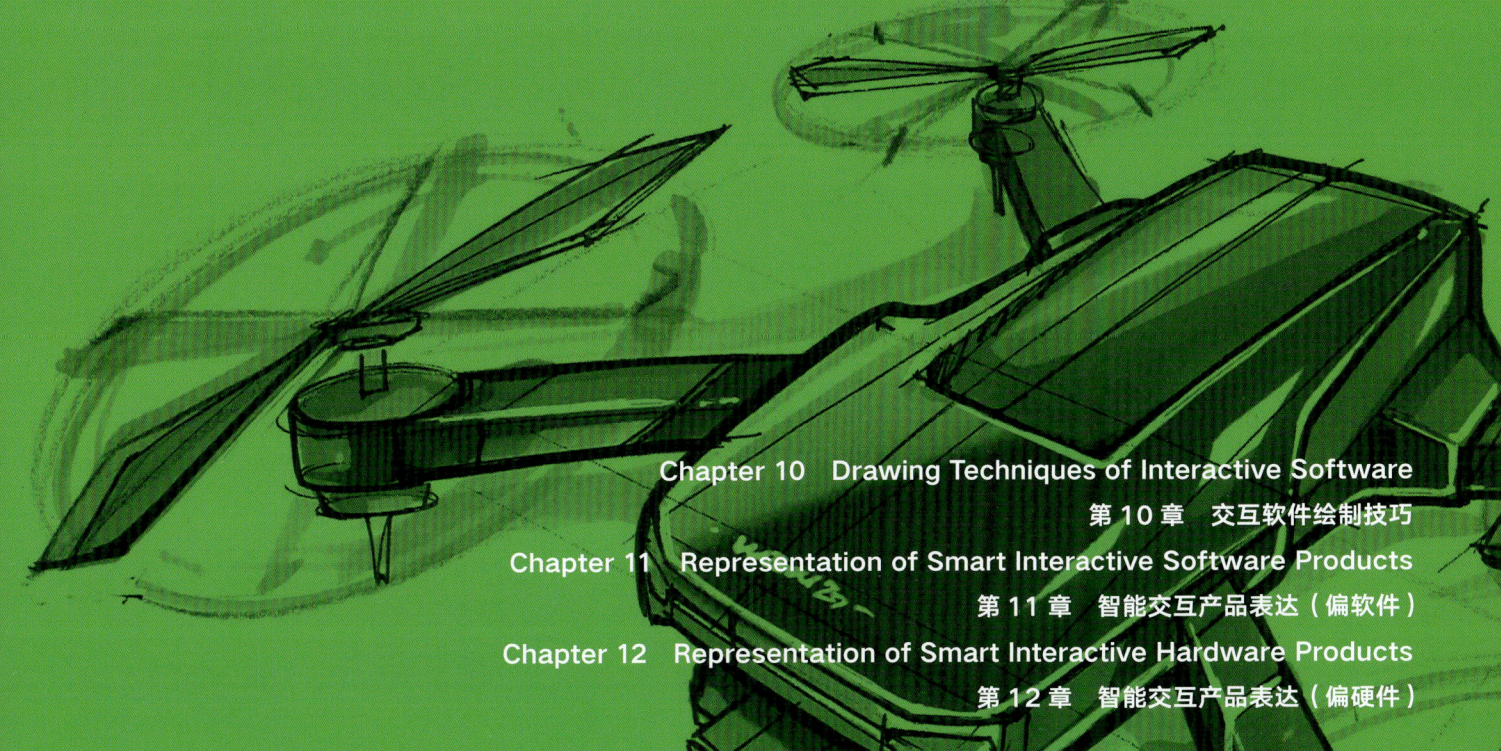

Chapter 10　Drawing Techniques of Interactive Software
第 10 章　交互软件绘制技巧

Chapter 11　Representation of Smart Interactive Software Products
第 11 章　智能交互产品表达（偏软件）

Chapter 12　Representation of Smart Interactive Hardware Products
第 12 章　智能交互产品表达（偏硬件）

Representation of Smart Interactive Hardware and Software Products
软硬件智能交互产品表达

Chapter 10
第 10 章

Drawing Techniques of Interactive Software
交互软件绘制技巧

手绘交互软件使设计师可以在概念设计阶段自由表达想法，快速勾勒出多个创意方案，为后续细化和完善设计提供丰富的灵感来源。在智能交互产品手绘中，掌握交互软件的手绘表达方法对于系统地展示产品功能至关重要，可以让用户更加清晰地了解产品的软件部分所能提供的便利服务。

10.1 Design Principles and Drawing Techniques of Icons
图标的设计原理与绘制技巧

图标（icon）是交互软件界面中的常见元素。随着计算机软件的发展，图标视觉风格经历了从扁平化到细腻的微扁平、微拟物风格的转变，也衍生出了应用图标、功能图标、装饰图标等不同用途的图标类型。通过手绘训练，掌握图标的绘制方法，可以有效提升交互软件在视觉上的美观度和一致性。

10.1.1 图标的设计原则

（1）以关键线（keyline）为基础：如右图所示，常用的关键线共有 4 种形状。以这些关键线为基础，有助于在成套图标的设计中保持一致的视觉比例。

（2）一致性：图标设计的一致性综合表现在圆角大小、透明度、线条粗细与间距、颜色选择，以及特色细节的处理上。其中，对于线性图标和具有线条元素的面性图标而言，线条粗细一致是打造成套图标家族的关键。同一交互软件中的图标具备较高的一致性时，能有效提升软件的可用性和可学习性。

（3）细节特色呈现：通过断点、圆角、色彩等细节设计，能打造图标家族的"基因特征"，增强用户与产品的认知联系。

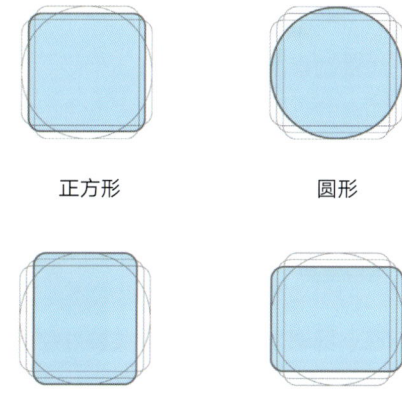

正方形　　　　圆形

纵向矩形　　　横向矩形

（4）正确运用色彩：过于花哨的图标会给用户带来认知负担。一般而言，为保持设计简洁，图标中使用的颜色数量不应超过 4 种。应把握视觉主体的基本特征，减少不必要的细节并精简颜色数量，使图标在不同分辨率的界面上都能清晰呈现。同时，在图标中应用品牌色彩，可以使交互软件有效传递产品特质和品牌形象。

（5）易读性：图标必须迅速传达最重要的信息。设计精良的图标，不需要附上阅读标签或文字提示即可被用户理解。当图标无法清晰、快速地表达其含义时，它本身就会成为视觉噪声，失去存在的意义。

10.1.2 图标的绘制方法

❶ 工具准备

自动铅笔、针管笔和马克笔是界面图标手绘训练中的常用工具。同时，UI 尺可以帮助同学们在绘制图标时更好地把握界面规格。在纸张选择上，建议使用网格纸，以便在纸上建立网格系统，开展成套图标的绘制训练。

如果想绘制更加精细的图标，还可以准备粗细不同的彩色针管笔或者彩色铅笔，用于绘制阴影，增强图标的立体感。此外，还可以使用高光笔提亮图标，提升图标的精致度。

❷ 线性图标及其绘制技巧

按样式划分，界面中最常见的功能图标一般可分为线性图标和面性图标两大类。

线性图标的轮廓由线条塑造。在软件界面中，线性图标一般是含义较为简单的线性抽象图形，尺寸通常不大。需要注意的是，如果单个图标所含线条过多、过密，则会减弱图标的可识别性。同时，不同粗细的线条也会带来不同的视觉感受，总体上，细线会使图标显得更精巧，而粗线所占视觉面积大，会使图标显得更为厚重。

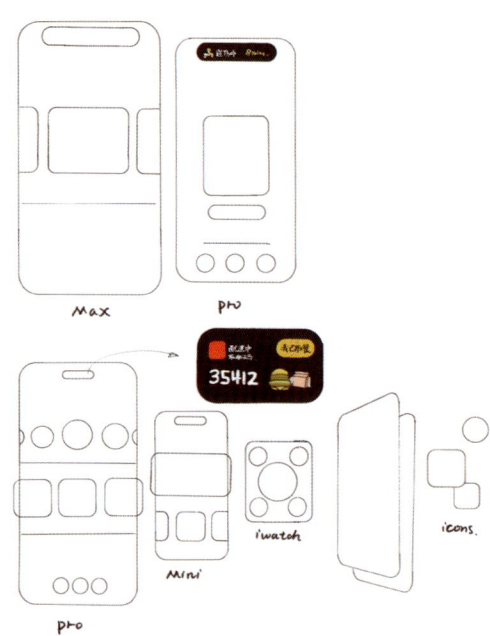

使用 UI 尺，可快速绘制界面外框和交互组件

线性图标绘制是图标手绘中最为简单且基础的训练，训练时可参考以下步骤：

Step 1　使用网格纸或通过手绘网格线建立网格系统。

Step 2　明确线条粗细、色彩搭配等的规范，并确定图标的设计特色，为设计成套图标建立基础。

Step 3　使用针管笔、彩色铅笔等工具，以组为单位开展练习，一组至少绘制 20 个图标。绘制过程中，应清晰表达出图标的设计细节和设计亮点。可以按医疗类、运动类、生活类等主题开展分组练习，逐步覆盖日常生活中的大部分图标设计需求。

❸ **面性图标及其绘制技巧**

面性图标是由面组合而成的图标，采用剪影的设计形式，通过组合多个色块模拟想要表达的物品形态。根据配色样式的不同，面性图标可以分为单色饱和度填充图标、纯色渐变图标和多色渐变图标等。

面性图标的绘制方法与线性图标基本一致。具体而言，面性图标绘制训练的步骤为：

Step 1　使用网格纸或通过手绘网格线建立网格系统，并明确图标的色彩搭配规范和设计特色。

Step 2　使用针管笔或彩色铅笔，勾勒出图标的轮廓。

Step 3　使用彩色针管笔、马克笔的细头或油性彩色铅笔为图标填充颜色，填色时注意不要超出轮廓线。如果颜色出界，可以使用针管笔再次勾勒并强调图标外轮廓。

Step 4　可以使用彩色铅笔或马克笔的细头在图标边缘局部勾勒阴影，并用高光笔绘制高光，以增强图标的立体感和层次感。

图标是界面设计中最常用的元素，良好的图标设计对提升交互界面的用户体验具有显著作用，因此，同学们应加强图标的手绘训练。

10.2 Low-Fidelity Interface and its Drawing Techniques
低保真界面及其绘制技巧

在设计实践中,低保真界面能够清晰地展示交互软件的信息和功能架构,便于快速进行用户测试。通过绘制低保真界面,可以理清交互软件的设计思路,检查并分析功能和信息架构的合理性,从而为后续绘制高保真界面打下坚实的基础。

10.2.1 界面设计及其视觉原则

❶ 界面设计的概念

用户界面（user interface，UI），指对于软件人机交互、操作逻辑、界面外观的整体设计。用户界面是系统和用户之间进行交互和信息交换的媒介，它能够实现信息的内部形式与人类可接受的形式之间的转换。好的用户界面设计不仅能使软件有个性、有品味，还能使软件操作舒适、简单、自由，充分体现软件的定位和特色。

"原型"（prototype）一词来源于希腊语"prototypos"，是一个由"protos"（初始）和"typos"（模式/印象）组成的复合词。原型是设计师表达设计想法、展示设计方案的有效途径，也是模拟用户与界面之间交互行为的重要工具，对打造成功的用户体验至关重要。

❷ 界面设计的视觉原则

界面设计中最重要的四条视觉原则包括：

（1）亲密：将相互关联的项目放在页面中的相近位置。例如，在个人主页中，经常把个人昵称、个人状态等功能相似的模块放在一起，形成小组，方便用户快速理解界面功能。

（2）对齐：对齐的根本目的是使页面统一且有条理。具体而言，对齐分为物理对齐和视觉对齐。物理对齐指直接用物理直线来衡量是否对齐，常用的方式为左对齐、右对齐与居中对齐。视觉对齐则指视觉感官上的对齐，常在物理对齐的基础上进行一定的调整，达到视觉上和谐、美观的效果。

（3）对比：使用差异明显的字体、字重、线宽、颜色、形状等，帮助用户区别不同层级、不同类别的信息，例如标题与正文。需注意的是，对比必须足够强烈，切忌模糊不清。

（4）重复：重复的目的是营造一致性。统一的视觉风格与交互形式、重复的界面元素与设计特征，都会使界面整体看起来和谐、美观，不会给用户带来割裂感。

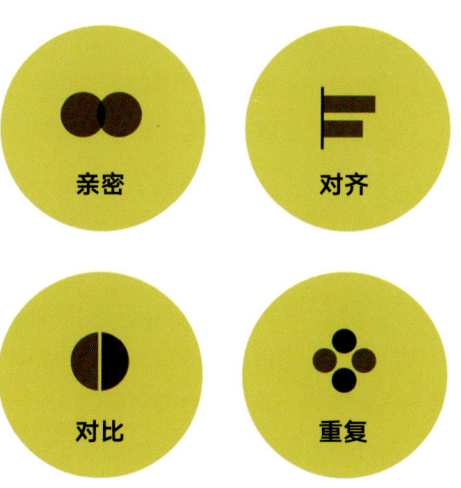

10.2.2 低保真原型及其绘制技巧

❶ 低保真原型的概念

低保真原型是指通过较低的成本和较简易的工具和材料，呈现交互界面主要功能的原型设计。此类原型常用于展示、交流和测试初步的设计方案和界面视觉架构。常见的低保真原型包括手绘原型和使用计算机绘制的线框图。

低保真原型可以清晰地表达交互软件的功能、信息架构和用户的操作行为。基于低保真原型开展测试，可以快速接触到用户的反馈，使设计师能够在交互界面设计初期就解决可用性和易用性上的核心问题。需要注意的是，因为用户往往直接针对所见内容提出意见，低保真原型不应包含装饰性的细节，以免干扰用户对交互界面核心概念和功能的感知。在低保真原型设计阶段发现并解决核心功能上存在的问题，是产品最终能够成功的关键。

❷ 低保真原型的绘制技巧

低保真原型的绘制方法如下：

Step 1 使用针管笔，配合 UI 尺或直尺，绘制界面外框。

Step 2 按照用户使用某一功能时的页面跳转顺序，用文字、线框和简单的图标依次表达页面上的信息与功能。注意，图标无需精细描绘，只需清晰传达其含义和位置即可；图片则可以用带有交叉线的占位符来标示其位置。

Step 3 用带端点的箭头，将按钮和点击按钮后跳转到的界面连接起来，表现关键交互路径。

Step 4 若交互软件的主题色已确定，则可使用马克笔或彩色铅笔为界面中的大面积色块区域和按钮简单上色。

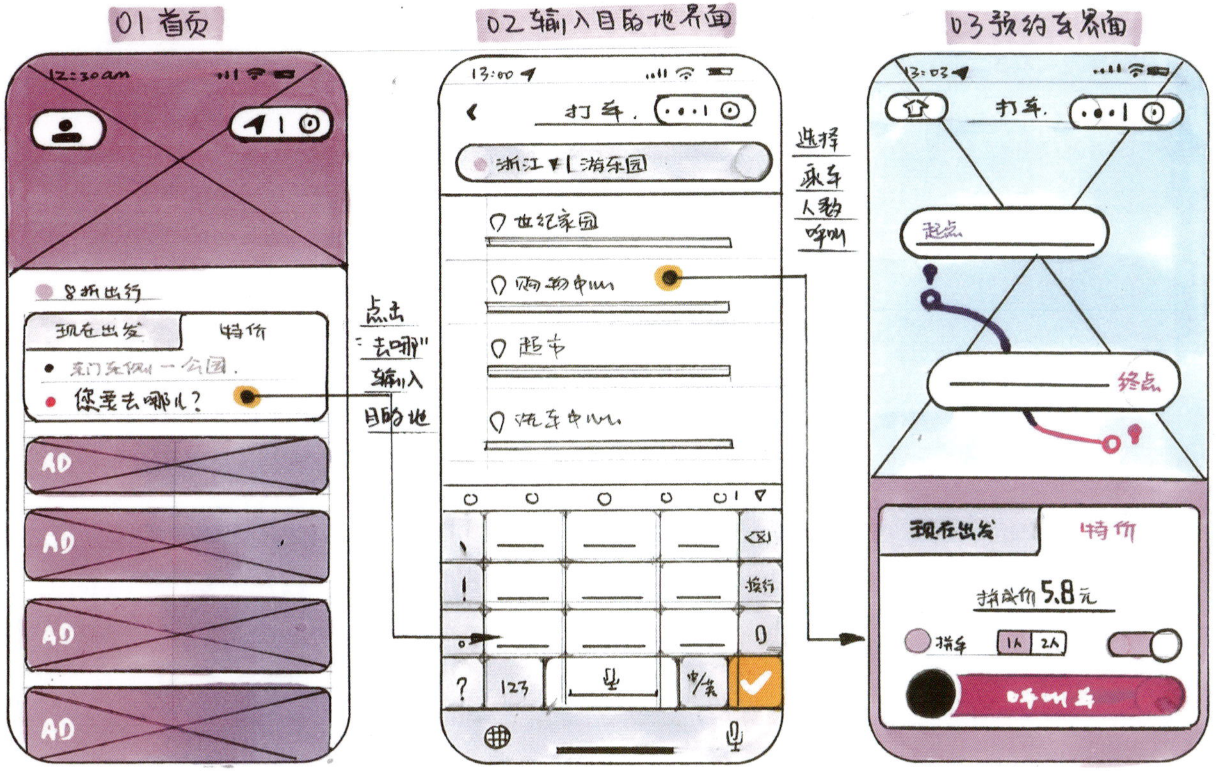

10.3 High-Fidelity Interface and its Drawing Techniques
高保真界面及其绘制技巧

图片来源：Travel App Exploration - Paperpillar (Dribbble)

　　高保真原型中的界面充分展现了交互软件的视觉风格和设计细节。在智能交互产品手绘中，若能清晰、美观地绘制出产品交互界面的高保真原型，往往能为画面添加点睛之笔，使设计方案呈现得更加生动、完整。

10.3.1 高保真原型的概念

高保真原型常用于在企业内部汇报或与用户交流时,展示计划推出的交互软件的完整概念与功能。除了不具备真实的后台数据支撑外,高保真原型几乎能够模拟前端界面的所有功能,其视觉效果和交互动作都与计划上线的真实产品大致无异。

10.3.2 高保真原型的绘制技巧

高保真原型的绘制方法如下:

Step 1 使用针管笔,配合 UI 尺或直尺,绘制界面外框。接着,勾勒界面上各类图案的线稿,并写出界面上的文字信息。

Step 2 使用马克笔或彩色铅笔为界面填色,注意不同模块的色彩区分度。在绘制渐变色界面时,可以使用色号由浅到深的马克笔逐步过渡。

Step 3 使用高光笔为深色底色的区域补充文字和图标。

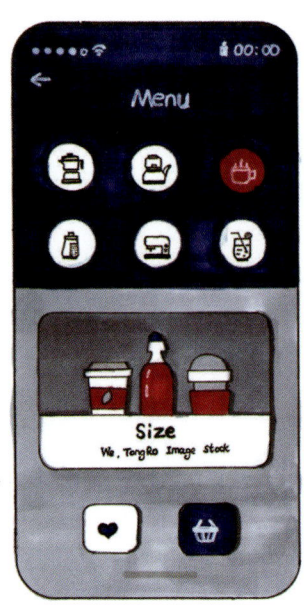

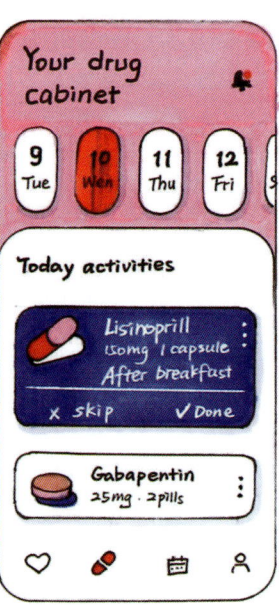
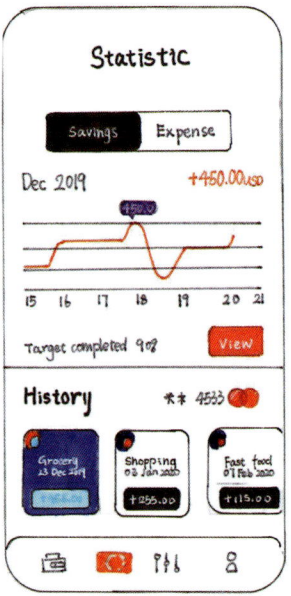

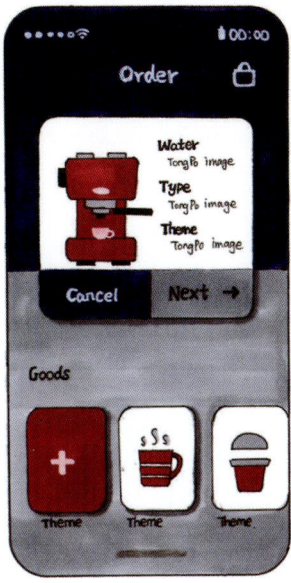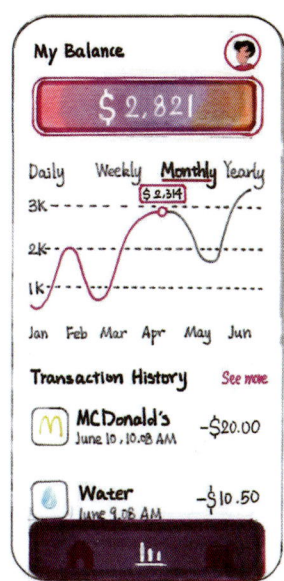

10.4 Representation of Gestures on Interactive Interface
交互界面手势表达

高保真界面
绘制演示

　　交互界面手势，指的是在设计基于触摸屏幕的交互软件时所定义和规划的用户手部操作的方式与规则体系。其本质是通过一系列规范化、具有特定意义的手部动作，构建用户与搭载于触摸屏幕的交互软件界面之间的有效沟通方式，实现便捷、自然且符合人类直觉的交互体验。

　　在智能手机和平板电脑的操作中，常见的"点击"手势用于选择应用程序、链接或按钮等元素；"滑动"手势常用于页面的滚动和切换；"缩放"手势在查看地图或图片时非常实用，通过双指分开或合拢的动作，可以放大或缩小地图以查看不同层级的区域信息，或者放大图片查看细节；"长按"手势通常用于触发拓展功能，例如，长按某个工具图标可能会弹出相关的设置选项；"拖拽"手势能让用户自由移动界面上的对象。

目前，各个操作系统的交互界面手势已经高度趋同，尽管在不同的设计体系和规范下，同一种交互手势可能具有不同的功能和含义，但总体而言大同小异，用户可以轻松地使用交互手势与各种各样的操作系统展开互动。

在设计交互界面手势时，需要充分研究用户的习惯和行为模式，确保设计的手势符合用户的直觉。首先，手势的定义应清晰明确，对于功能相似但操作不同的手势，应通过动作幅度、方向和速度等参数的差异化设计，来提高手势的可辨识度和操作准确性，避免混淆或产生歧义。其次，须考虑不同手势之间的兼容性和连贯性，形成一个统一且易于记忆的手势系统，确保各种手势在逻辑上的一致性。再次，交互软件对手势的响应必须及时、准确，并提供明确的视觉、听觉或触觉反馈，让用户清晰感知操作的结果，提升操作的确定性和用户满意度。最后，设计师还应在了解人体工程学和手势识别技术的基础上，熟悉常见的手势语言和文化差异，从目标用户群体的角度出发进行手势的规划和设计。

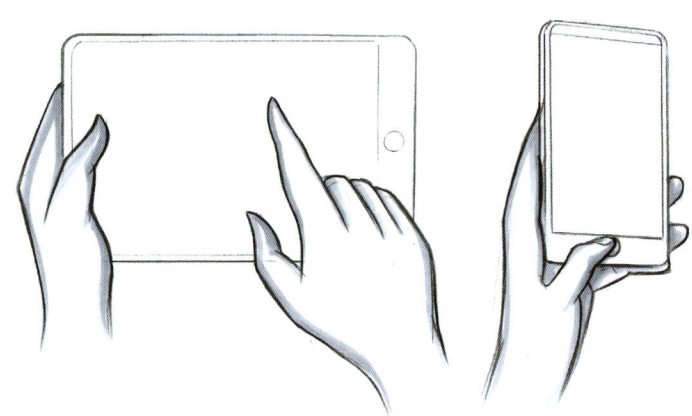

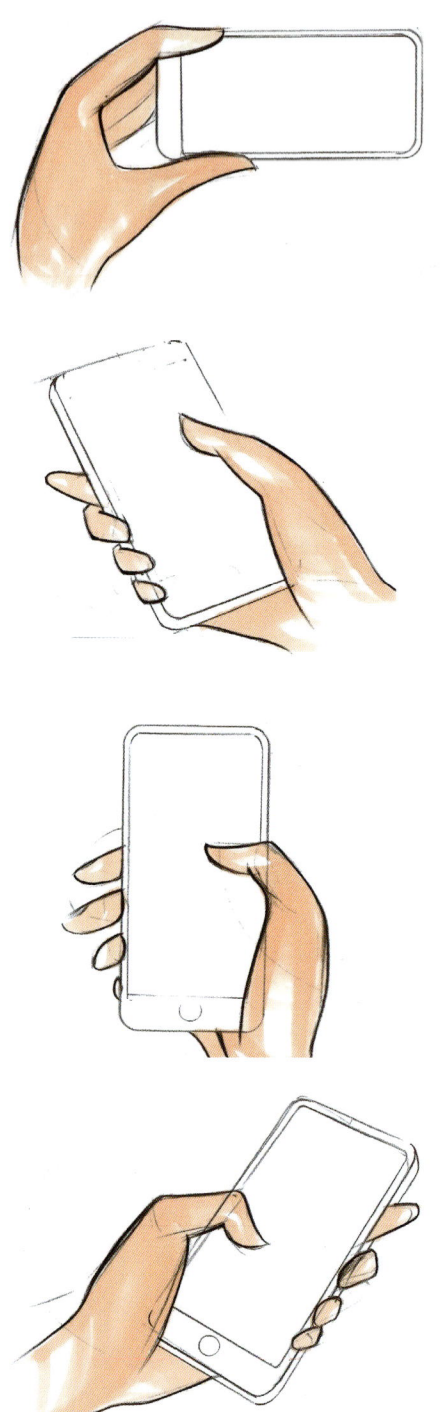

Chapter 11
第 11 章

Representation of Smart Interactive Software Products
智能交互产品表达
（偏软件）

常见的智能交互软件界面包括智能手机界面、智能手表界面、iPad 界面、网页和车载 HMI 等。通过对软件界面的手绘表达，我们可以快速捕捉创意灵感，传达设计方案中独特的界面布局、新颖的交互方式及富有创意的视觉元素。

手绘设计方案
排版讲解

11.1 Smartphone Interface
智能手机界面

智能手机界面主要由以下几部分组成：

（1）状态栏：位于屏幕顶端，能帮助用户快速了解手机的当前状况，包括网络状态、电池电量、时间等。

（2）导航栏：通常位于屏幕底端，包括返回键（用于返回上一个页面或操作步骤）、主页键（用于快速返回主屏幕）和多任务键（用于查看、切换或关闭运行中的应用程序）。部分手机厂商将导航栏隐藏，用手势操作替代导航栏功能。

（3）主屏幕：用户开机后看到的主要界面。可根据用户个人喜好和使用习惯，放置应用程序图标、小组件等。

（4）应用程序界面：用户点击主屏幕上的应用程序图标后，将进入相应的应用程序界面。每个应用程序均有自己独特的界面设计和功能布局，以满足用户对不同类型服务或功能的需求。

（5）弹出窗口和通知栏：当手机收到短信、社交媒体消息推送等新消息时，会在屏幕顶部等位置弹出窗口来提醒用户。用户可以通过下拉通知栏查看或清除通知。通知栏也支持集成开关 Wi-Fi、蓝牙、手电筒和调节屏幕亮度等功能。

（6）对话框和菜单：对话框通常用于向用户询问确认信息、提示错误或给出重要提示，用户需根据对话框中的内容进行选择或确认操作。菜单则提供了一系列可供点击使用的操作选项。

火星计划
Movement
Detail
Data
Movement
State
Tendency
Detail
Altitude record.
Click.
Up.

Your health summary
Your medicine dosage
25
17
Patient's name
Barbara
High Blood.
Blood pressure
Mon
Tue
Wed
Thu
Food control
12
Vegetable
Portion 340g / day
Fruits
Portion 620g / day

London
27°
Today
Next 7 days
Next 7 days
27
Sun
28
Mon
29
Tue
30
Wed
28°
Heavy Rain
Cloudy

Sunny
6°
CHINA
NOW
21
22
23
Today
21

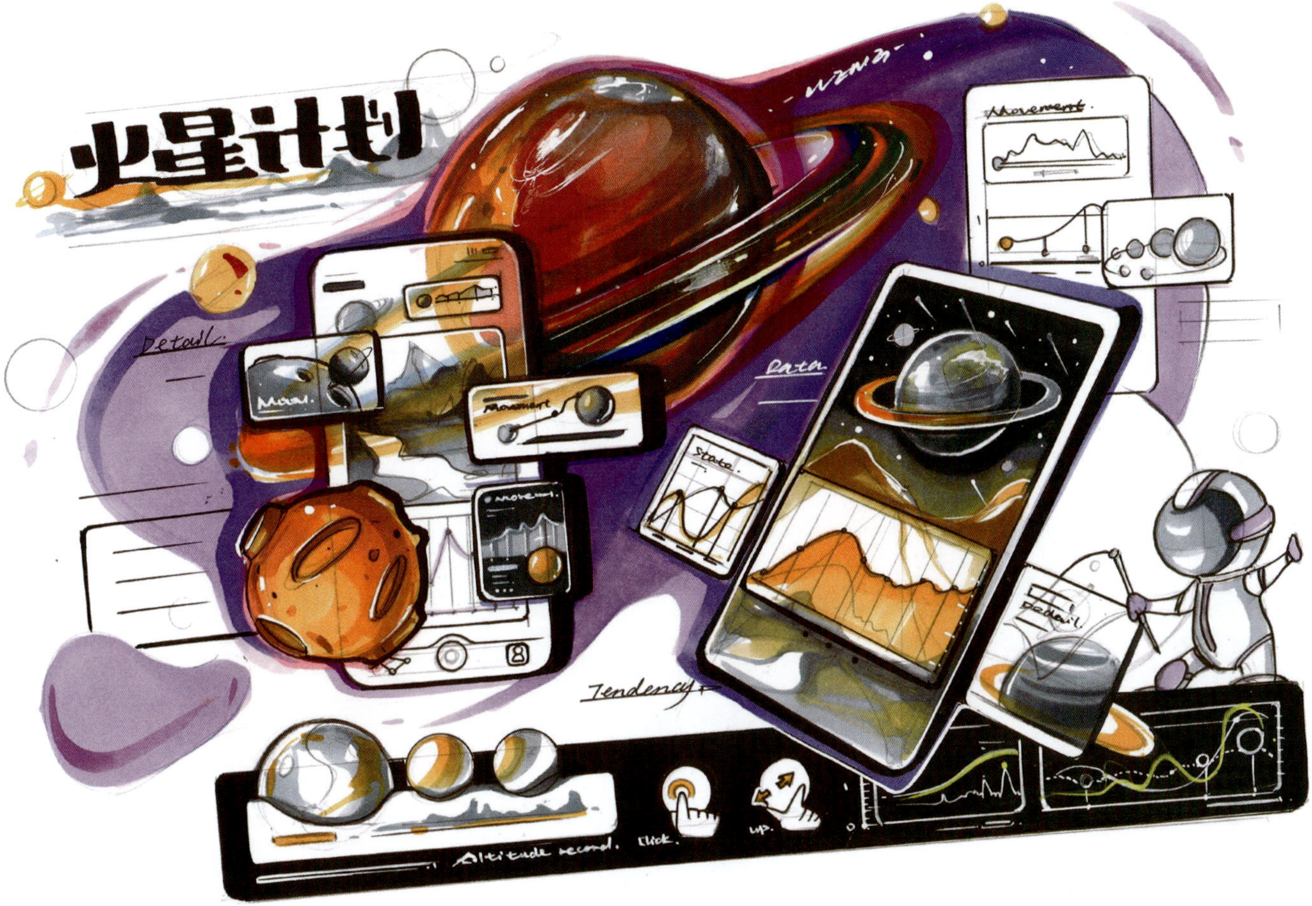

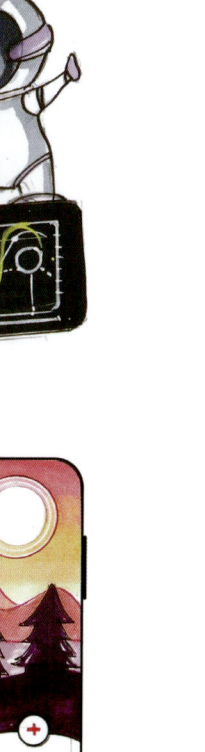

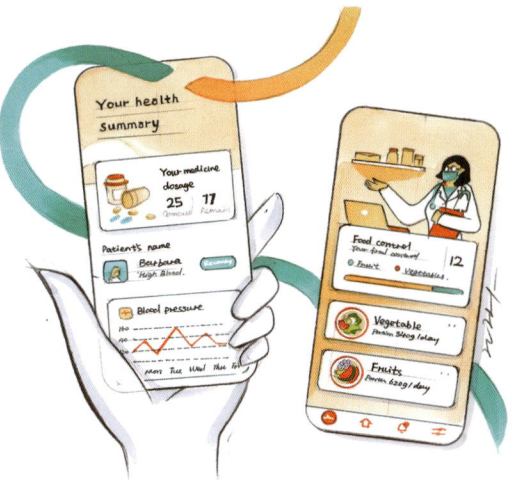

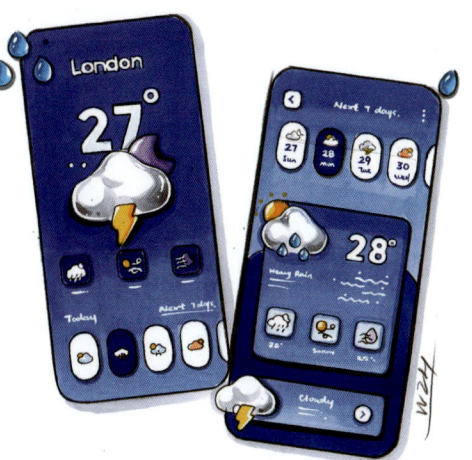

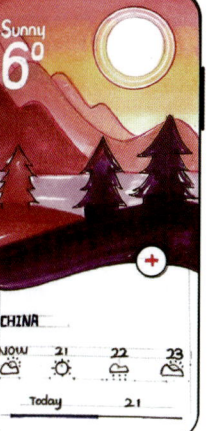

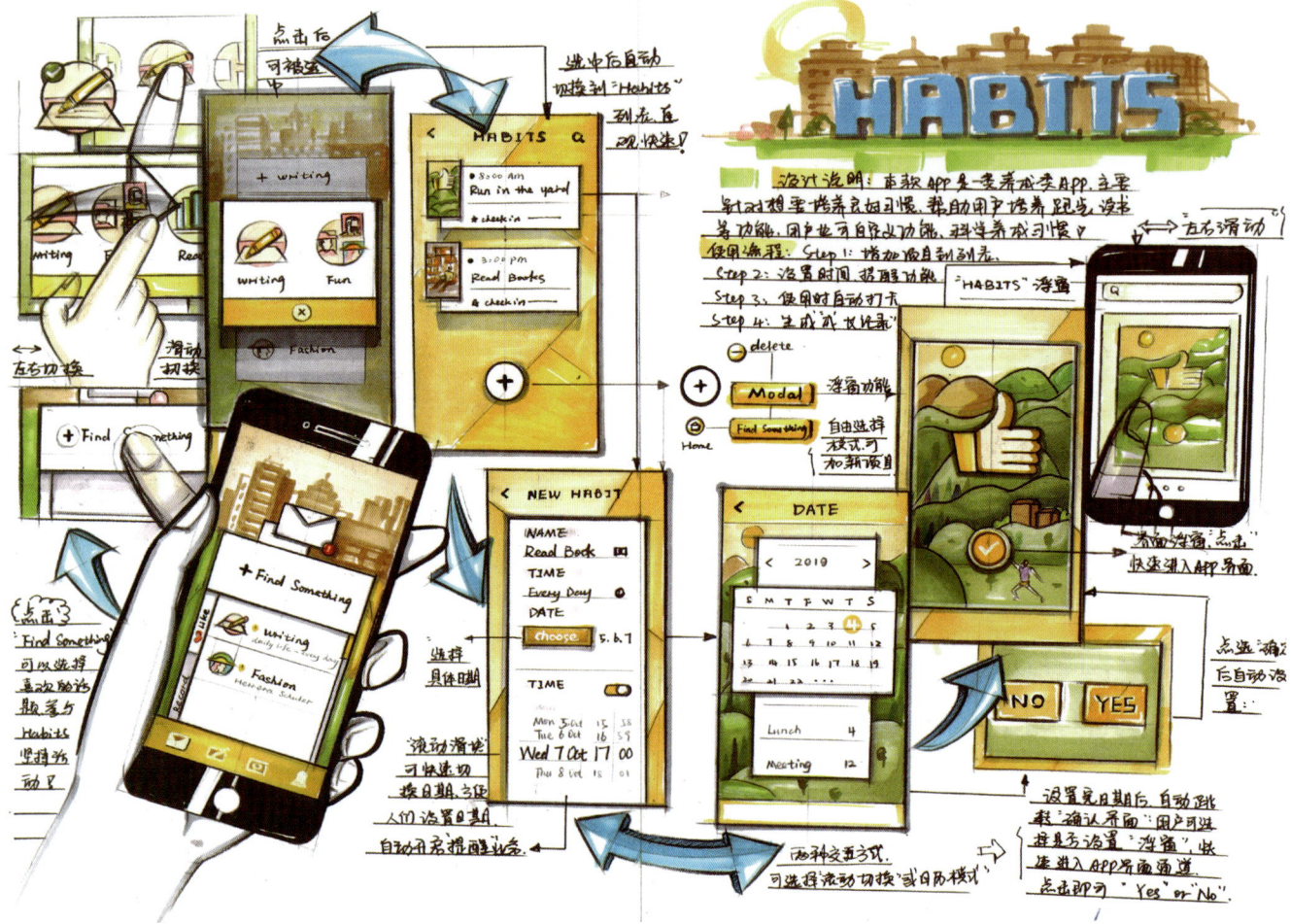

HABITS

这是一款时间管理 app，用于帮助用户合理规划时间。用户可设定阶段性目标和完成目标所用时长，app 将通过日历提醒、奖励机制等鼓励用户完成计划，高效利用时间，从而实现自我提升的目标。

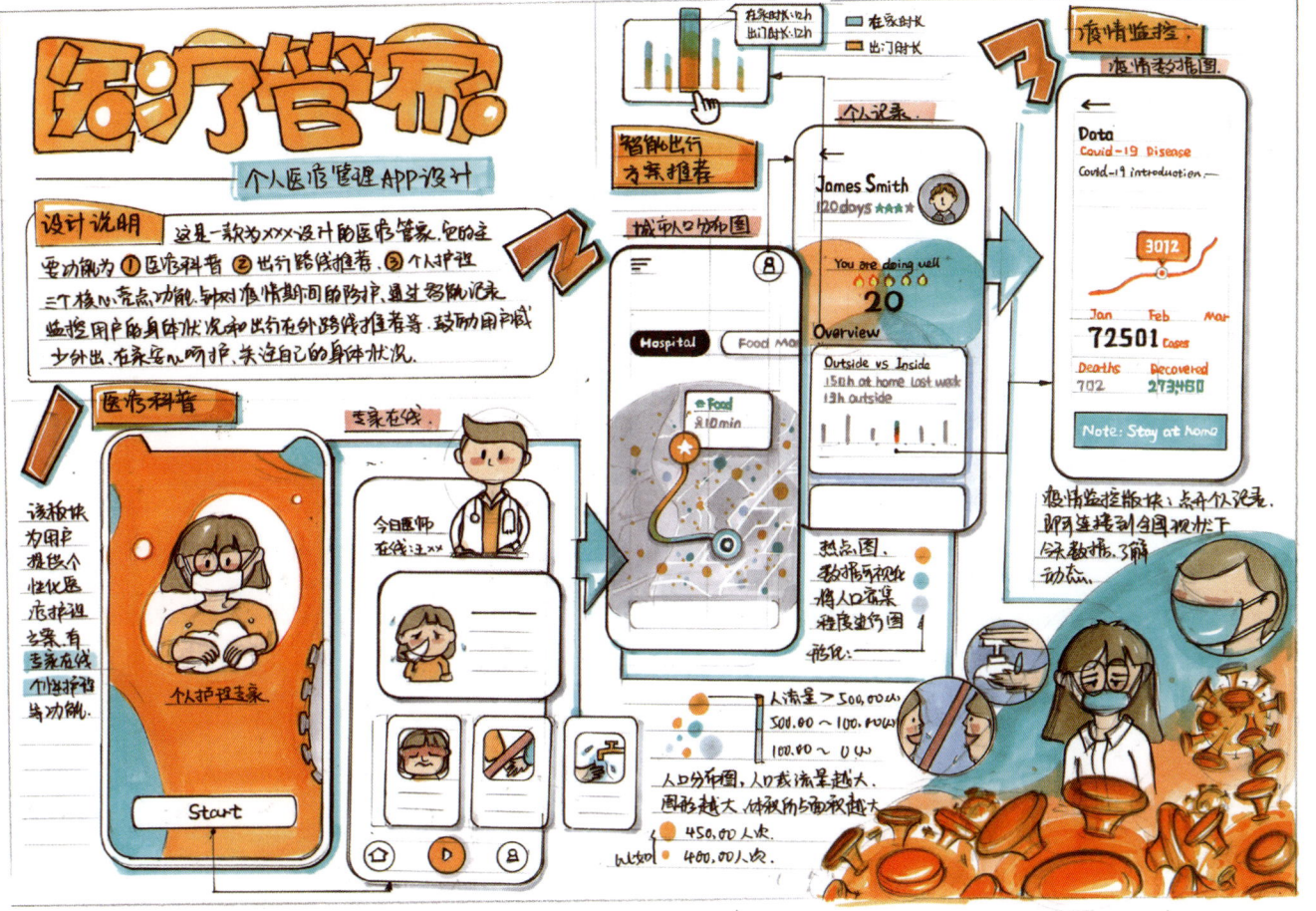

医疗管家

这是一款个人医疗管理 app，具有医疗科普、出行路线推荐、个人护理建议三个核心功能，能记录用户的身体状况，并基于城市各区域实时的人口密度，结合用户需求，推荐疫情期间的出行路线，为用户提供便利。

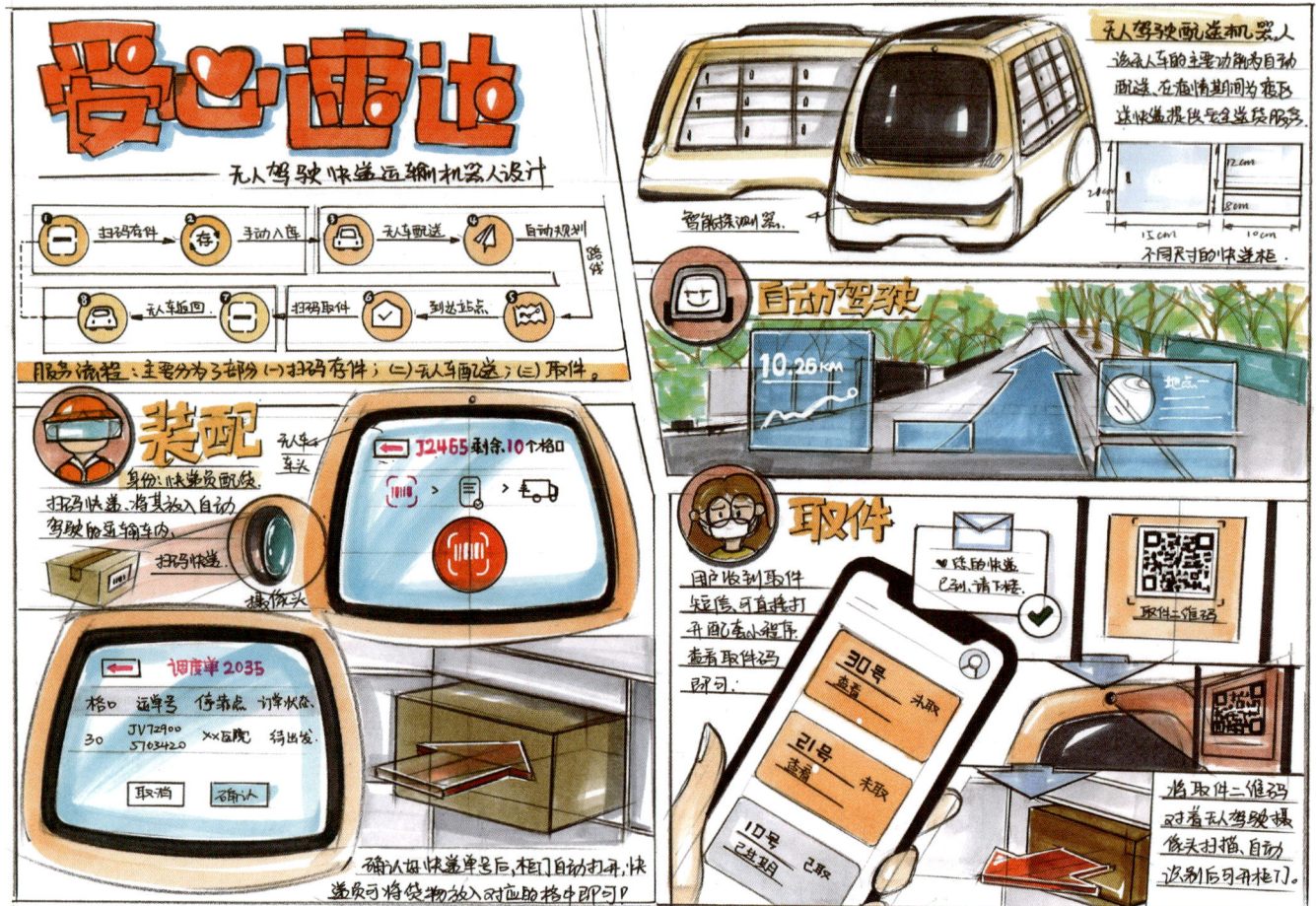

爱心速达

这是一套针对货物运输而设计的无人车系统,该智能配送无人车可以自主规划路线,通知用户取货。货物管理者也可以通过无人车的配套 app 查看货物的实时运输情况。

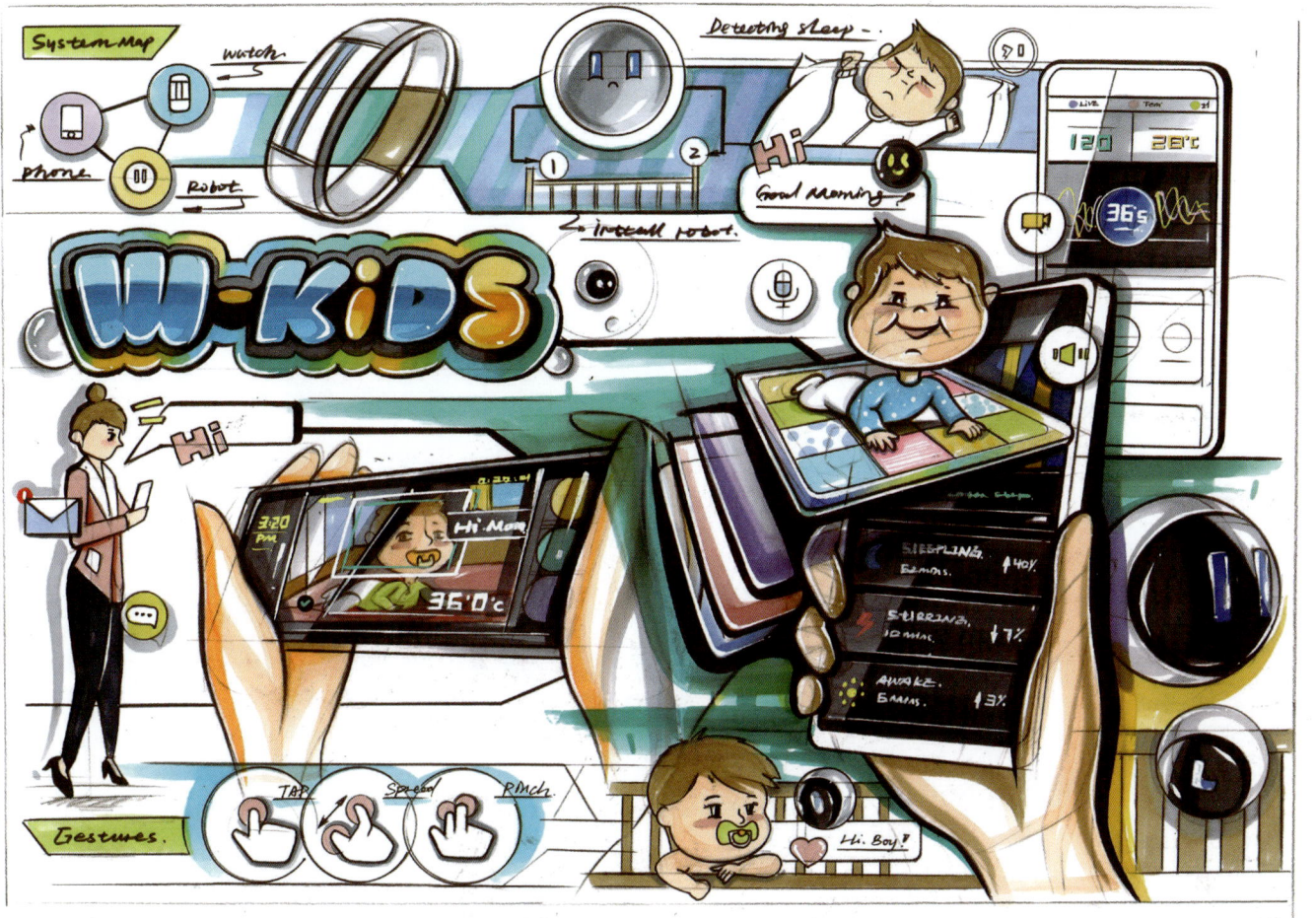

W-KIDS

这套智能儿童健康监测系统配有 app、智能手环和陪玩机器人。手环可以检测婴幼儿体温、睡眠质量等。机器人能通过摄像头记录儿童状态，根据儿童的反应做出各种表情并与儿童语音互动，且支持家长使用配套的 app 与儿童远程视频通话。

11.2 Smart Watch Interface
智能手表界面

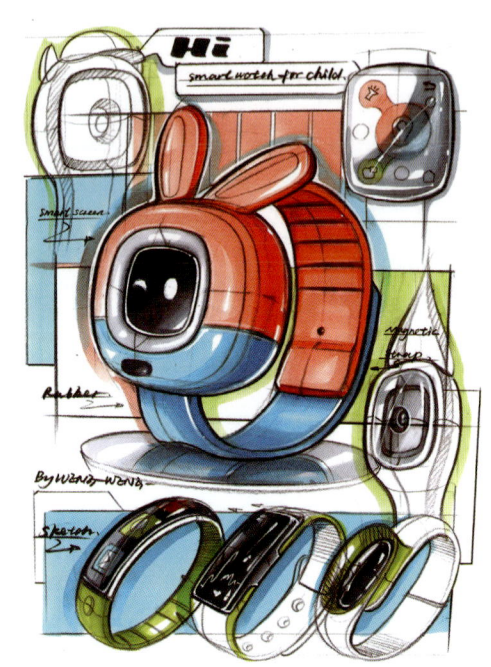

　　智能手表界面是指运行于智能手表设备上，用于展示信息及操作交互的图形化用户界面。其核心在于依托有限的屏幕空间，为用户提供便捷、高效且个性化的服务。

　　智能手表满足了人们对于便携性和信息获取即时性的需求，拓展了用户与数字世界的交互方式，在一定程度上成为手机的外延媒介甚至替代媒介。在设计智能手表界面时应注意：

　　（1）充分考虑屏幕尺寸和分辨率的限制，优化信息布局和图标设计，确保关键信息清晰可读。

　　（2）利用手势操作等简洁高效的交互方式提升用户体验。

　　（3）结合用户的使用场景和需求，提供个性化的功能和界面定制选项。

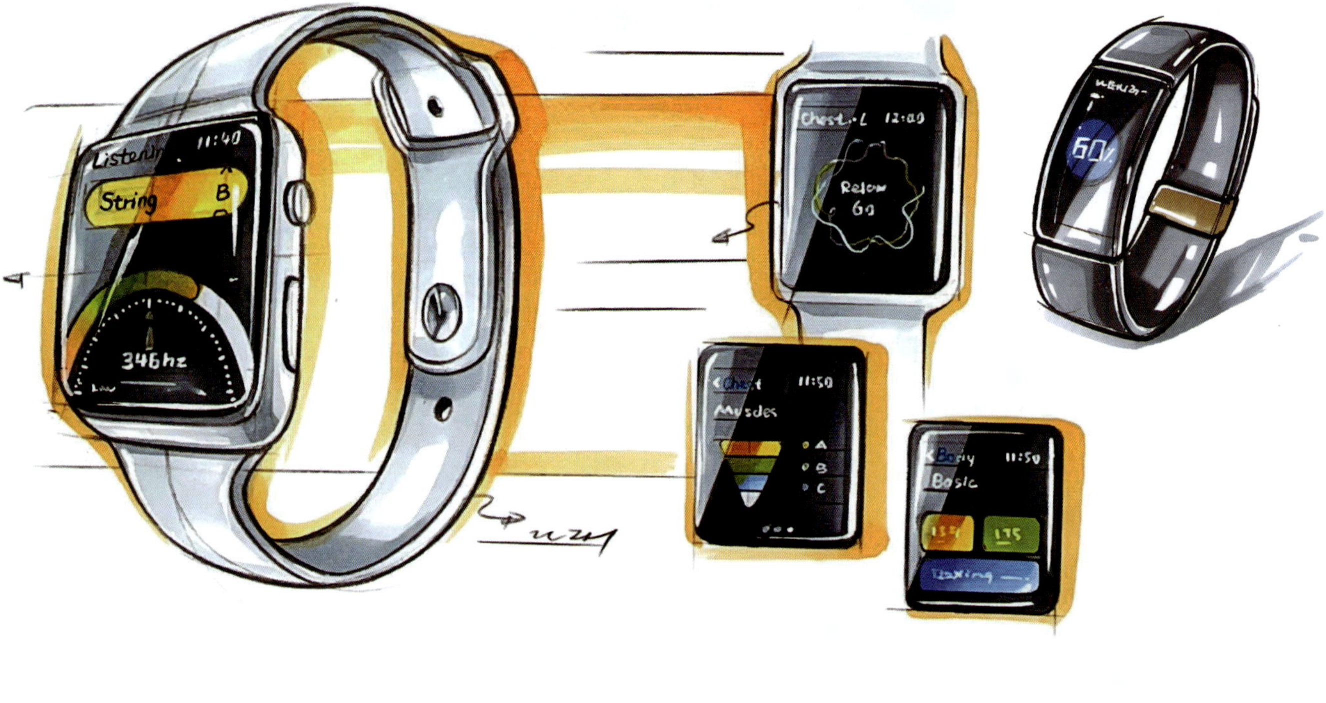

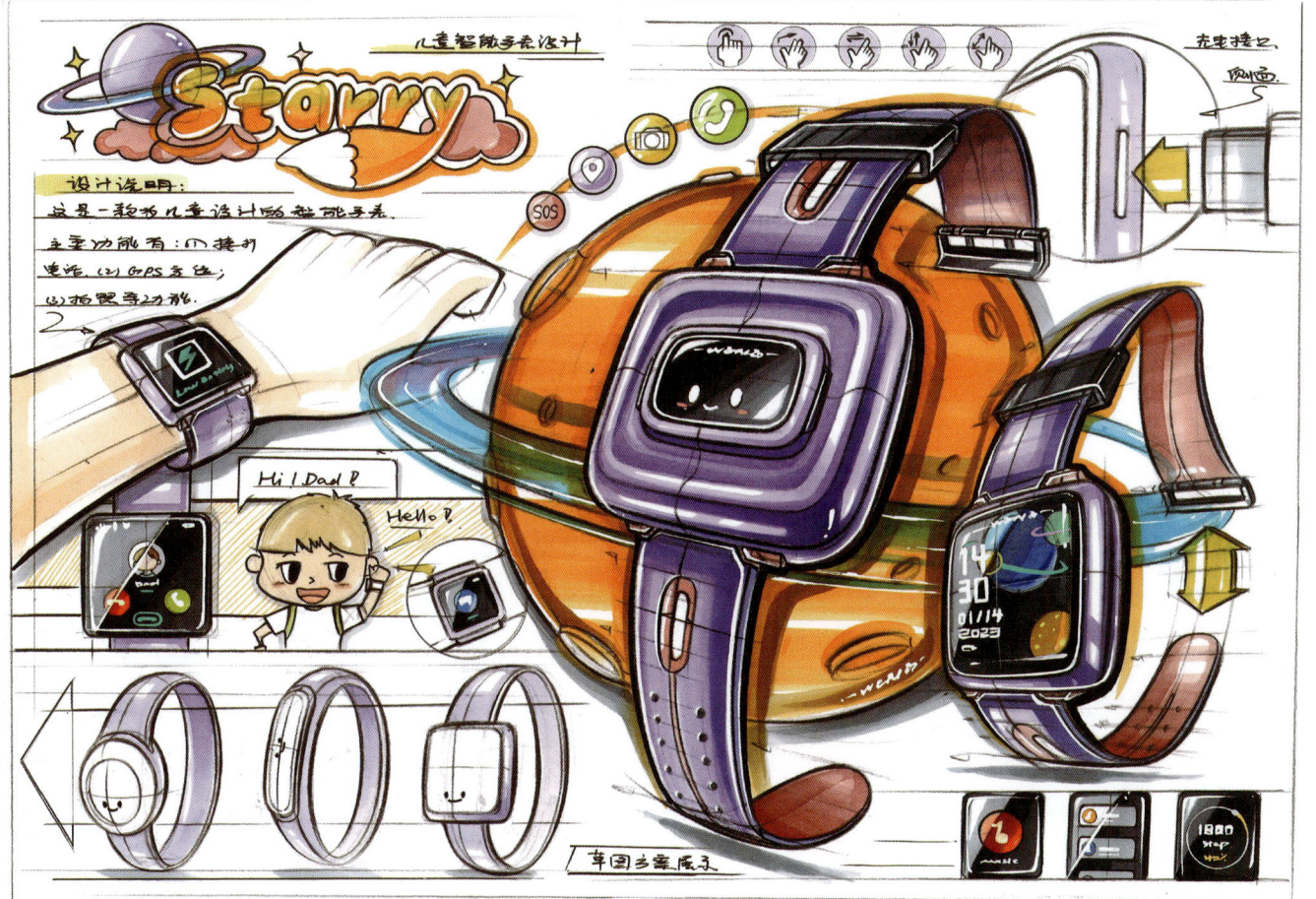

STARRY

这是一款儿童智能手表,具有接打电话、GPS 定位、拍摄照片与视频、听音乐等功能。手表还可以通过智能语音回答孩子的问题,配合屏幕上有趣的卡通表情,在向孩子科普知识的同时,陪伴他们快乐成长。

11.3　Web Page & iPad Interface
网页与 iPad 界面

11.3.1　网页

网页是用户通过浏览器访问网站时所看到的页面布局、图形元素和交互功能的总和，是用户与网站进行互动的窗口。

网页的发展历史悠久，从早期简单的静态页面，到动态页面、响应式设计，再到如今注重用户体验和个性化定制的网页设计，技术和设计理念不断更新。

网页的设计中，需要注意：

（1）根据设计目标和用户特征，规划整体布局和视觉风格。

（2）运用色彩、字体、图像等，在保证页面可读性和易用性的基础上营造视觉吸引力。

（3）运用响应式设计，确保网页在不同设备和屏幕尺寸上都能呈现良好的效果。

（4）注重页面加载速度的优化，提升用户的访问体验。

11.3.2　iPad 界面

iPad 界面是专为苹果公司的平板电脑 iPad 设计的用户界面，其设计需要充分发挥 iPad 屏幕尺寸大、性能优良的优势，为用户带来丰富、直观、流畅的操作体验。

苹果公司为其产品制定了统一的交互设计规范——iOS 人机界面准则，指导设计师和开发者创建既符合苹果品牌调性又能提供优良用户体验的产品。其中的原则可为 iPad 界面的设计提供参考：

（1）一致性：所有应用在界面元素、导航方式和用户交互上保持一致，从而使用户能够在不同应用之间轻松切换，减少使用障碍，降低学习成本。

（2）简洁性：界面设计应以用户为中心，避免不必要的复杂性。通过减少视觉干扰和功能冗余，设计师可以创造出清晰、简洁的界面，帮助用户专注于核心任务。

（3）响应性：用户操作后应及时获得明确的反馈，由此可以提高用户的操作信心，提高整体体验的流畅度。

（4）创新性：以用户需求、使用场景和交互设计基本原则为前提，提供独特的创新体验。

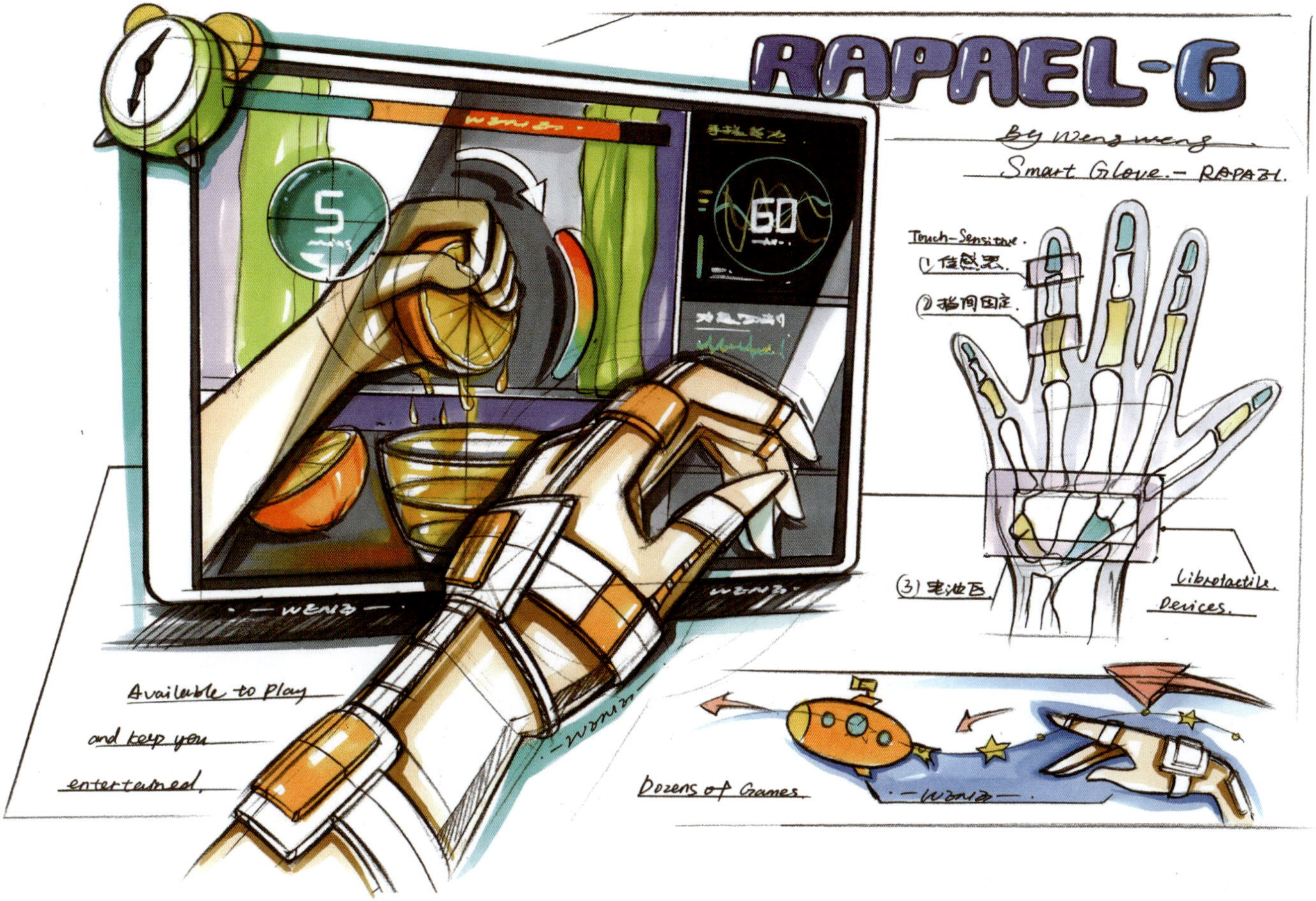

RAPAEL-G

这款智能康复手套可以帮助手部有疾患的用户个性化定制康复方案,并通过游戏化界面提高训练的趣味性。手套配套的软件系统还可以帮助用户记录康复情况,是用户的健康小帮手。

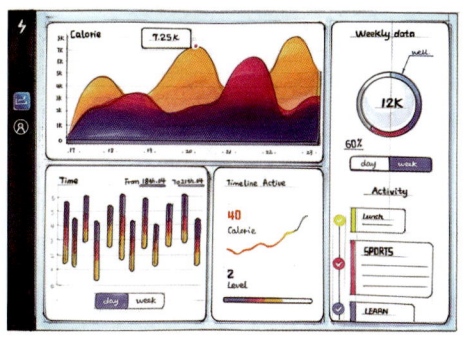

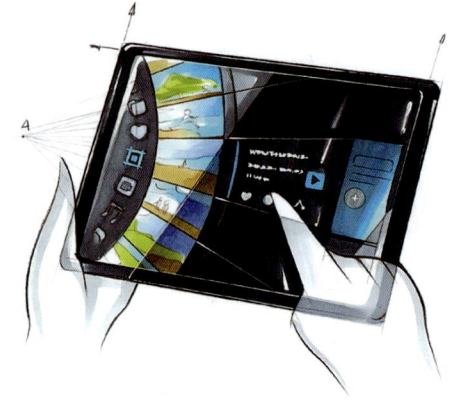

智慧农场

这是一套智能农业系统。其中，无人机具有喷洒农药、监测天气变化、记录农作物生长情况等功能。农户可以通过智能屏、手柄和操作按键控制无人机的飞行路径，对农作物的生长情况进行监测。配套的 iPad 应用也能为农户提供种植建议。

HAPPY-ZOO

这款儿童智能学习投影仪采用可爱的长颈鹿造型，长颈鹿嘴部为控制拨片，可用于选择在智能屏上显示的动物图样。儿童不仅可以在智能屏上通过线稿填色练习绘画，还可以学习相关的动植物科普知识。

11.4 Smart Vehicle HMI
智能车载HMI

  智能车载 HMI（human-machine interface），即智能汽车的人机交互界面，是驾驶员和乘客操作车辆系统并与其交换信息的媒介。

  随着汽车的智能化发展，传统的机械仪表盘和简单的车载娱乐系统逐步升级为融合导航、车辆状态监测、智能驾驶辅助等多种功能的复杂交互界面，智能车载 HMI 应运而生。

  智能车载 HMI 不仅影响驾驶的安全性和舒适性，还关乎用户满意度。其设计需要设计师了解汽车驾驶环境和用户行为特点，确保界面信息的易读性和操作的便捷性。同时，须遵循相关的安全标准和法规，避免分散驾驶员注意力。为提升智能车载 HMI 的用户满意度，应通过合理的布局和色彩搭配营造良好的视觉效果，并构建流畅的交互流程和及时的反馈机制。此外，还可根据不同车型和品牌的特点，开展个性化设计。

AR-SAFER
— BY WONG-WONG —
WENG
ECO AVG-32mpg
Highway 101
UP NEXT.
TURN
RIGHT.
80km/h
WARNING
Don't
Stop
80
warning!!!
B.
A

mph
160
120
90
60
30
0
0 km/h
0
mph
-9°C
9:57 pm
POWER%
100
COMFORT
eDRIVE
CHARGE
50
0
READY
TOTAL 53420 Km
TRIP

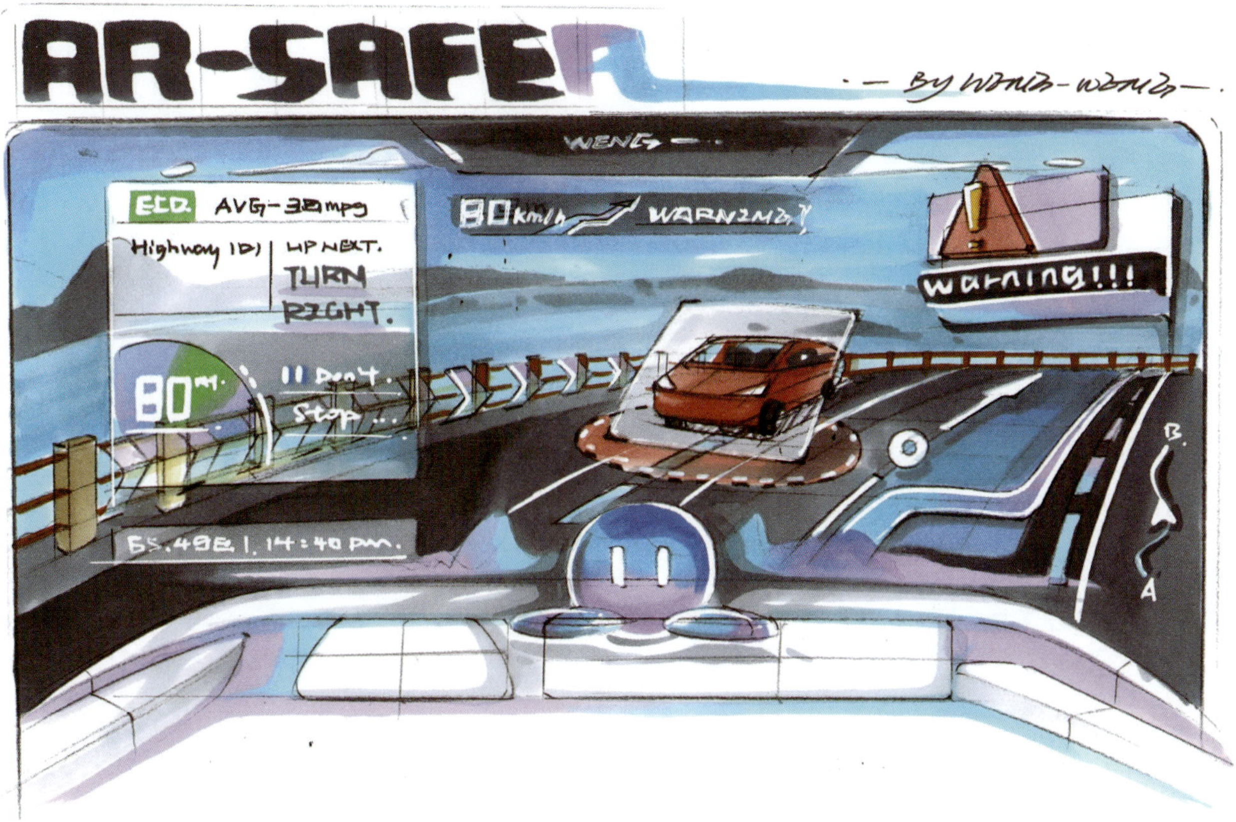

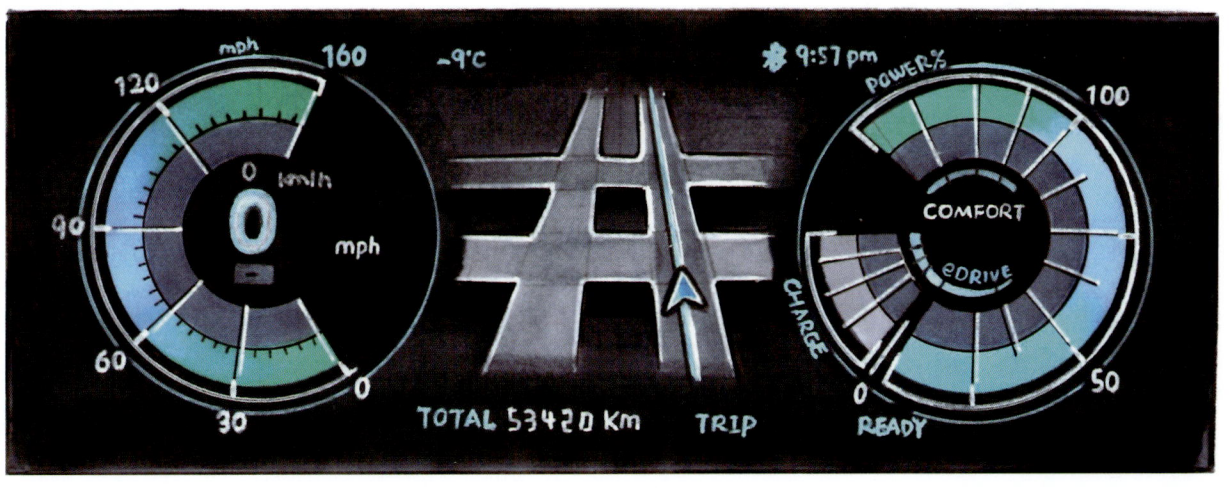

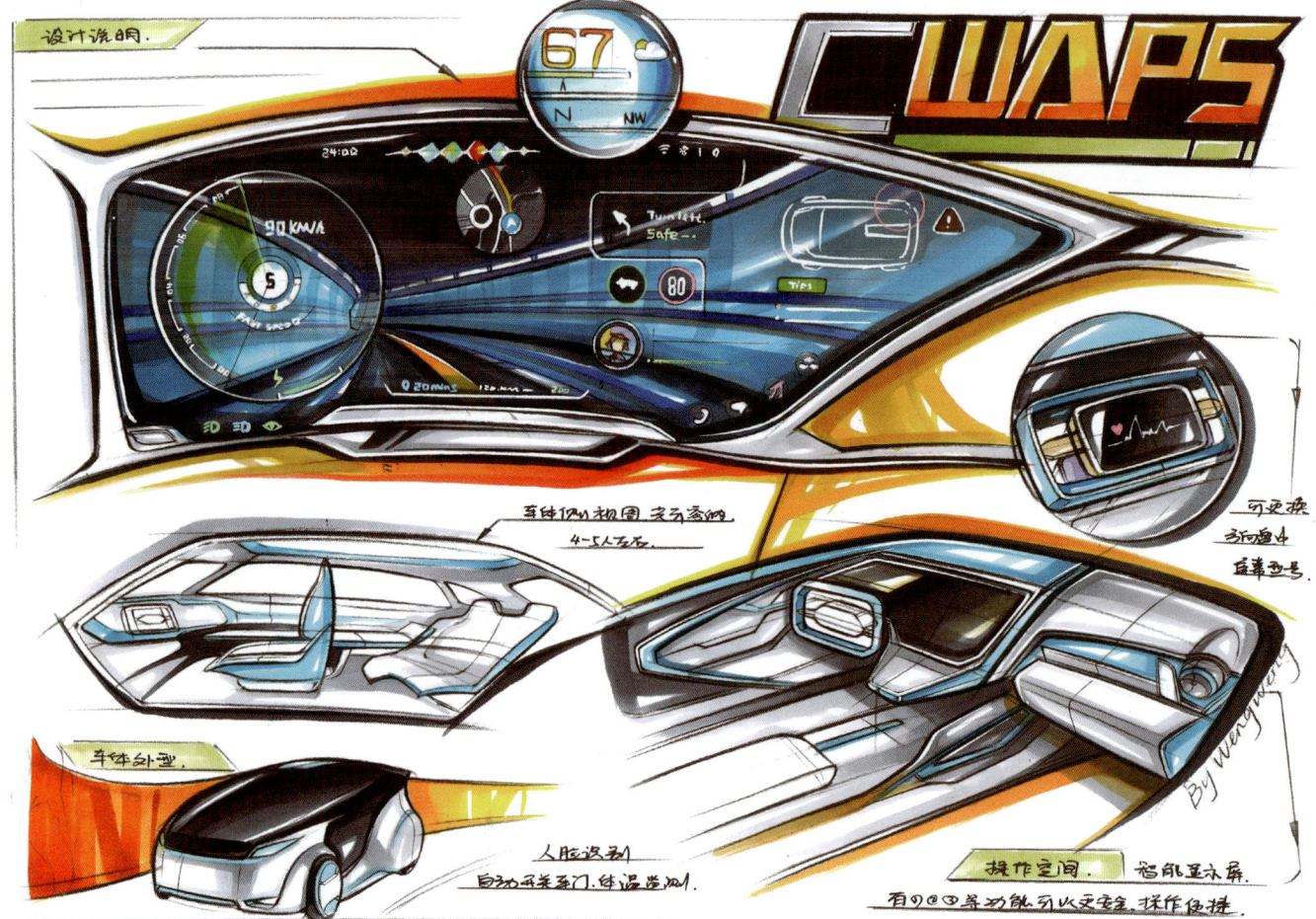

CWAPS

这款家庭型智能车 HMI 与车内的 AR 智驾系统联动，可以智能规划路线、辅助自动驾驶，并实时显示智能座椅监测到的驾驶员血压、心率数据，为行车安全提供保障。

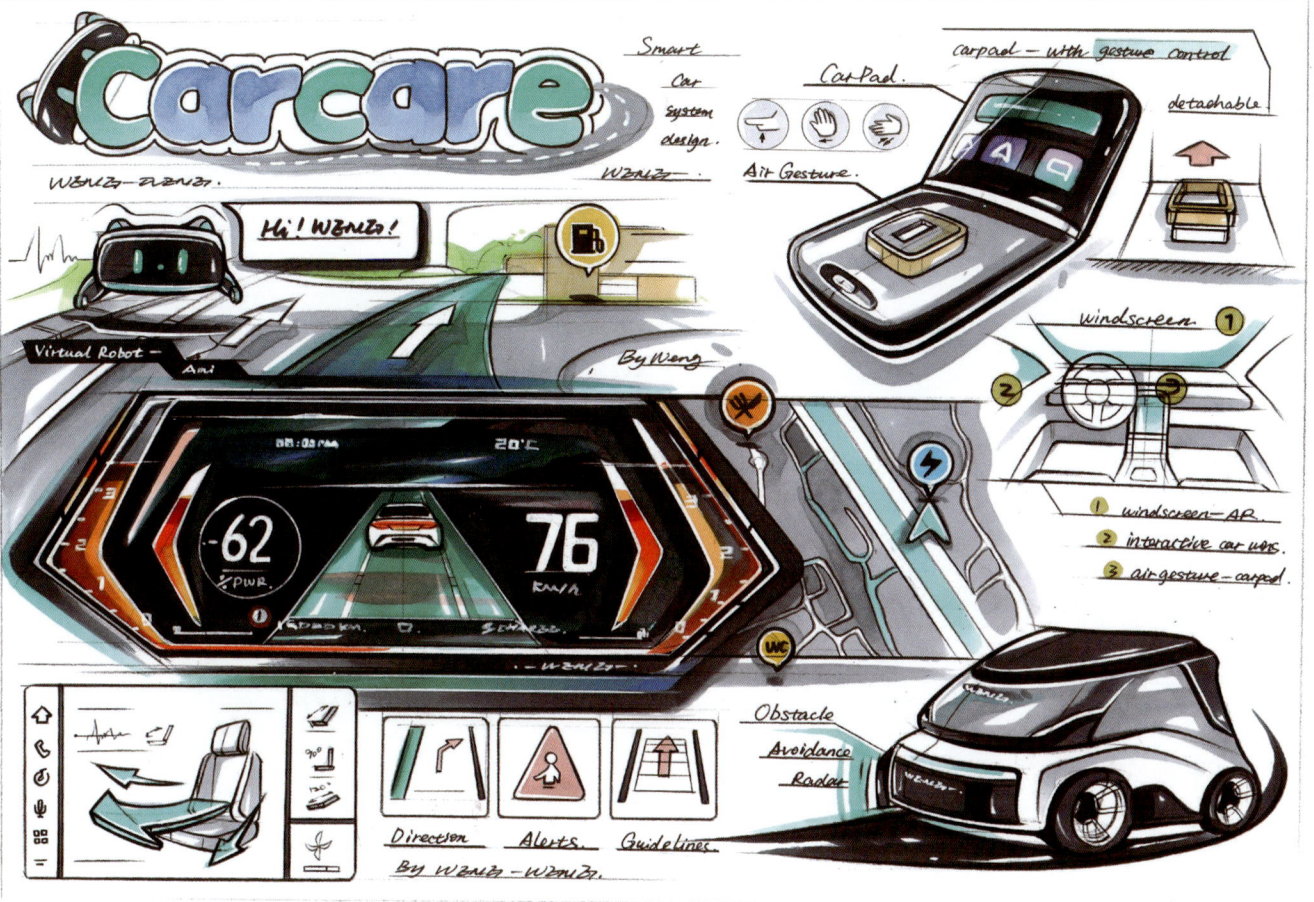

CARCARE

这款可爱的智能小车搭载的 HMI 内置了 AI 虚拟精灵,能在陪伴用户安全驾驶的同时,为用户提供满满的情绪价值。用户可通过使用车载智能屏幕或与 AI 精灵对话的方式调节座椅角度、车内温度等。

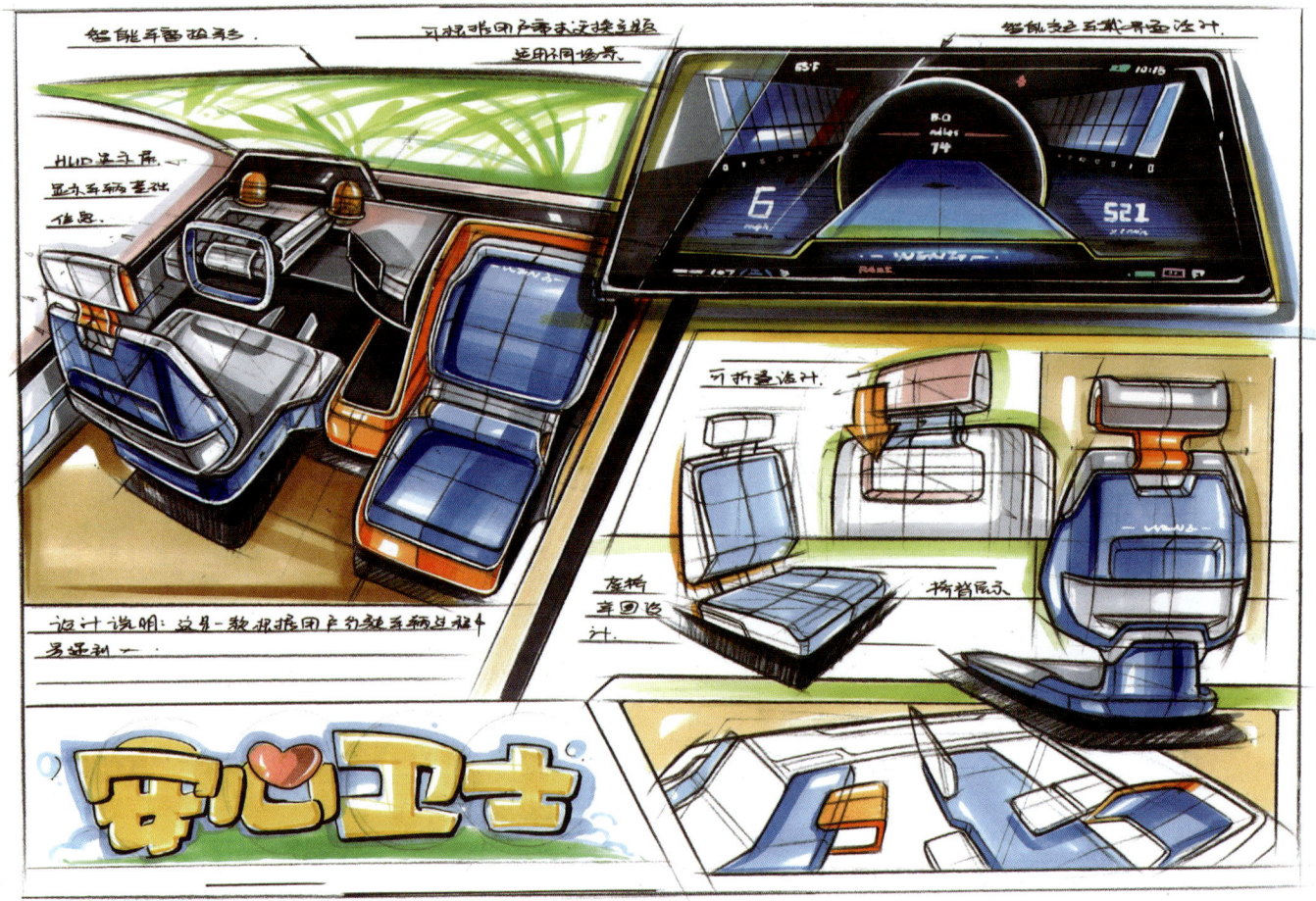

安心卫士

这款智能车载 HMI 与车内配件均采用蓝橙碰撞的运动系配色，以简洁清晰的 UI 设计展示了车辆的时速、油量等信息，科技感十足。

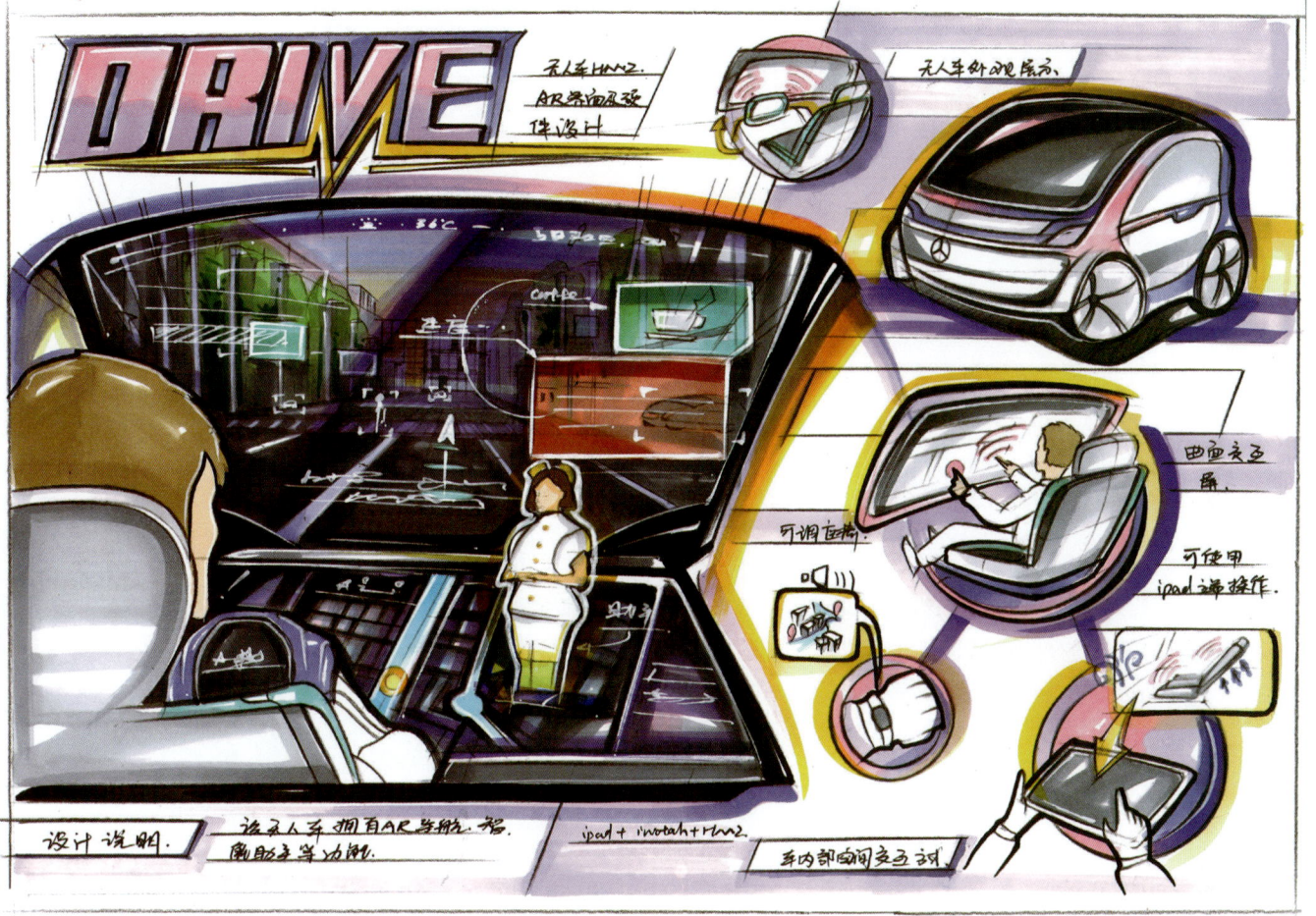

DRIVE

这款未来智能车载系统中,车内大屏与虚拟车载管家能为用户提供智能服务。用户可以使用手环、手机、iPad等设备,结合手势操作便捷地与车内系统互动。

Chapter 12
第 12 章

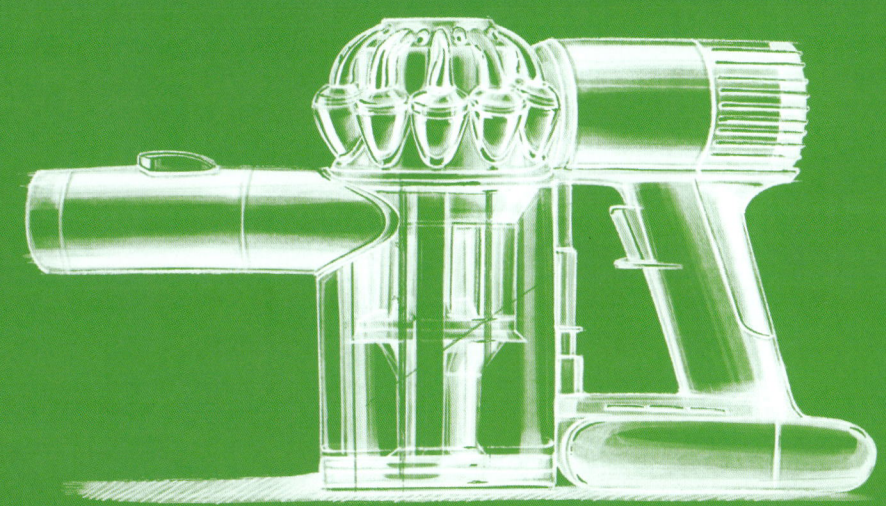

Representation of Smart Interactive Hardware Products
智能交互产品表达
(偏硬件)

智能硬件产品的手绘表达需要综合运用产品和交互界面的手绘技能。常见的智能硬件产品包括增强/虚拟现实设备、教育娱乐产品、智能医疗产品、智能可穿戴产品、智能户外产品、智能家用电器、智能机器人、智能交通工具等。同学们可以根据产品类别进行分类训练,平时也应持续积累常用产品的画法,以做到举一反三,快速产出智能交互产品设计方案。

12.1 AR/VR Devices
增强/虚拟现实设备

增强/虚拟现实设备是能够为用户创造沉浸式或增强式视觉体验的硬件装置。增强现实(AR)和虚拟现实(VR)技术的发展始于20世纪,近年来,随着技术的成熟和成本的降低,逐渐走向消费市场,为游戏和教育等领域带来了全新体验,拓展了设计的可能性。目前,常见的增强/虚拟现实设备包括头戴式显示器、眼镜式设备和全息投影设备等。此外,用户也可通过在智能手机或平板电脑上安装相应的应用程序,随时随地进入增强现实体验。

在设计具备增强/虚拟现实功能的智能交互产品时,应优化设备自重和舒适度,确保用户能够长时间使用而不感到疲劳。同时,应关注交互方式的创新,比如手势识别、眼动追踪等,以提供自然流畅的交互体验。此外,还应充分考虑设备的计算性能和续航能力。

第12章 智能交互产品表达（偏硬件）

STEP 1. 戴上VR眼镜
STEP 2.
STEP 3.
PUSH
设计说明
VR
Design for learning skiing

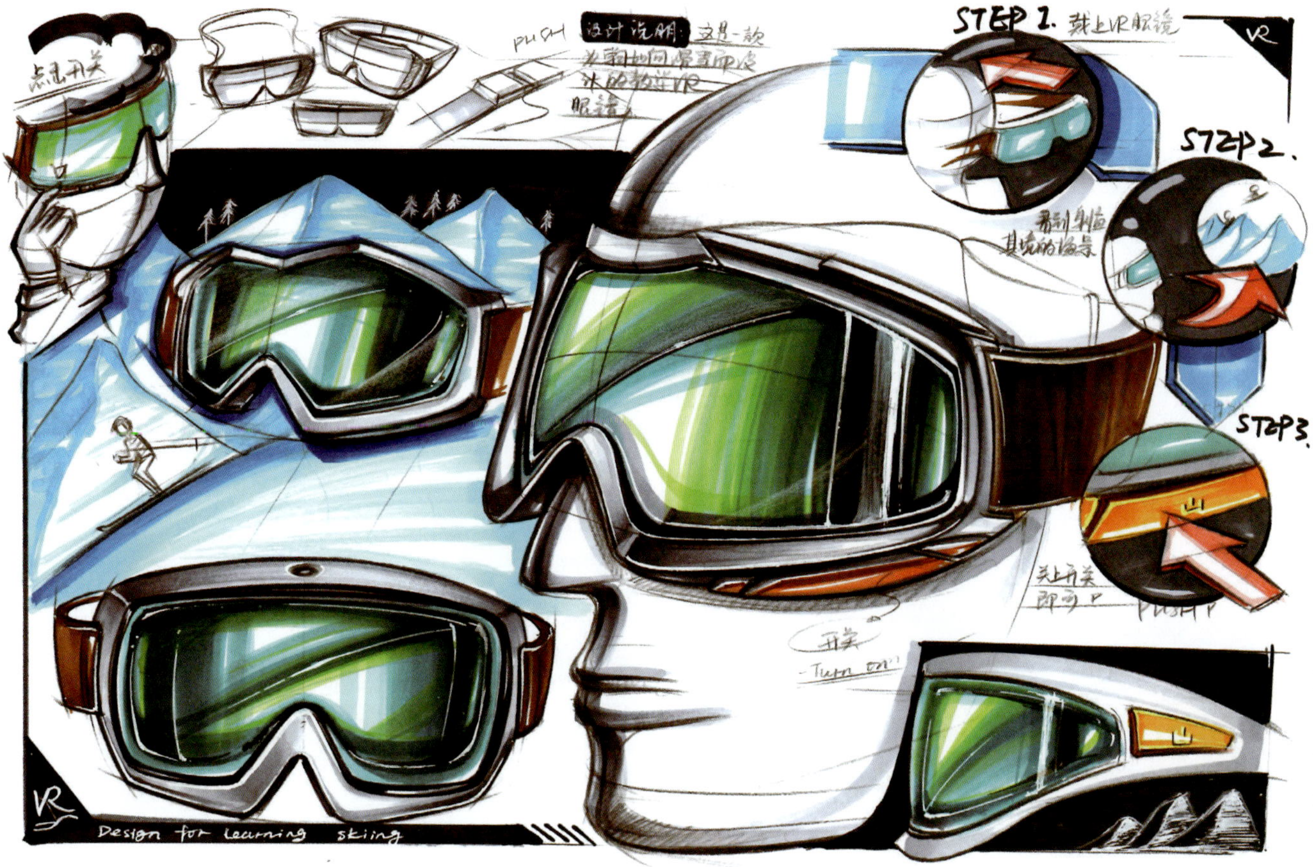

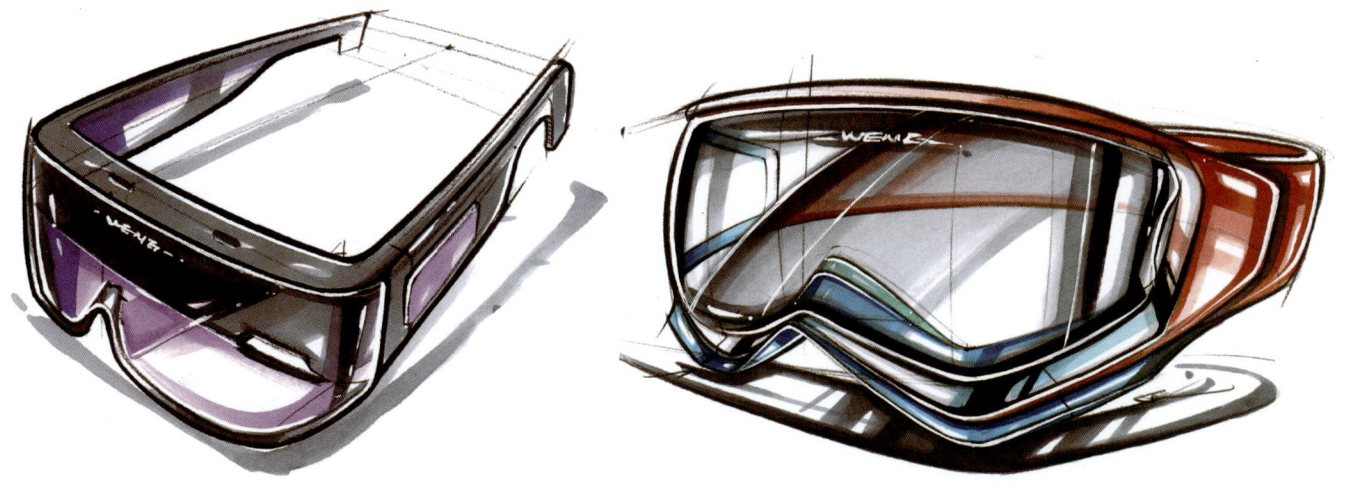

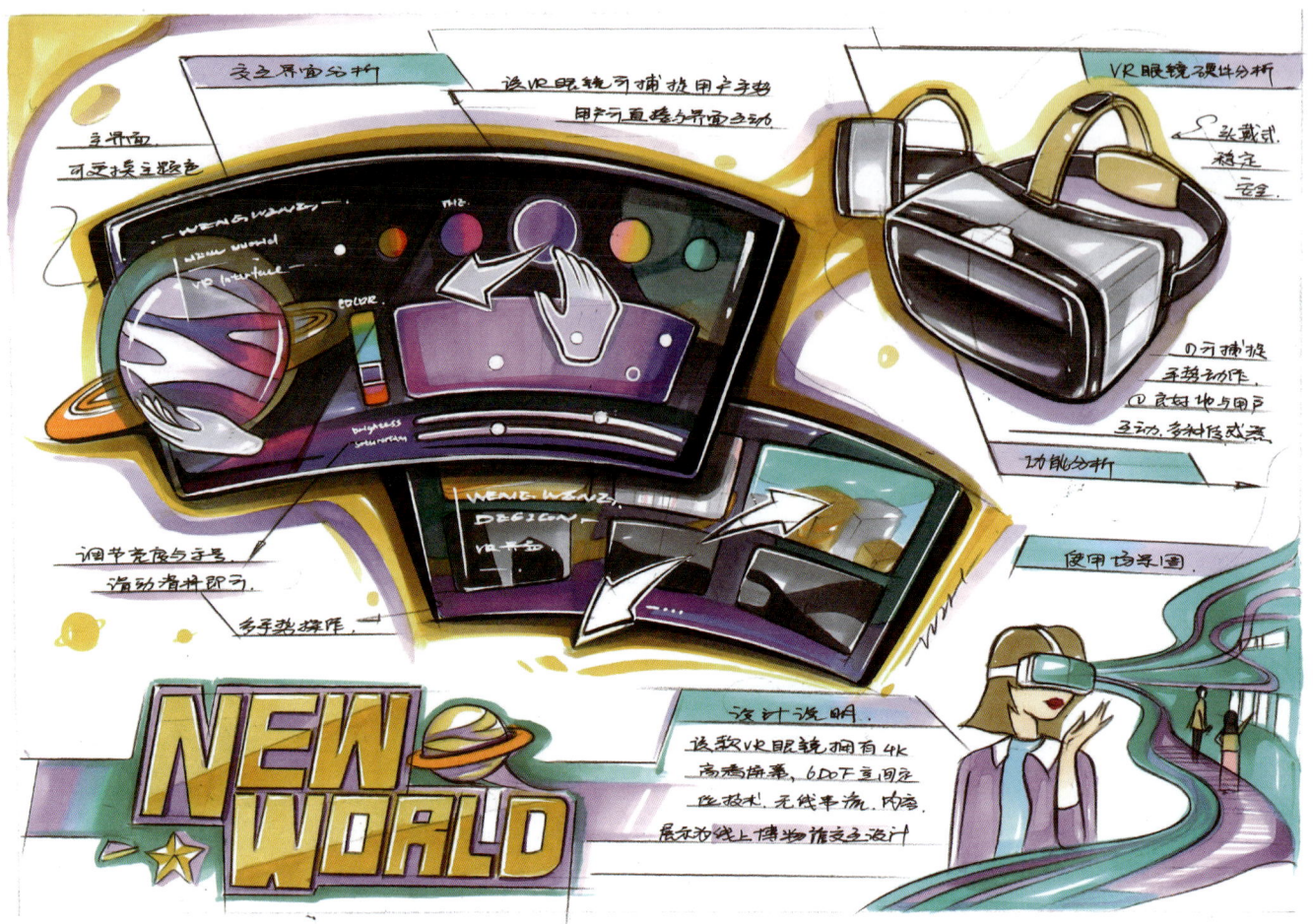

NEW WORLD

这套虚拟现实设备的操控界面采用了丰富的星空主题色彩，用户可佩戴 VR 眼镜，跟随虚拟手势引导，感受与星空的沉浸式互动。

SHOPPING EARTH

这份设计方案展现了未来的购物场景,店内陈列着丰富的商品,消费者可借助 AR 智能眼镜,对同类商品的价格、产地等信息进行对比,从而实现商品的科学采买。AR 界面中还展示了购物车、订单、通讯等便捷功能选项。

XR-QUEST

这是一套混合现实场景模拟系统设计，配有 MR 头盔、手柄等智能硬件，可支持用户与系统的多维度交互。用户可使用手柄在系统中创建、移动物体并自定义其外观。

SKIING VR 教练

这套滑雪 VR 教练系统搭载于一副滑雪 VR 眼镜上,眼镜采用透气材料,可确保用户长时间佩戴使用产品的舒适性。VR 系统具有自动检测速度、指导用户训练等功能,能为学习滑雪的用户提供有效的指导。

12_2 Smart Educational and Entertaining Products
智能教育娱乐产品

　　智能教育娱乐产品以多媒体、互动技术为基础，融合了教育和娱乐元素，旨在帮助用户在轻松愉悦的氛围中学习和成长。

　　随着教育理念从单一的知识传授逐渐转向对学生综合素养和创新能力的培养，教育娱乐产品的形式越发多样，为学生提供了更具吸引力和趣味性的学习方式。

　　在智能教育娱乐产品的设计中，需要注意的是：明确教育目标和用户年龄段，充分理解不同年龄段学生的身心特征，从而针对性地设计产品造型、内容和功能；创造富有吸引力的界面和交互方式，增强产品的吸引力；根据学习曲线，设置趣味性强且难度合理的挑战，帮助用户保持专注；还应考虑产品的可扩展性，以及在不同教学场景下的适用性。

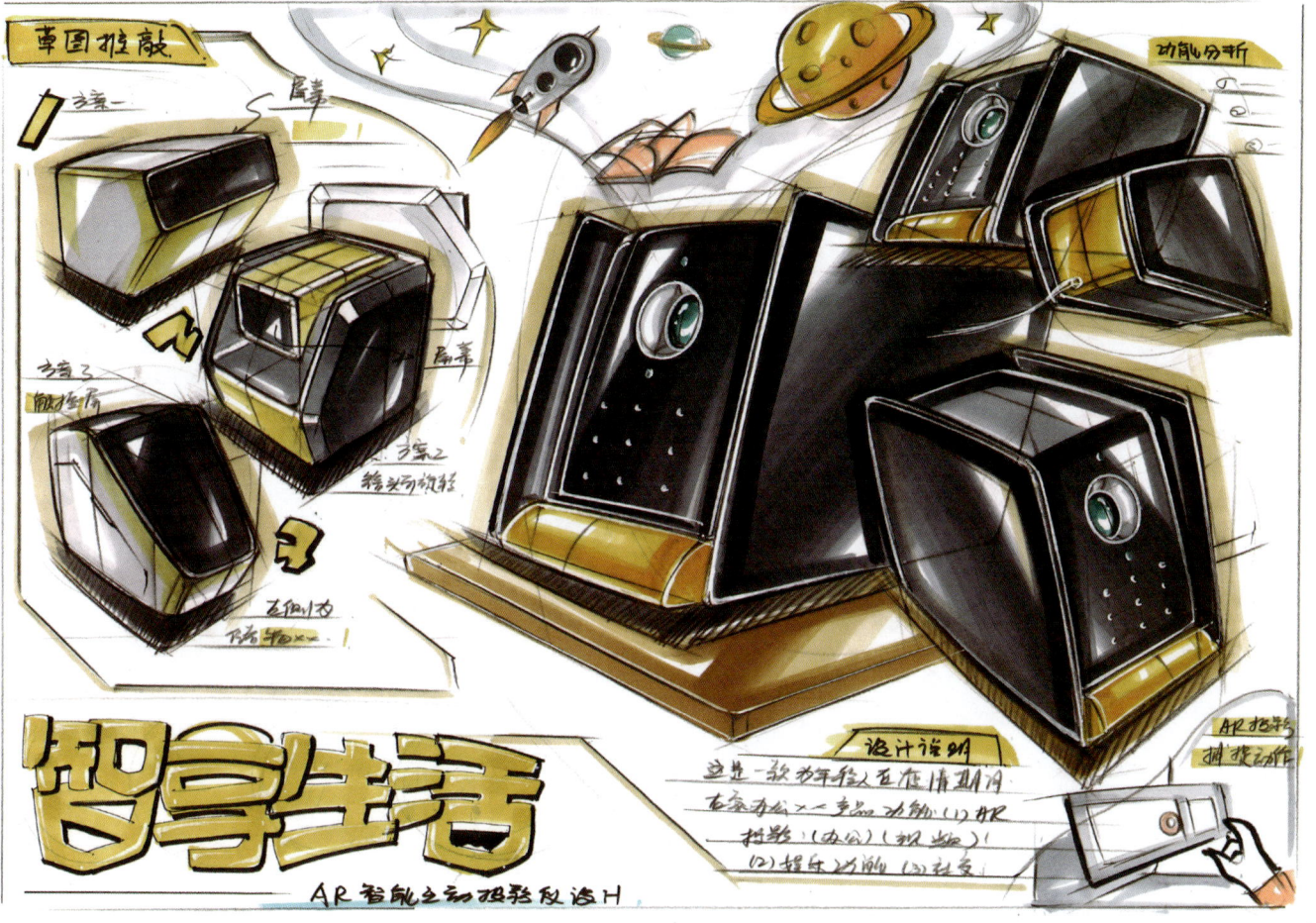

智享生活

这是一款智能音箱,产品主体采用黑黄配色,并通过镜头等细节的设计增添了未来感。版面点缀有火箭、星球等科幻元素,生动诠释了这款音箱将助力人们开启智能便捷、充满想象的未来生活。

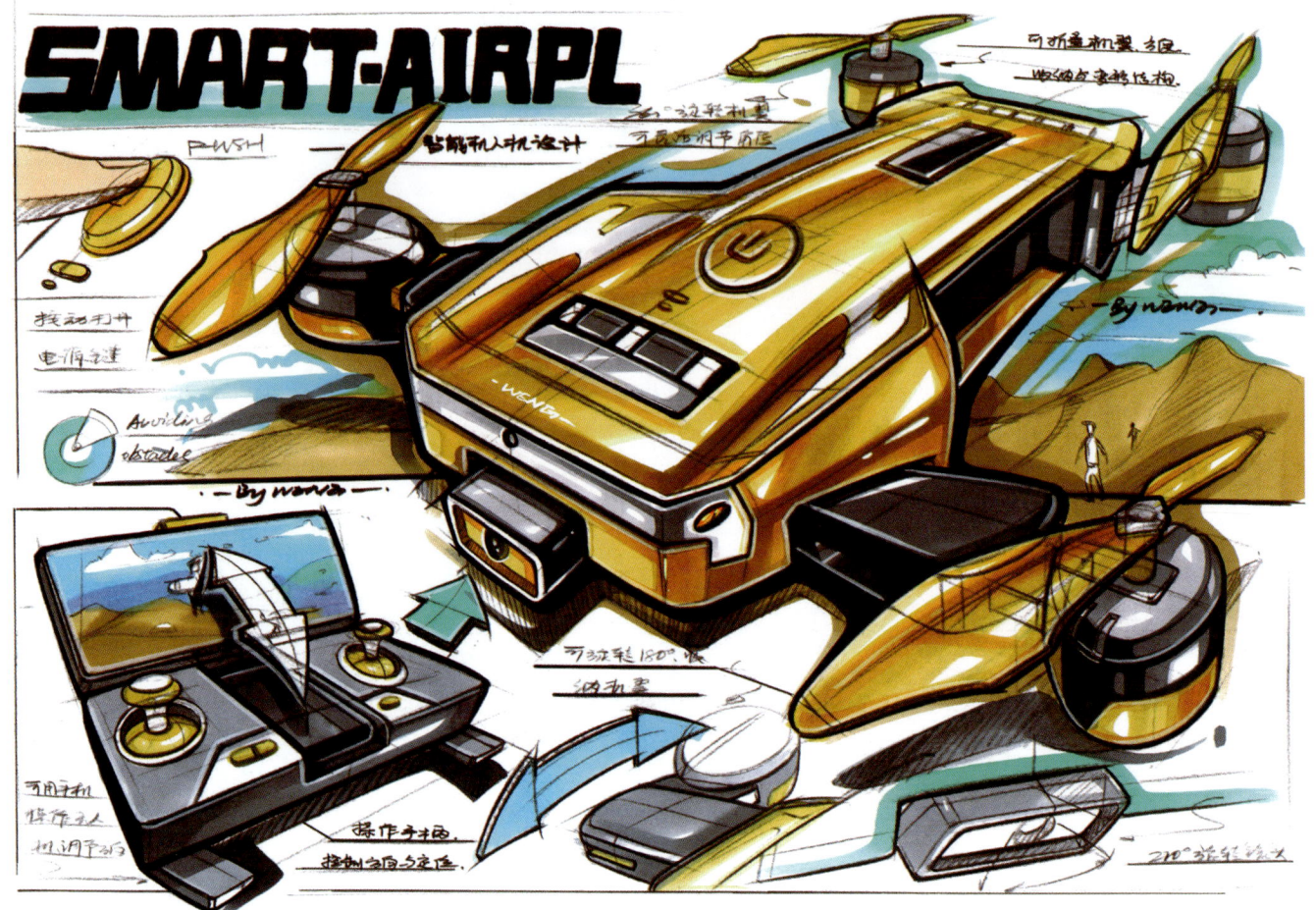

SMART-AIRPL

这是一款智能无人机,机身呈亮眼的黄色,配有带显示屏、手柄和按钮的控制设备,可供用户远程操控该智能无人机进行俯拍摄影。

12.3 Smart Medical Products
智能医疗产品

智能医疗产品是将先进的信息技术、数据分析技术、传感器技术以及人工智能技术等融合应用于医疗领域，从而产生的一系列具有创新性和智能化特征的设备、器械和软件。这些产品旨在通过精准的数据采集、高效的信息处理和智能化的分析决策，为医疗服务提供更准确的诊断依据、更有效的治疗方案以及更便捷的医疗管理。

在进行相关产品的设计与手绘表达时，最基本的是严格遵循医疗行业的法规和标准，确保产品的安全性和有效性。在此基础上，应深入了解医疗流程和医护人员的需求，设计出符合临床实际的产品，方便医护人员操作和维护设备。同时，要考虑患者的舒适度和心理需求，使产品更加人性化。

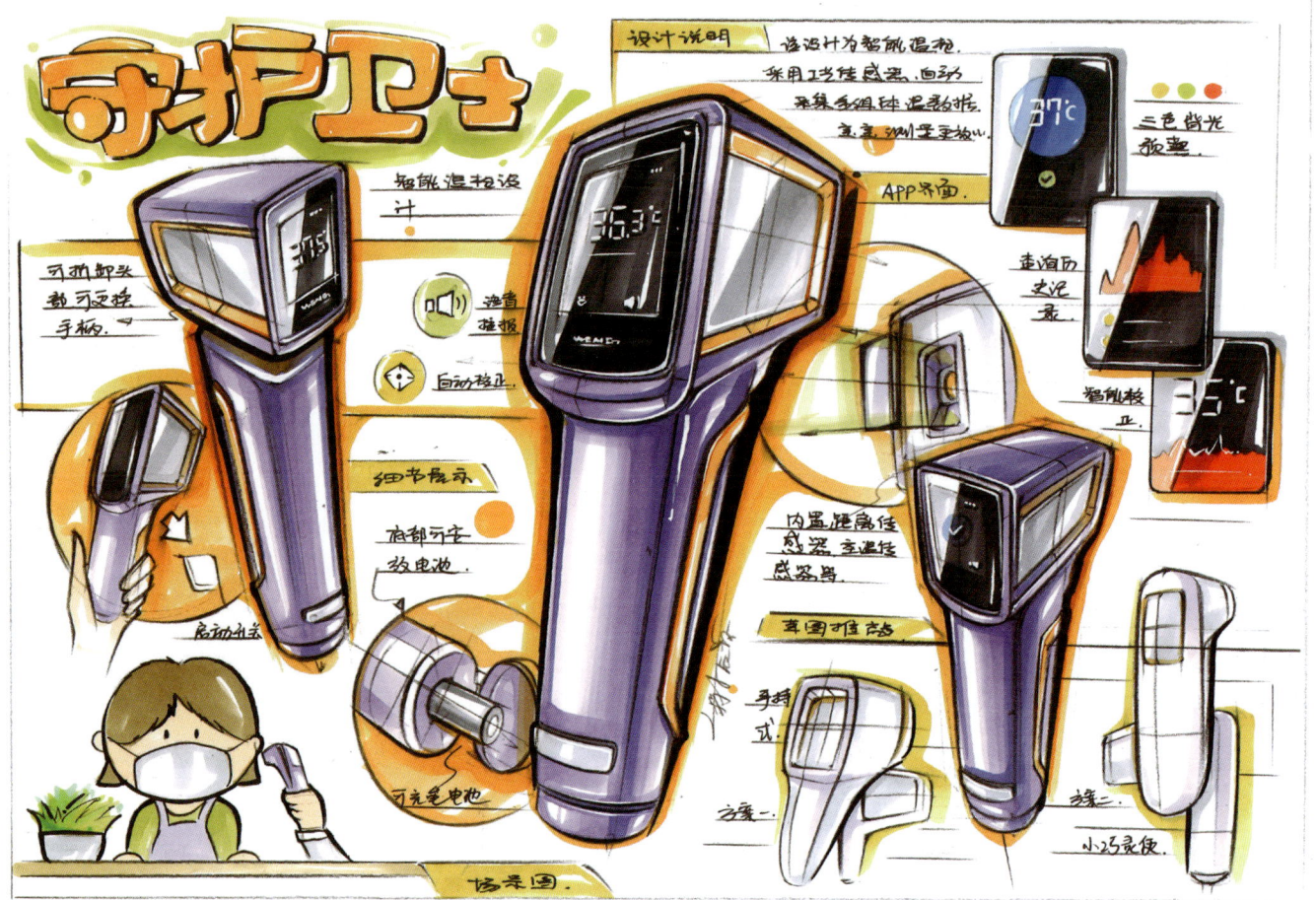

守护卫士

这款家用智能测温仪造型简洁,其屏幕能清晰显示体温数据,还提供了语音播报、体温曲线记录等功能,用户可便捷地使用该产品检测、记录自身的健康状况。

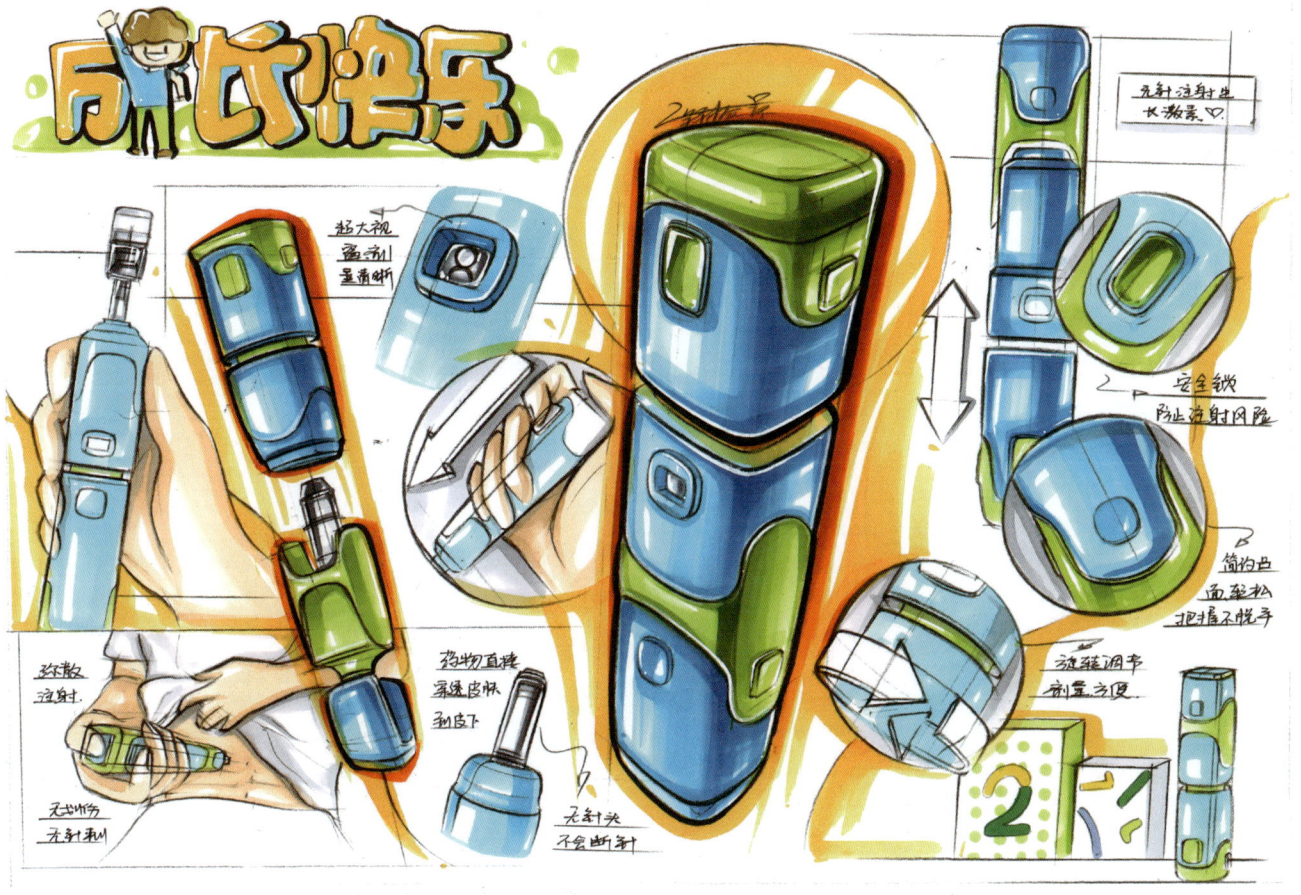

成长快乐

这是一款针对儿童设计的智能无针注射器产品,无针注射技术避免了针管断裂的风险,能够充分保护使用者的安全。产品采用了易拆洗、易替换注射剂的模块化设计,并采用蓝色、绿色作为主题色,强调产品清洁、安全的属性。

快检 BODY CARE

这是一款针对老年用户的智能家用健康检测仪,致力于为家庭提供便捷的健康监测服务。产品配备易取出的试剂架,可便利地补充检测所需药剂。产品还配备了语音唤醒、手机数据同步等便利功能。

RIDE-36 SHARING

这是一款社区健康医疗检测车,外观设计简洁大方,车内配备自主检测设备。该车可根据社区用户的预约时间和地点规划路线,为社区居民提供便捷的健康检测服务,从而缓解公共医疗压力。

12_4 Smart Wearables
智能可穿戴产品

　　智能可穿戴产品是将微型传感器、智能芯片、无线通信等先进技术集成于小型便携设备中，可以日常穿戴于手腕、头部、耳部等的创新产品。此类产品往往具有实时监测功能，可借助心率传感器、加速度传感器等持续收集用户的生理数据和运动信息，并与移动终端等设备进行无缝衔接和数据交互。

　　在设计和绘制智能可穿戴产品时，应以人体工程学原则为基础，确保产品佩戴舒适，特别是在以特殊人群为目标用户时，应作额外考量。同时，应注重产品的续航能力和防水、防尘性能，并设计简洁美观的外观，满足用户的时尚需求。

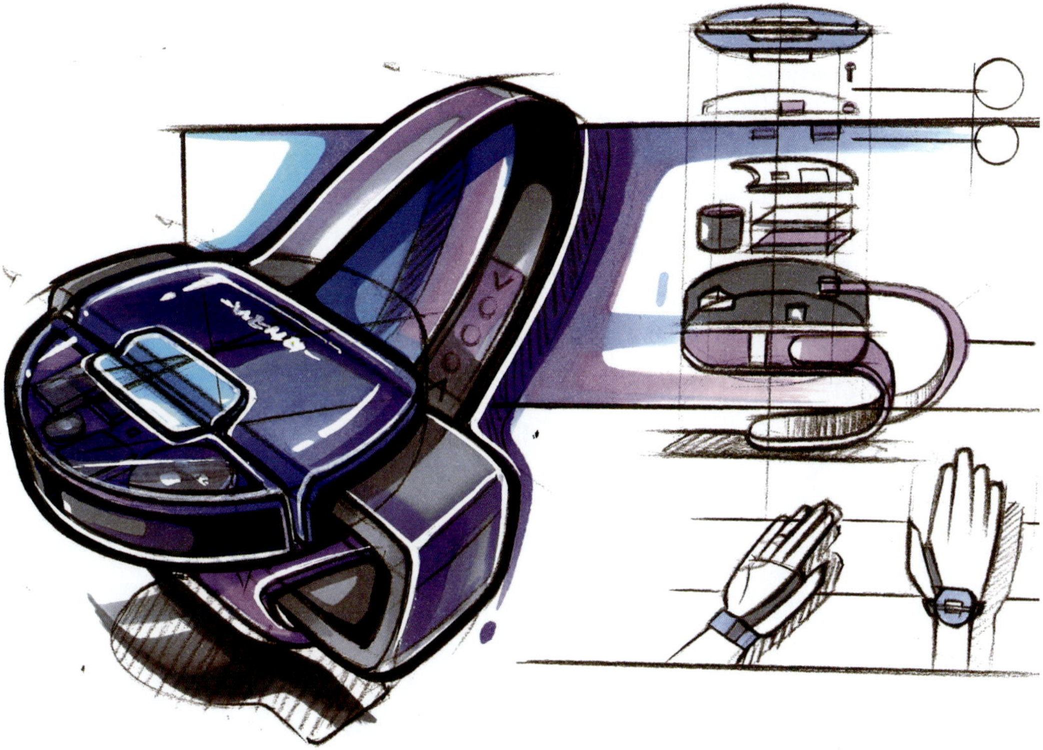

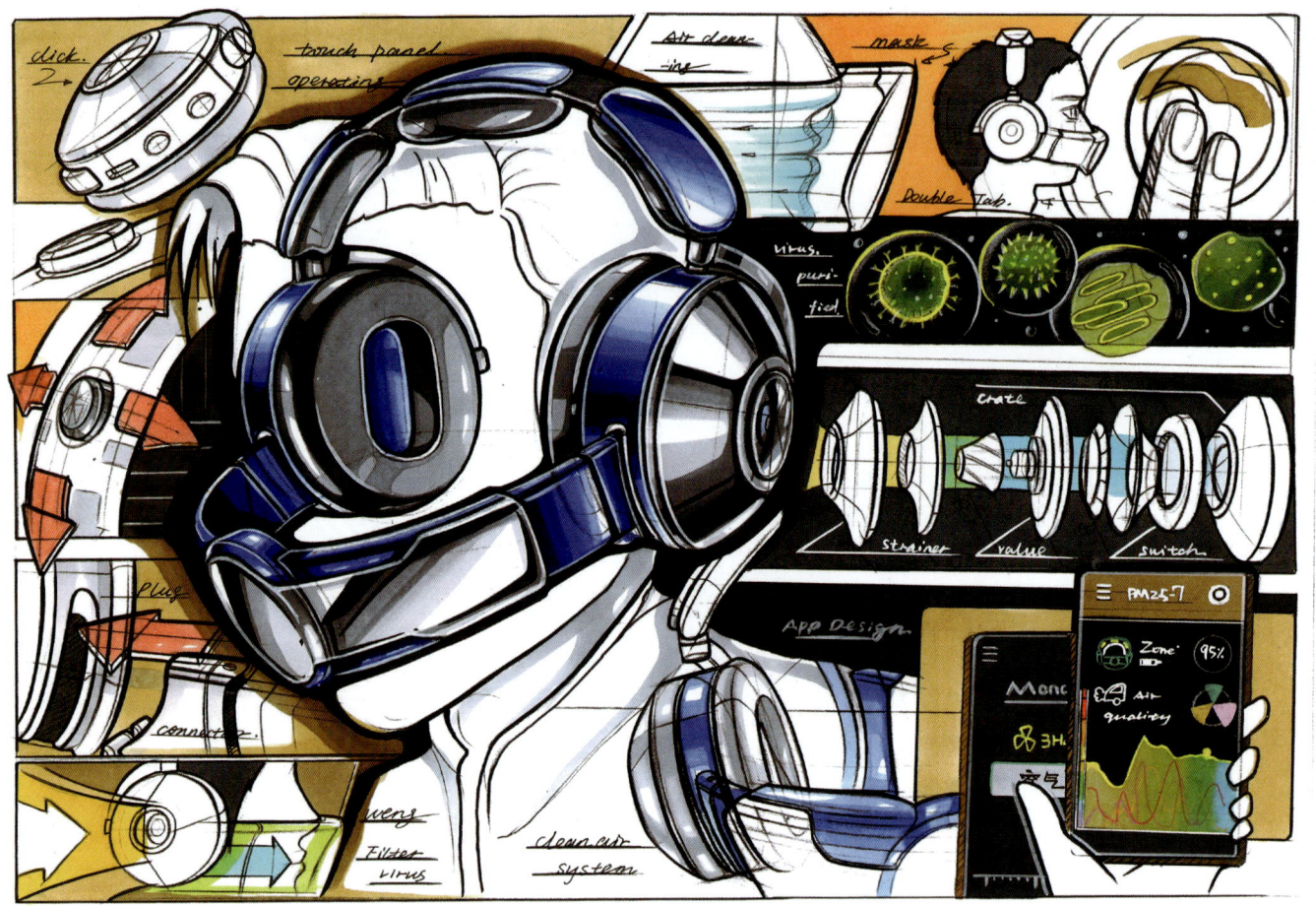

Zone

这款耳机的造型灵感源自 Dyson Zone,它不仅是音频播放设备,还兼具空气净化功能,能在为用户播放音乐的同时有效过滤有害颗粒,带来清新的空气,为追求品质与健康的用户打造独特的视听与呼吸体验。

MIGO-PET

这是一套物联网宠物可穿戴设备。颈环具备血压监测与精准定位功能，摄像头能实时记录宠物日常，支持主人与宠物视频互动、拍摄精彩瞬间。主人外出后，MIGO-PET 还能自动开启空调，调节环境温度，全方位守护宠物的健康与舒适，让爱宠生活时刻惬意。

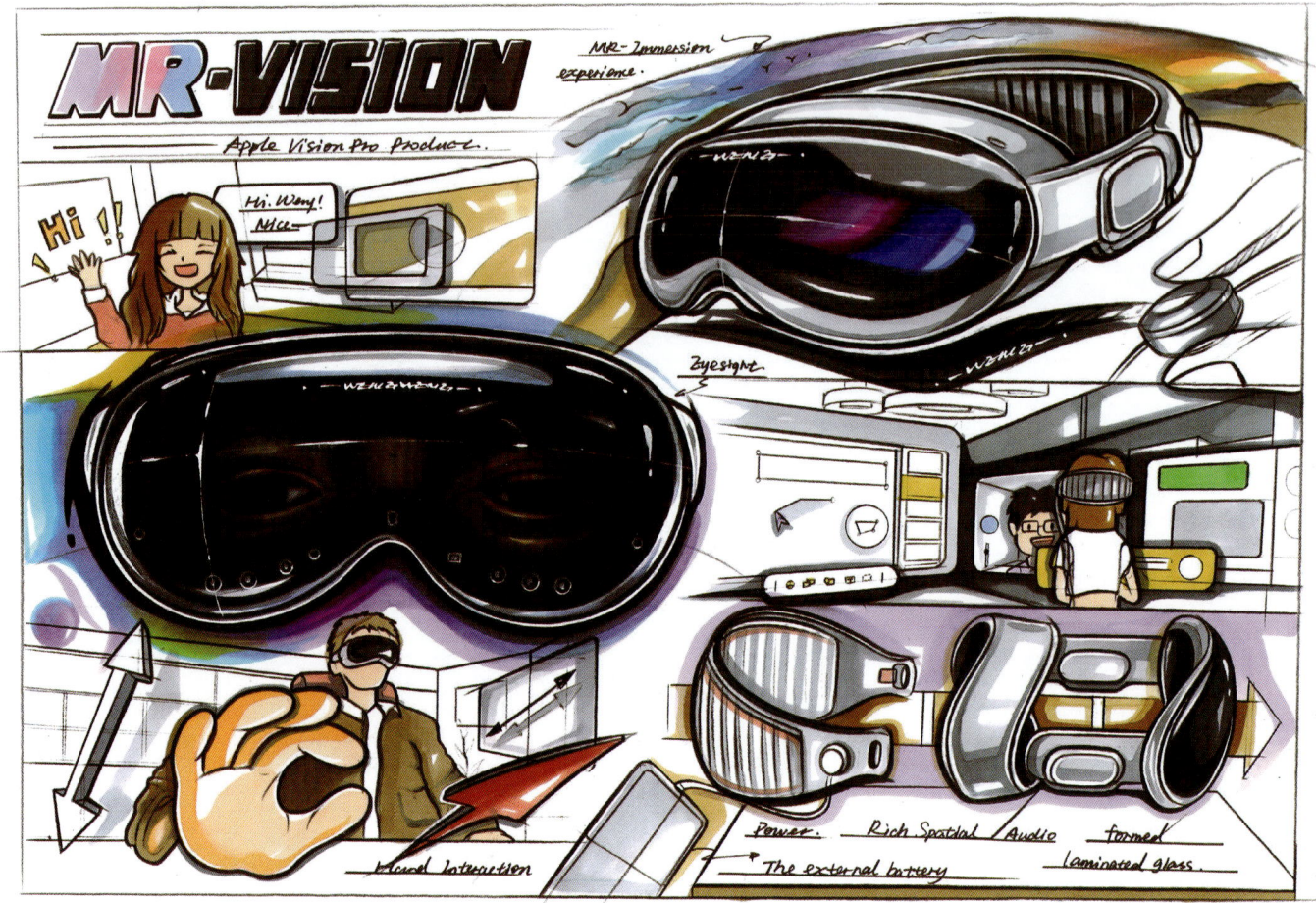

MR-VISION

这款 MR 眼镜的造型源自 Apple Vision Pro。戴上它,可开启虚实融合的奇妙体验,无论是工作中的远程协作,还是娱乐时的沉浸式观影、游戏,都能轻松实现。便捷的手势操控,也能帮助用户沉浸式享受智能体验。

HOLLR-AR

这款儿童用智能投影手表可将操作界面投影至用户的手臂,实现丰富、有趣、具有高度科技感的交互操作。该手表支持支付、音视频通话、GPS 定位、紧急呼救等功能。

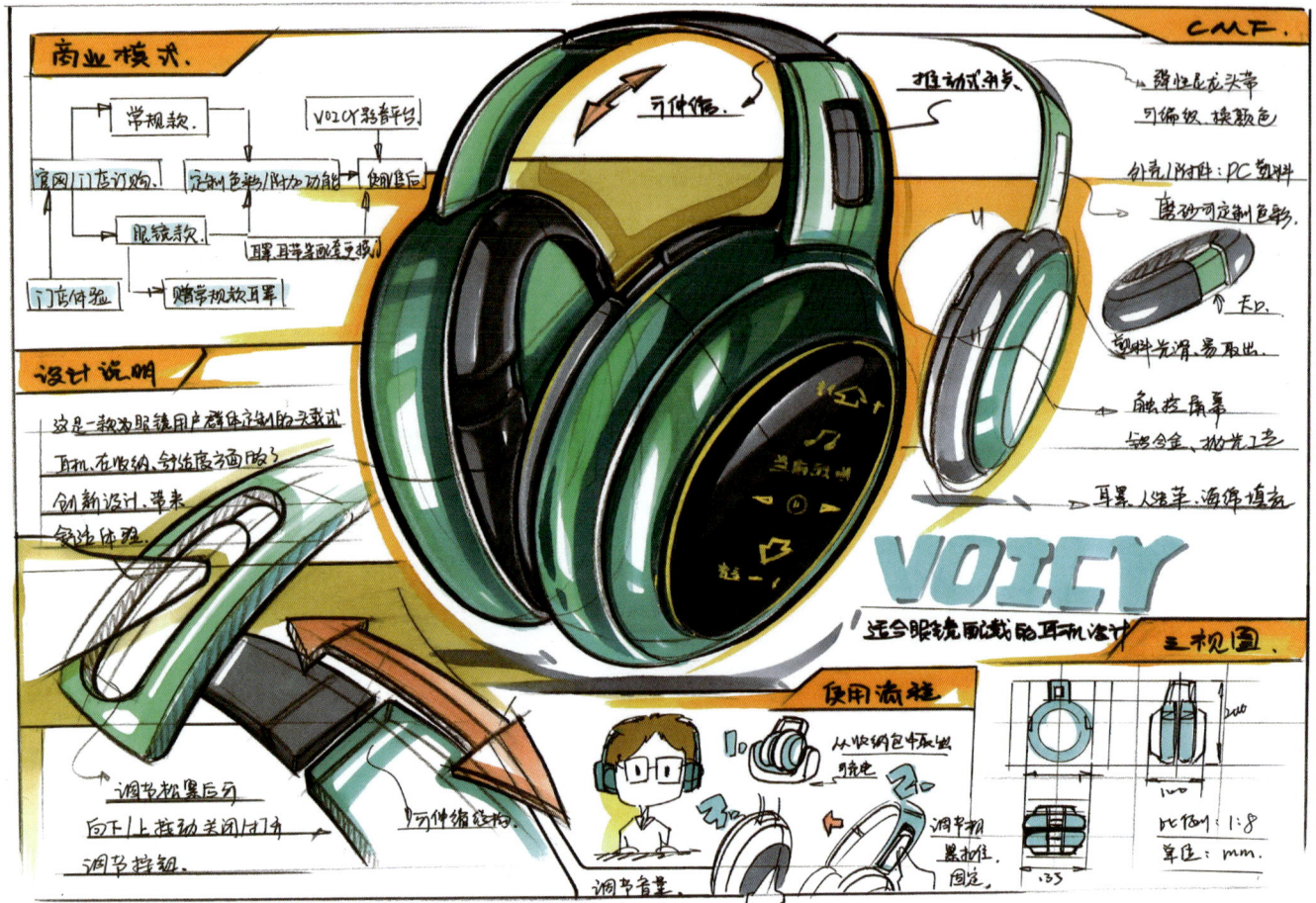

VOICY

这款耳机配备触控屏幕，能为音乐聆听体验带来革新。通过触控屏幕，用户可以实现便捷的操作，如调节音量、切换曲目、改变屏保图像等。

WENG 耳机

这款耳机将金属与温润的木质相结合,"W"标醒目,音量调节、曲目切换等功能键展示清晰,兼具美观性与实用性。

12_5 Smart Outdoor Products
智能户外产品

　　户外产品适用于旅游、探险等户外场景,其设计应满足功能性、安全性和个性化需求。

　　功能性方面,首先,户外产品应具有良好的防水、防风、防晒、防寒等防护功能,以应对复杂多变的户外环境。其次,考虑到户外出行通常需要携带大量装备,产品应便于携带和收纳。再次,户外产品需具备良好的耐用性,能够在高温、低温、潮湿和磨损等条件下保持较长的使用寿命。最后,用于长时间户外活动的产品应具备较高的舒适度。

　　安全性方面,反光设计能够在夜间或低能见度环境下提高用户的可见性,防滑设计则能防止用户滑倒受伤。此外,针对探险等场景,还应配备紧急救援功能。

　　个性化方面,户外产品的外观设计也应时尚、美观,允许用户根据喜好和不同的户外场景选择产品外观。例如,针对不同的野外环境,可提供多种与自然相融合的颜色选项。

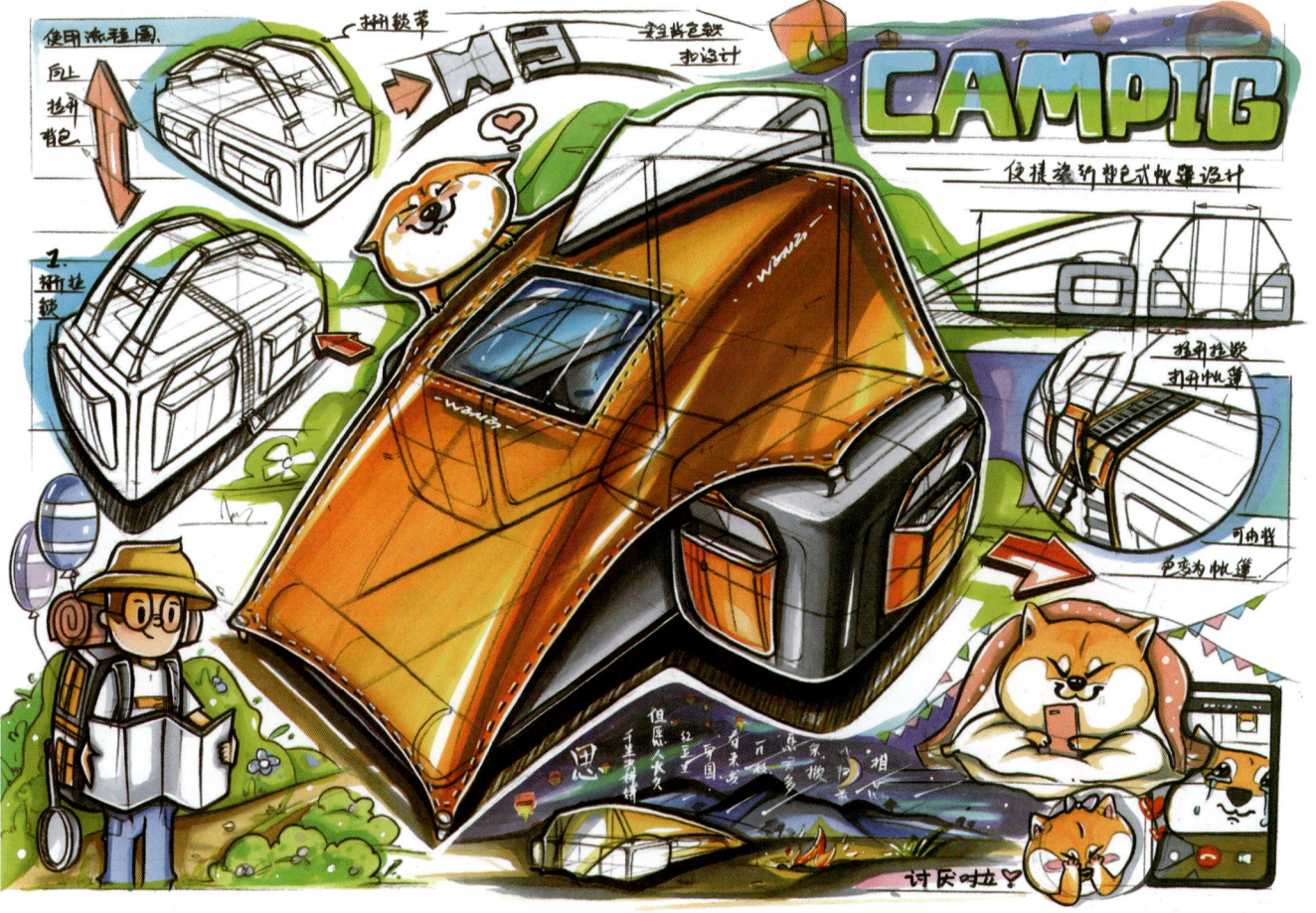

CAMPIG

这是一款便携式背包帐篷。它便于携带,打开后即可抽出帐篷骨架,快速搭建。无论是户外徒步还是露营,它都能为使用者轻松打造舒适的临时休憩空间。

SPORT TOWN

这是一款足球主题的智能交互装置,能为用户提供新奇的运动互动体验。场地铺设绿色模拟草坪,前方的大屏被划分为多个区域,标有数字 1~6,分别对应踢中该区域的得分。

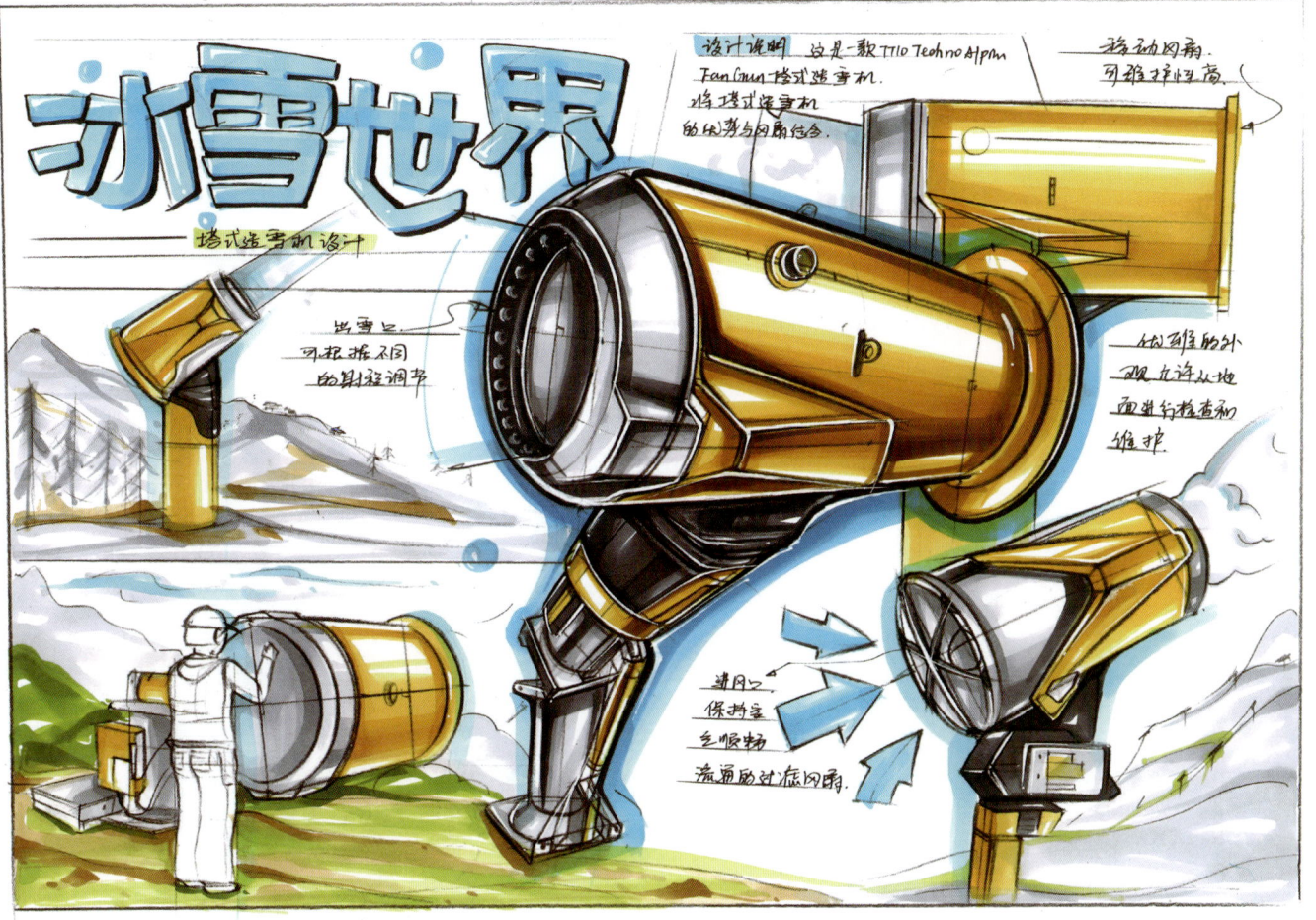

冰雪世界

这是一款造雪机,可调整喷射角度、力度,且能自动检测故障,兼具美观性与实用性。画面主体配色为亮眼的金黄与沉稳的银灰,以金黄凸显活力与科技感,以银灰增添专业稳重的感受。

12_6 Smart Household Appliances
智能家用电器

　　智能家用电器是配备了微处理器、传感器、网络通信技术，能够远程控制、感知住宅状态，甚至与住宅内其他电器联动的家电。此类产品的发展以物联网技术为基础，经历了从简单的定时控制，到如今通过手机应用远程控制、可学习并适应用户习惯的智能化升级，让家庭生活变得更加便捷、高效和舒适。

　　在设计智能家用电器时，应针对不同家电的功能和使用场景，定制设计智能化方案。对于软件部分，应设计简洁直观、易于使用的用户界面；对于其硬件部分，则须考虑产品的安全性和可靠性，确保智能化控制过程中不会出现安全隐患或用户难以解决的问题。同时，还应尽量降低家电能耗，以符合可持续发展的要求。

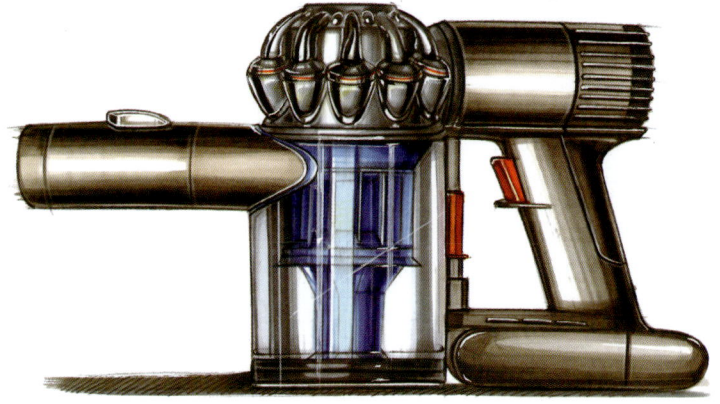

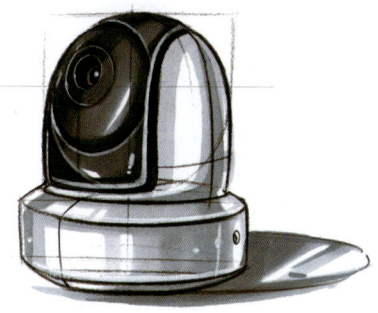

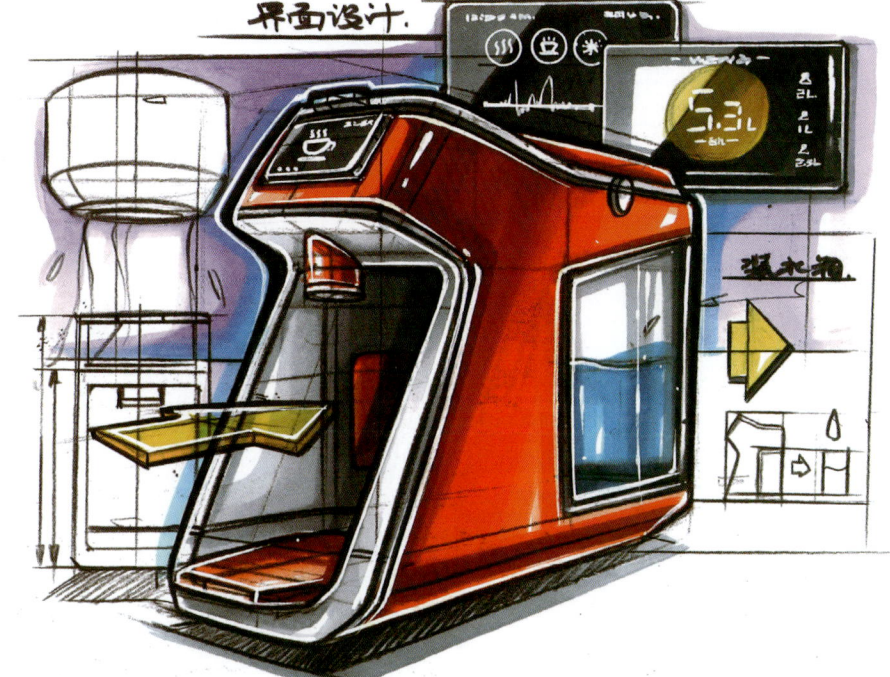
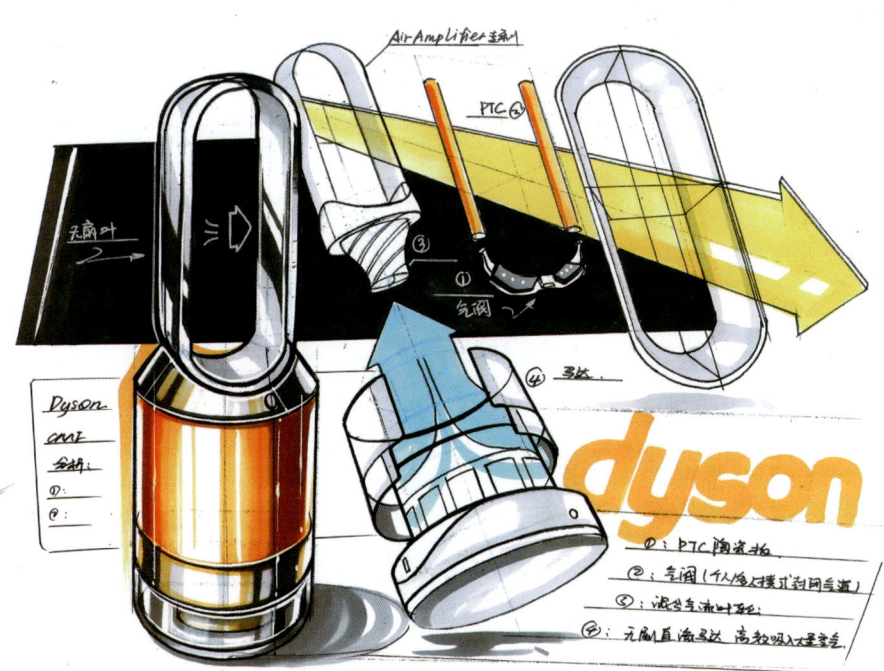

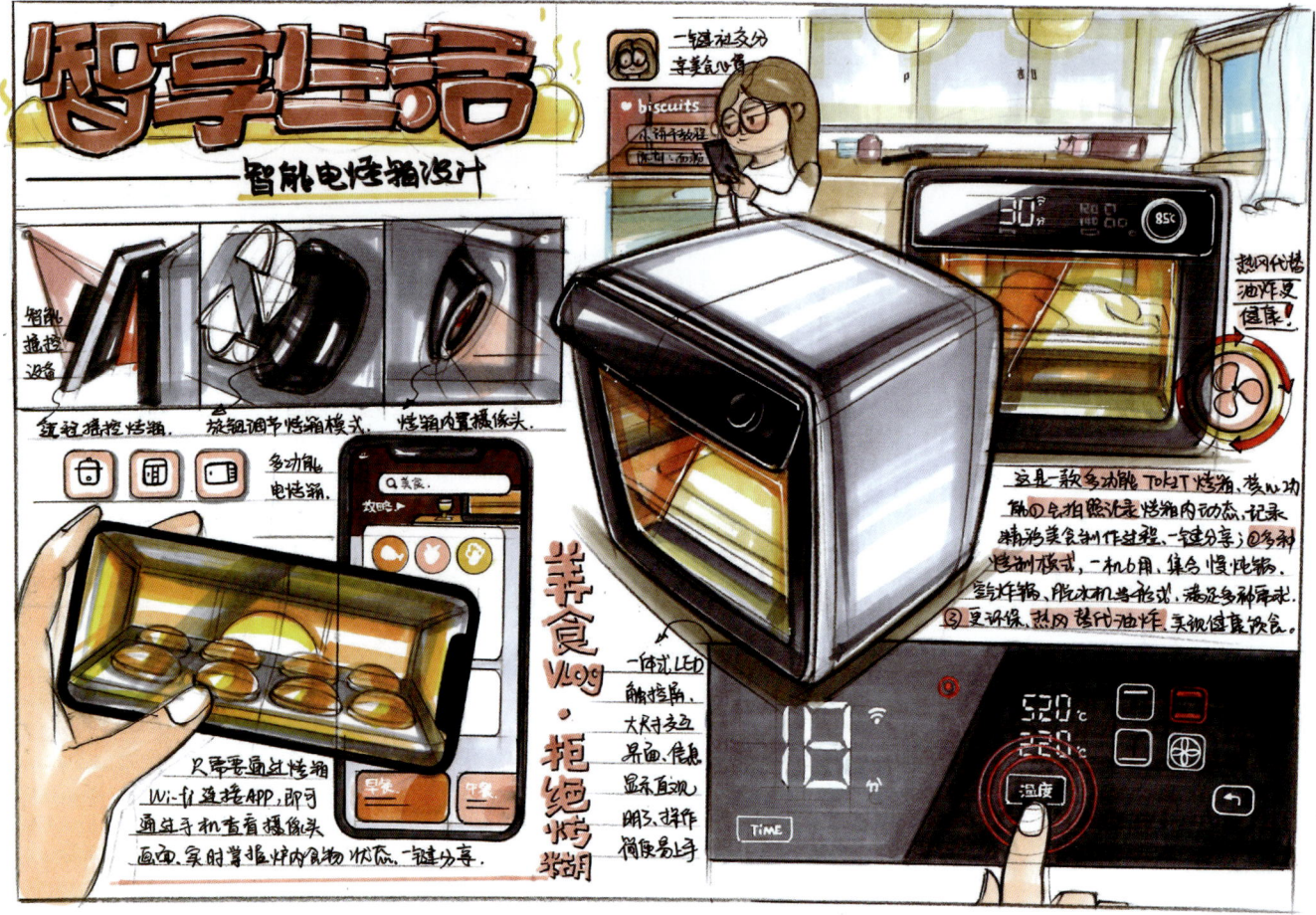

智享生活

这款电烤箱设计精巧,利用智能屏幕显示温度、时间等信息,同时可让用户自由选择温度和功能模式。用户还可通过 app 查看内部的食物情况,轻松掌控烹饪进程,用照片记录烘焙成果,开启成就感满满的美食之旅。

WORK FOREST

这是一款智能桌面盆栽，花盆表情可随植物状态灵活变化。例如，当植物缺水时，它会用"愁眉苦脸"的表情提醒用户浇水。花盆也具有语音对话功能。通过配套的手机 app，用户可记录植物的生长点滴，并获取量身定制的植物养护建议，开启轻松有趣的种植生活。

睡眠助手

这款智能儿童助眠香薰机能依据孩子的喜好定制专属香味，还可根据孩子的情绪切换灯光模式，例如，孩子开心时亮起暖光，焦虑时则切换为柔光以安抚情绪。配套的 app 界面可调节灯光颜色、选择助眠乐曲等，为孩子营造温馨的睡眠氛围。

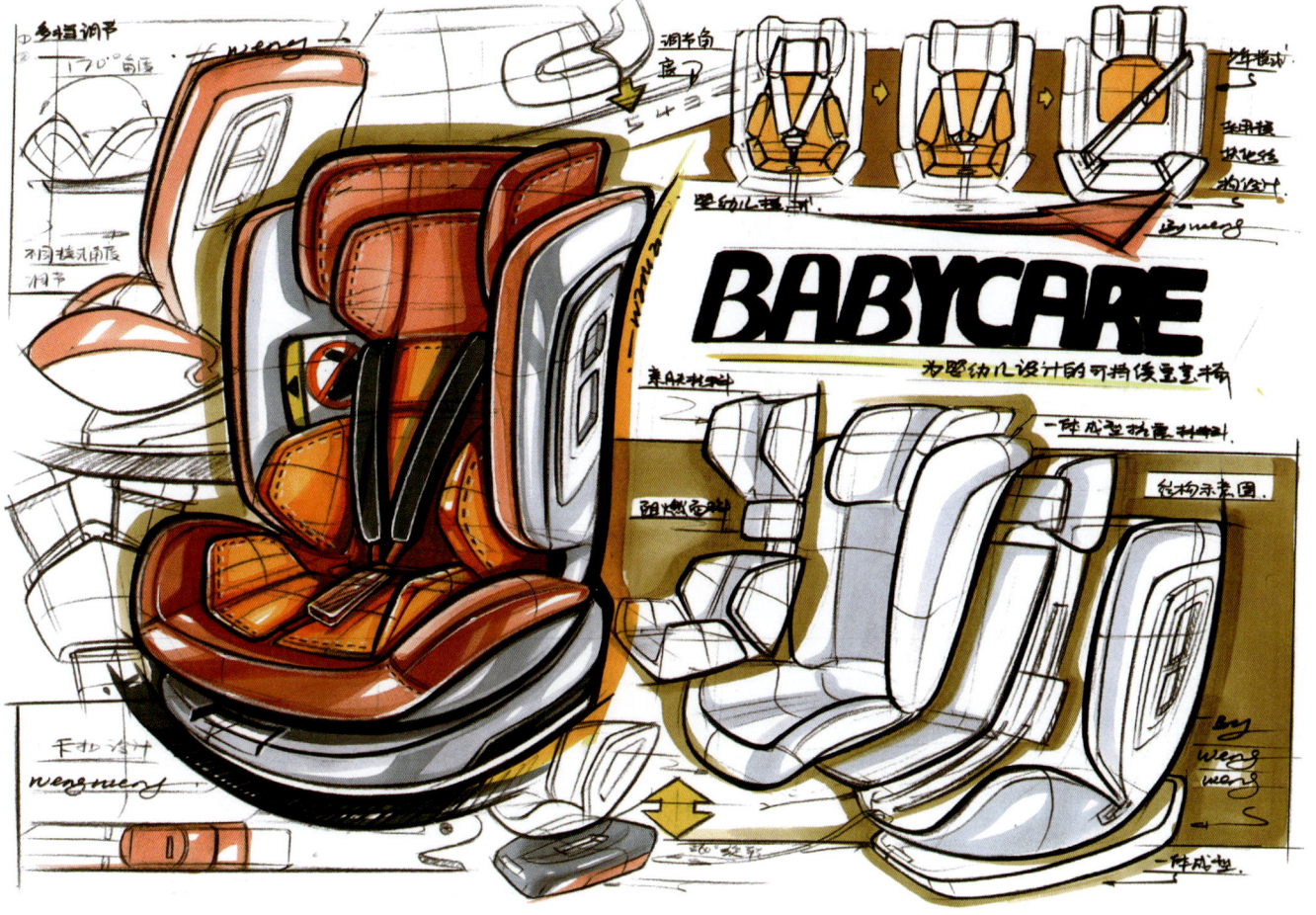

BABYCARE

这款智能宝宝座椅可随孩子成长不断调整模式,从婴儿期的舒适呵护,到幼儿期的稳固支撑,为宝宝的出行提供持久、贴心的舒适体验。

爱宠相伴

这款智能宠物陪伴机器人外观圆润可爱，能拍摄宠物日常，也能移动逗宠，陪伴宠物玩耍。主人不在家时，也可通过机器人与宠物进行音视频通话，让宠物不再孤单。

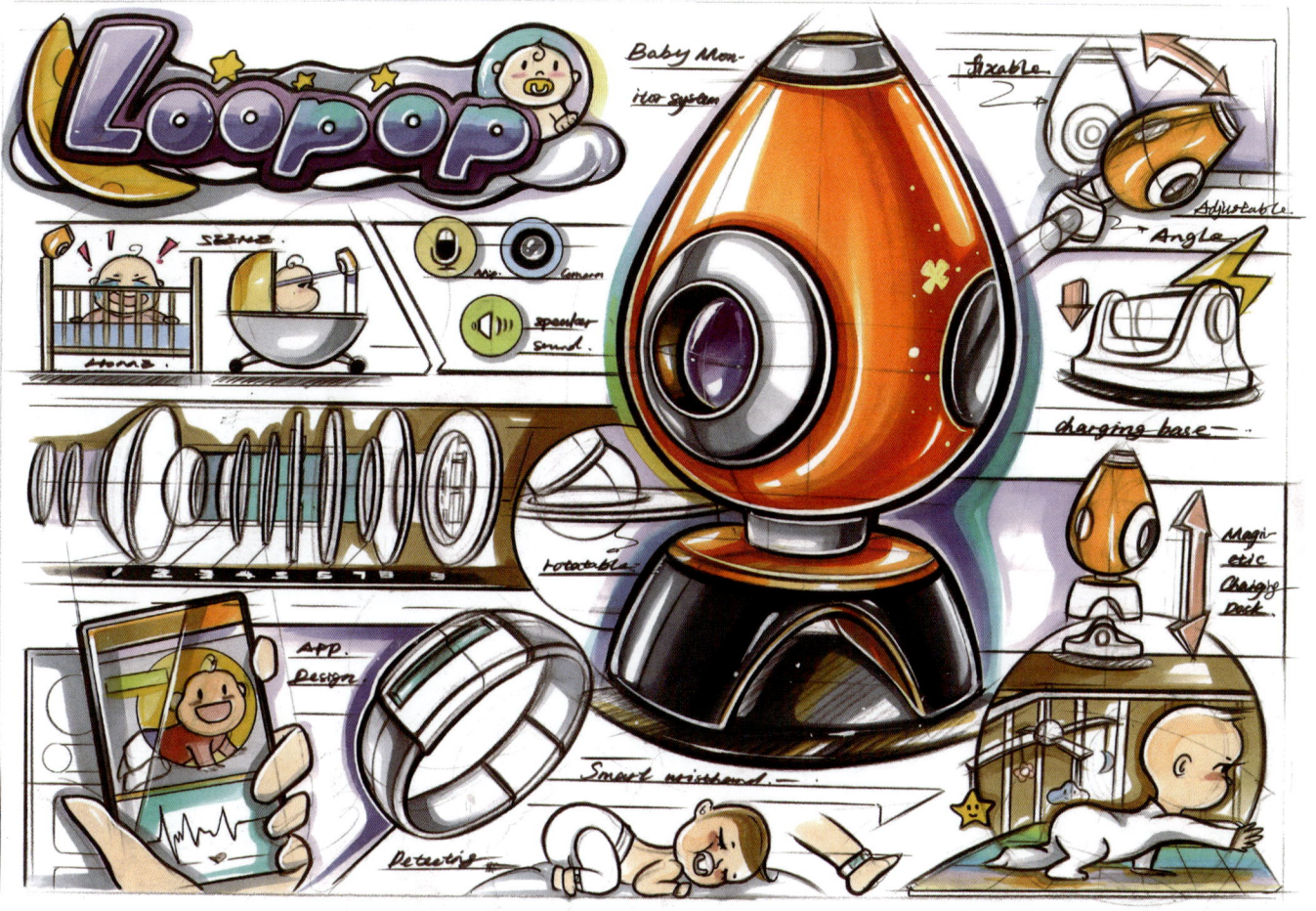

Loopop

这款儿童摄像头是新手父母的育儿好帮手,支持父母与孩子视频、语音对话,还能提供科学育儿建议。搭配的手环可实时监测孩子的体温等身体数据。从日常护理到成长引导,这款产品能够全方位助力宝宝健康成长,让育儿更轻松。

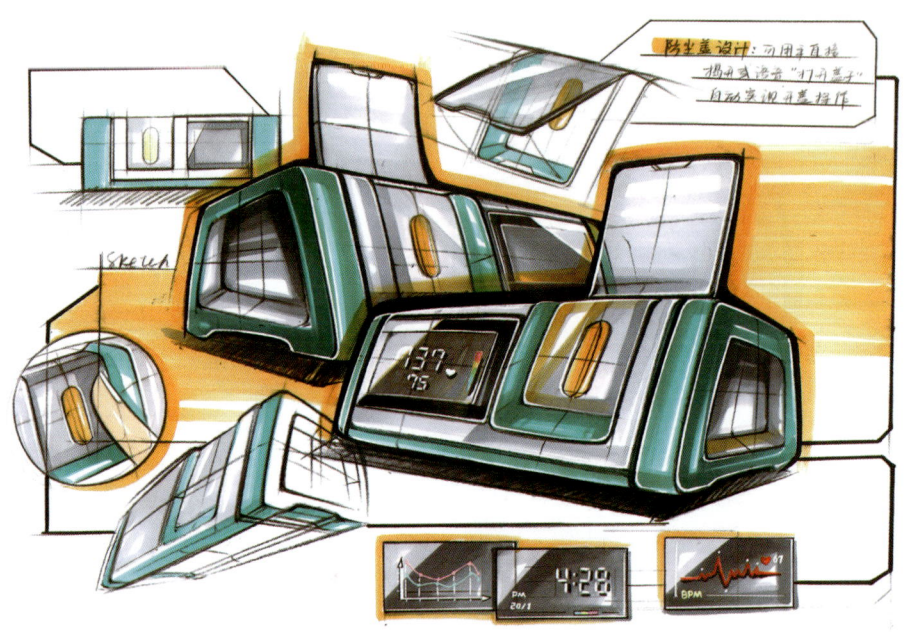

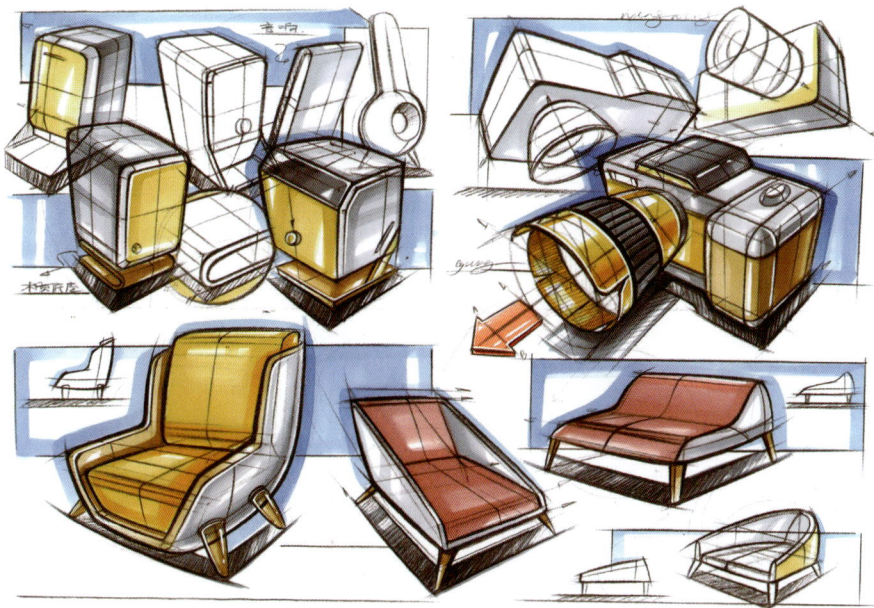
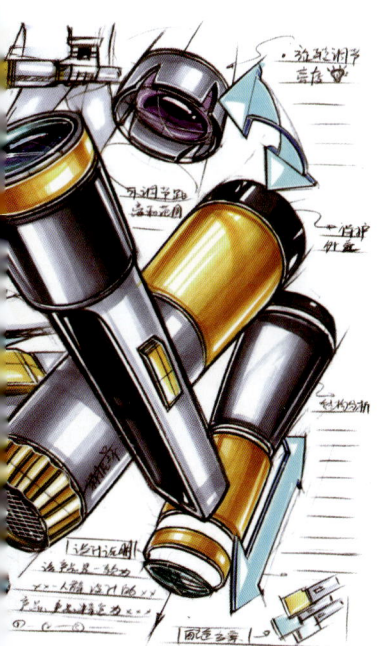
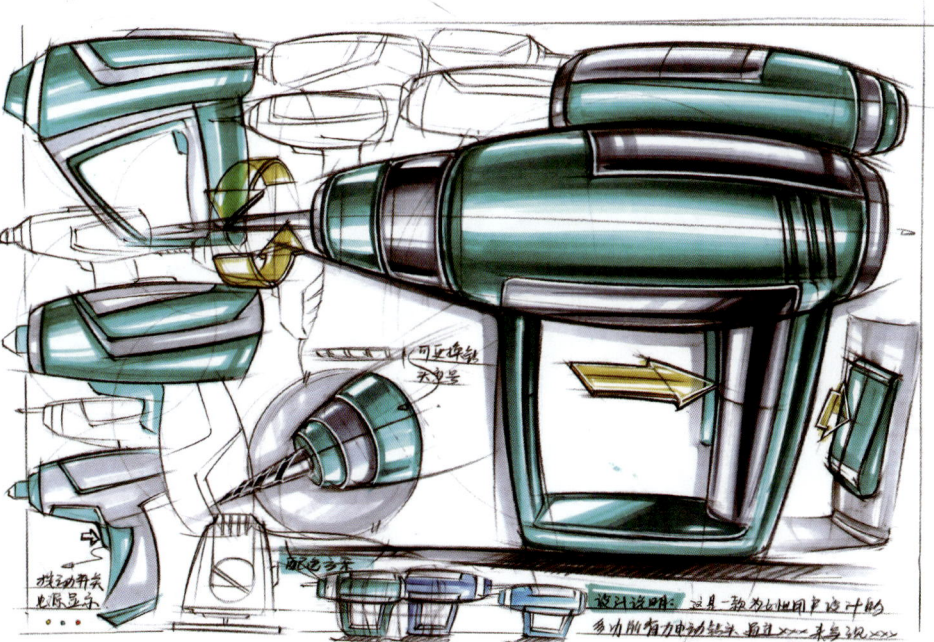

第12章 智能交互产品表达（偏硬件）

12_7 Smart Robots
智能机器人

　　智能机器人是一种具备感知、决策和执行能力，能够自主或半自主地执行任务，并与人类及周边环境进行交互的机器装置。

　　智能机器人具有的自动化、高精确度特性，使其能够在危险环境下或人类难以到达的场所执行任务。智能机器人还能在工业生产、医疗护理、客户服务等领域发挥作用，通过持续运行和高质量服务，为人类创造更加安全、高效、便捷的工作和生活环境。

　　为设计出兼具可行性和创新性的智能机器人方案，并通过手绘有效表达，设计者需要初步了解机械结构、动力系统和传感器技术，以及常见的环境感知与决策系统算法，确保方案在技术上具备可行性。

　　此外，人机交互设计也应受到重视，确保设计出的机器人能够与人类自然、友好地沟通和协作。这种交互不仅限于人与智能机器人界面上的图形、图像、文字等的互动，还包括用户通过语音指令、触摸操作、手势控制等向机器人下达指令，以及机器人通过声音提示、屏幕显示变化、动作响应对用户操作做出的反馈。

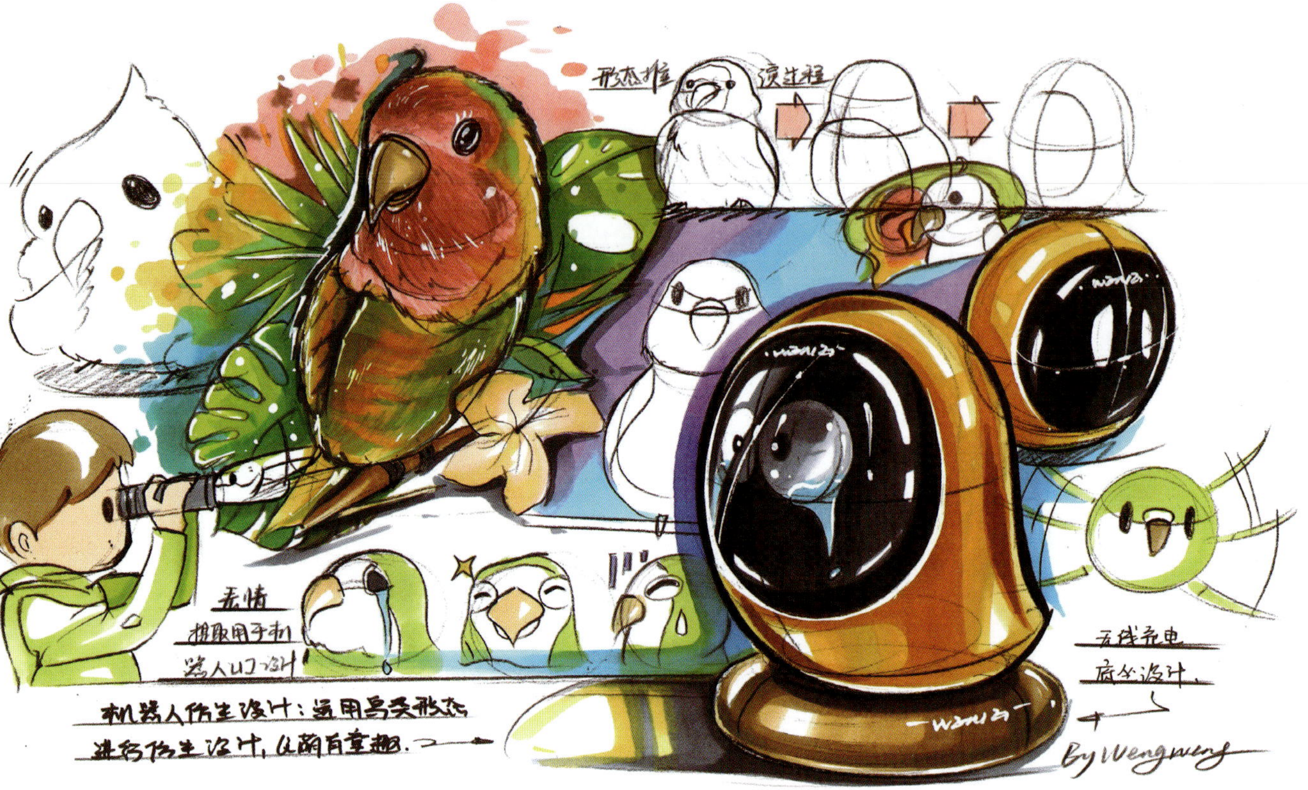
形态推演过程
表情
提取用于机器人UI设计
无线充电
底座设计
机器人仿生设计：运用鸟类形态进行仿生设计，以萌有童趣.
By Wengweng

09.20

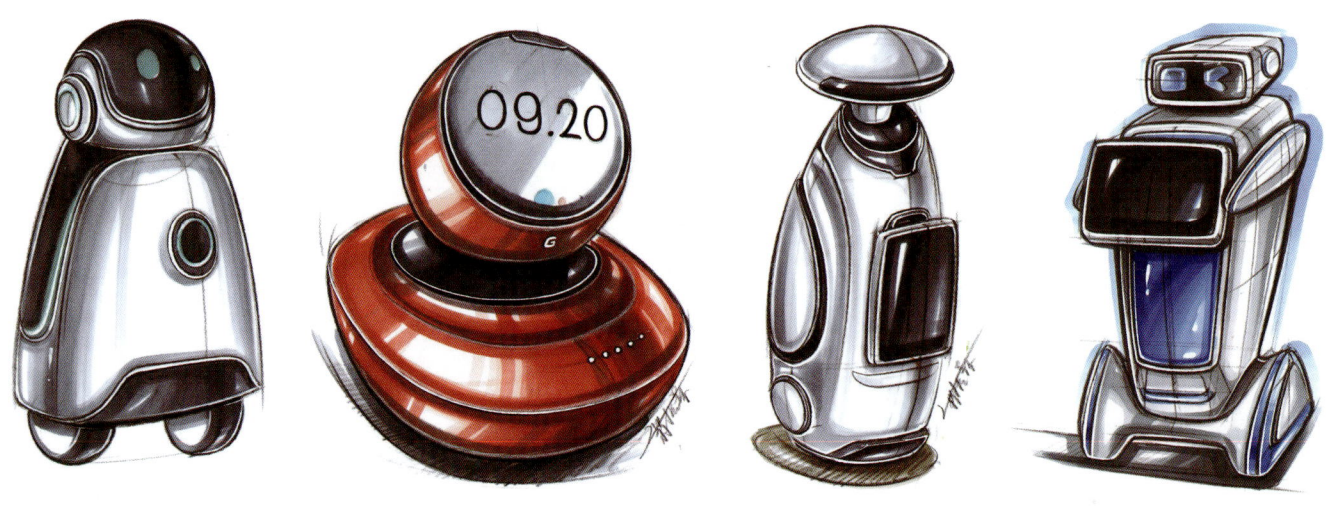

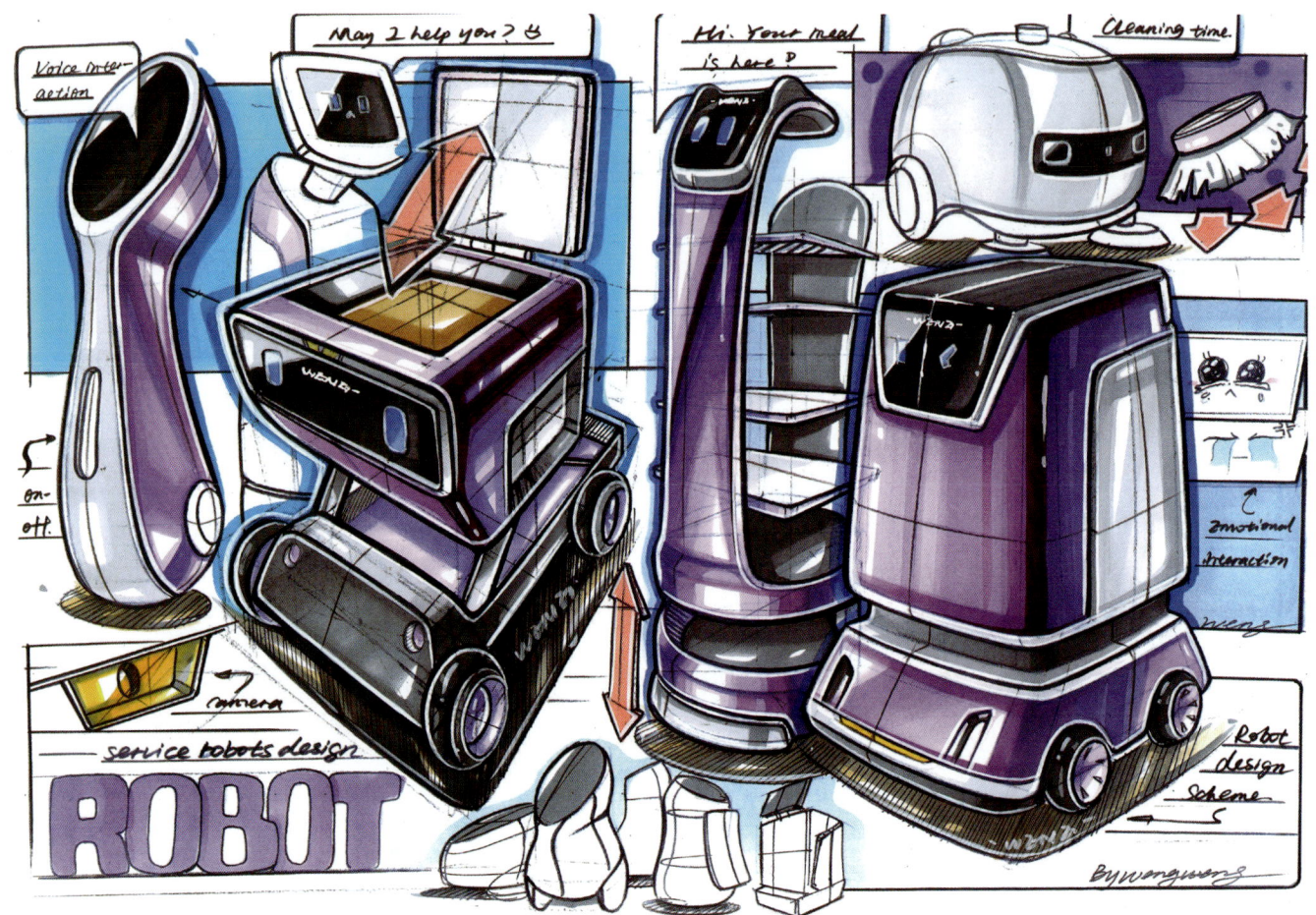

ROBOT

图中有多款造型吸睛的机器人。它们不仅外观时尚,更兼具实用功能。有的可以运输物品,解放用户双手;有的具备清洁能力,可高效打扫房间。无论是用于家庭清洁还是日常陪伴,它们都能以出色表现满足多样需求,为生活增添便利。

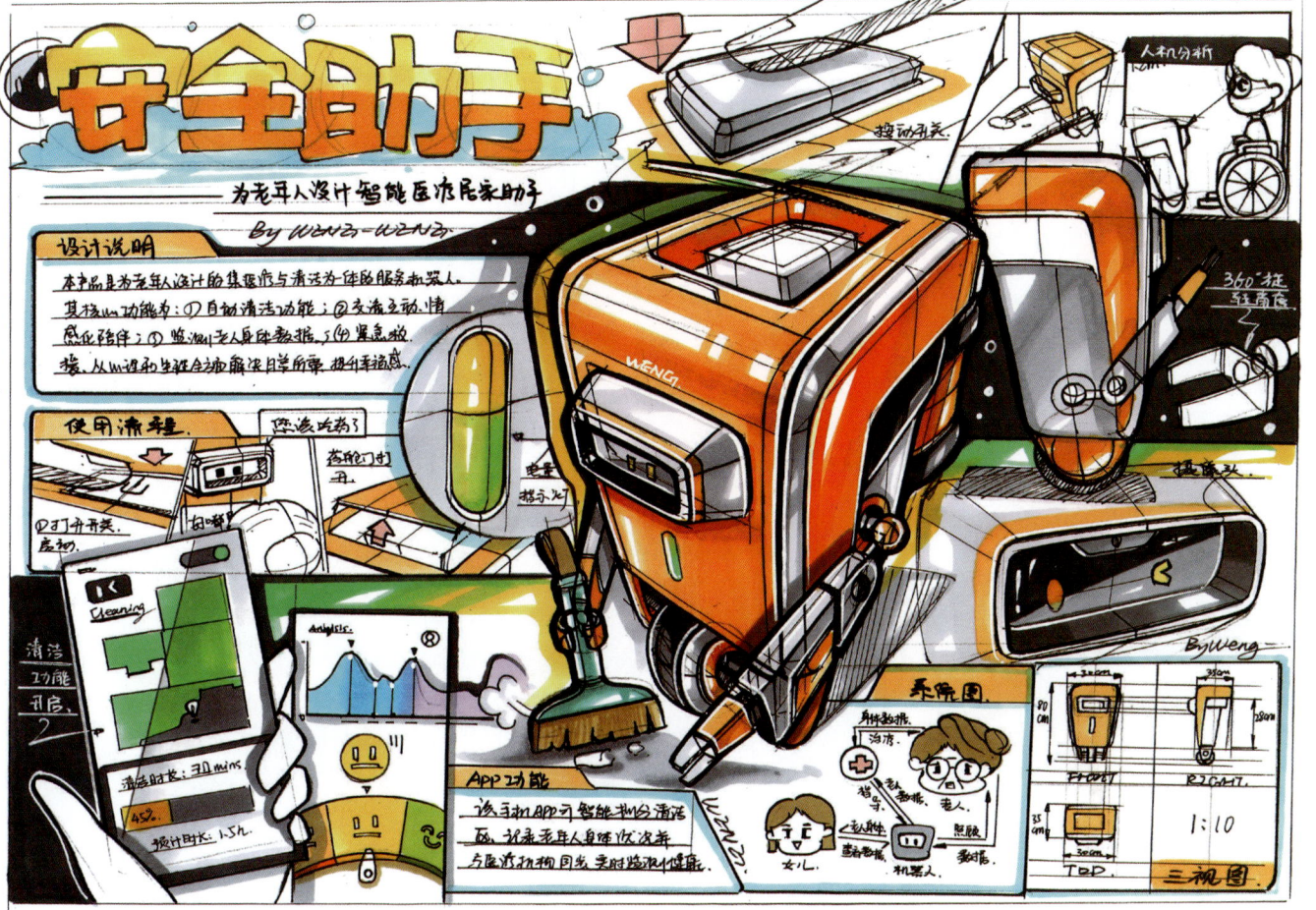

安全助手

这款智能医疗居家机器人专为老年人贴心设计。它不仅能日常检测血压,时刻守护用户的健康,还具备地面清洁功能,能使家居清洁更轻松。配套的 app 可灵活划分清洁区域,操作便捷。机器人的屏幕可根据对话内容生成不同表情,与老年人进行日常语音对话,提供情感化陪伴。

First-Leap

这是一款智能儿童陪伴机器人，具有可爱的兔子造型。它配有视频语音功能，能实现远程亲子沟通。同时，摄像头能精准识别图形、文字，辅导阅读、指导绘画，为孩子营造趣味满满的学习环境。

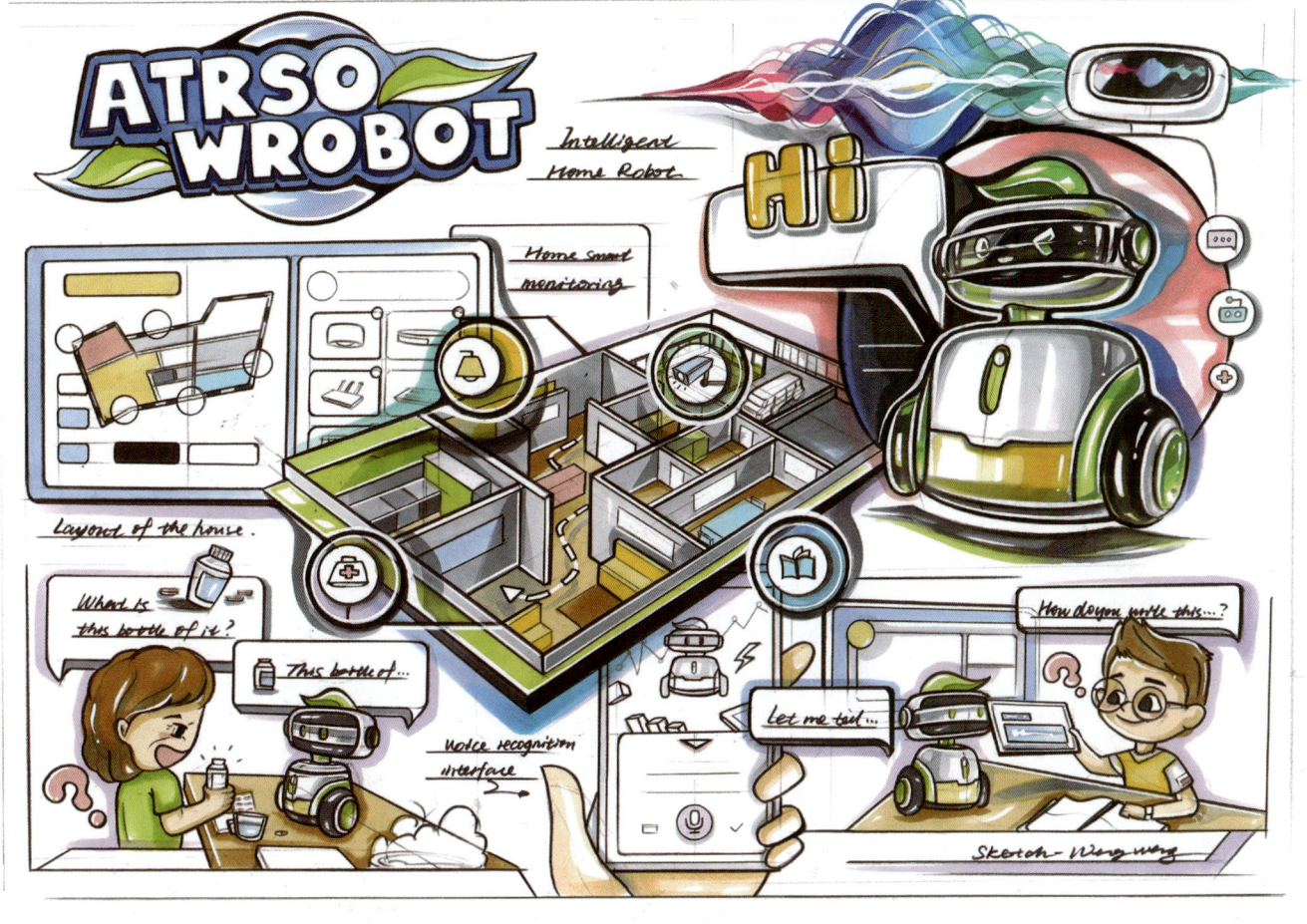

ATRSO WROBOT

这款智慧家庭助手机器人是家庭生活的贴心伴侣,以全方位的智能服务,为家庭带来便捷、温暖与关怀。它能辅导孩子功课,助力学业提升,还能温馨提醒老年人按时吃药,守护健康。它支持视频语音功能,能够拉近家人之间的距离。它也能自动打扫房间,让家居整洁如新。

LIAV-DRONE

这是一款智慧农业机器人,是农业生产的得力助手。它可以监测农作物生长状况,智能探勘地形,凭借专业算法给出科学的种植建议,助力农户轻松掌握农田信息,优化种植方案,为智慧农业发展添砖加瓦。

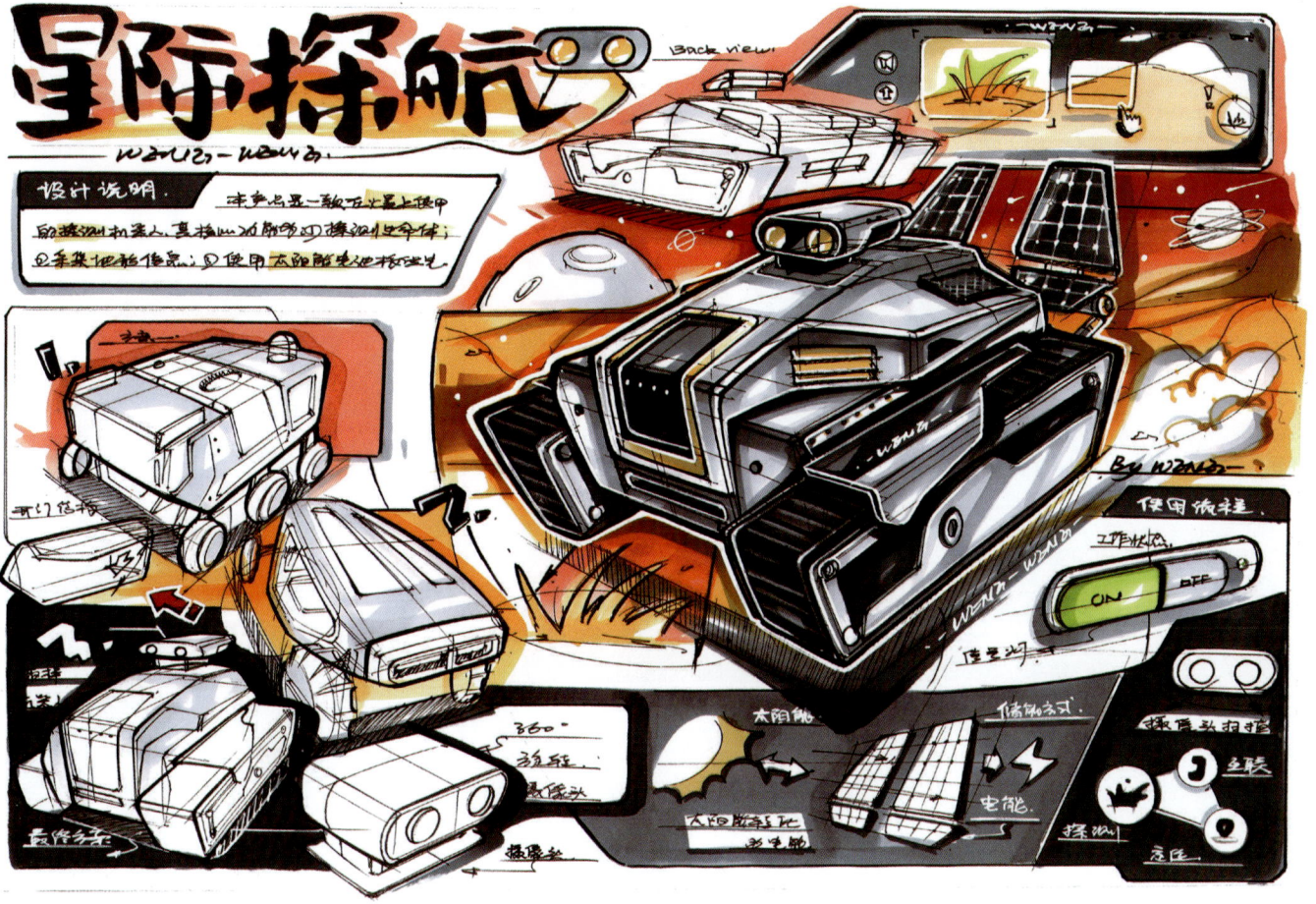

星际探航

这是一款火星探测机器人,能敏锐探测生命体,精准采集地形信息,为科研提供关键数据。此产品采用太阳能充电设计,能实现长时间续航。它外观硬朗、科技感十足,能在火星表面无畏前行,是人类探索未知星球的可靠先锋,可助力揭开火星的神秘面纱。

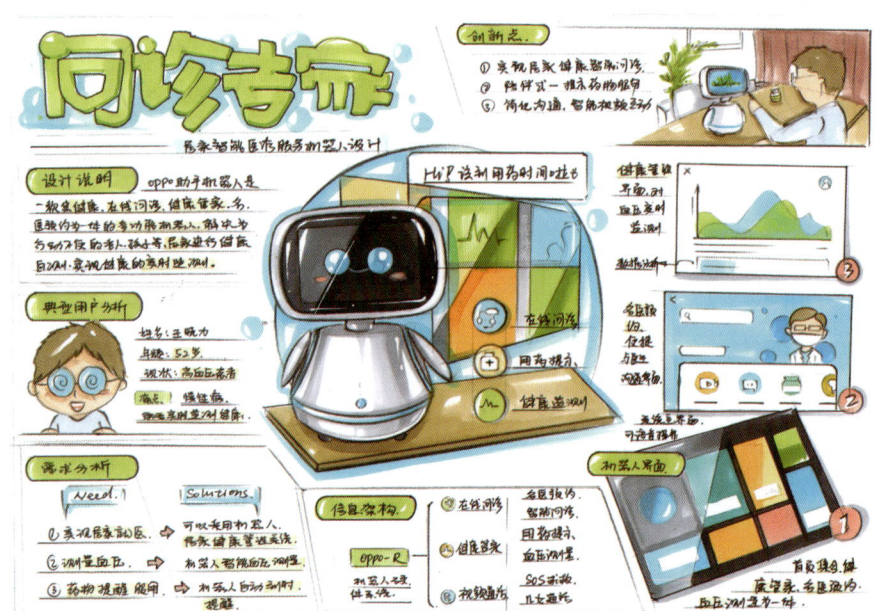

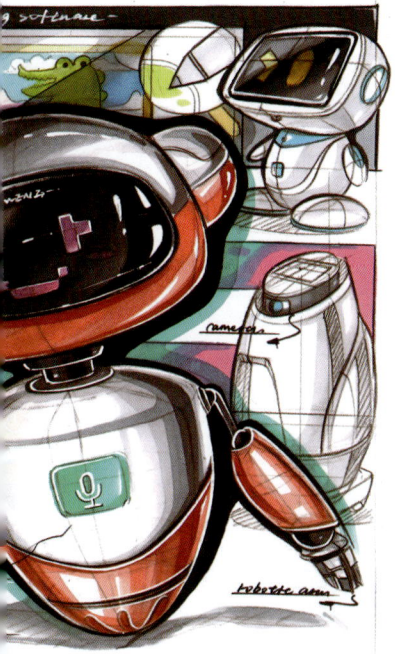
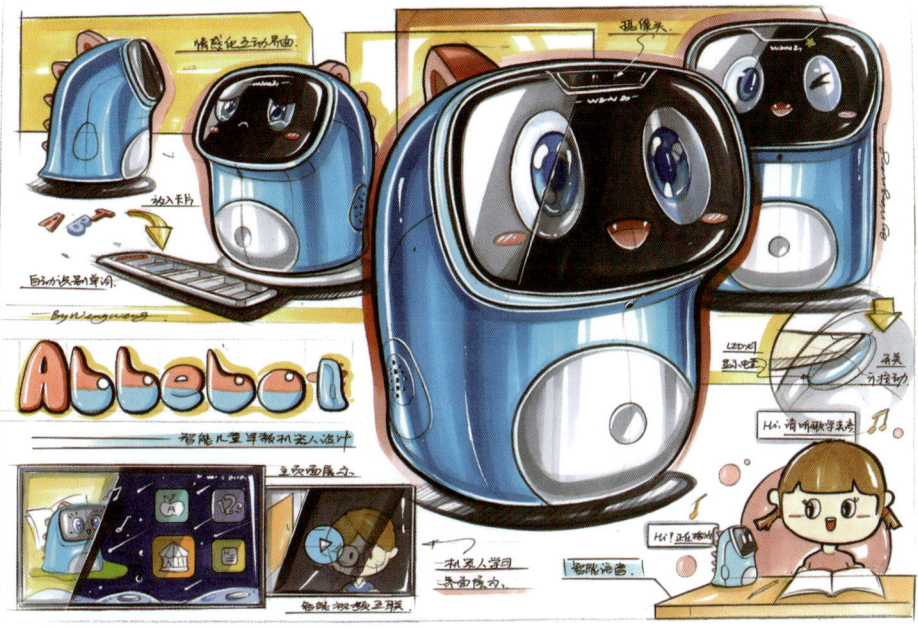
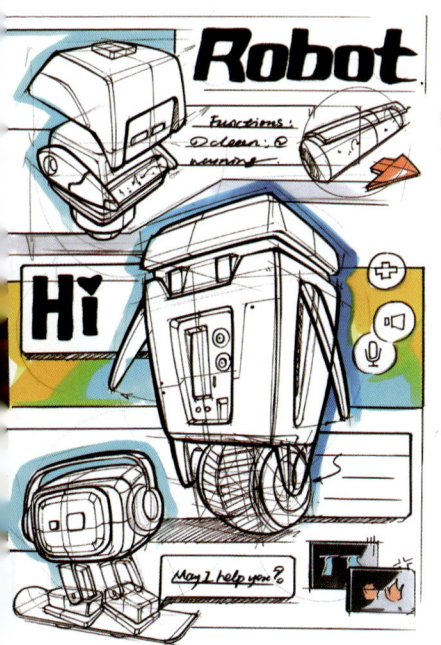
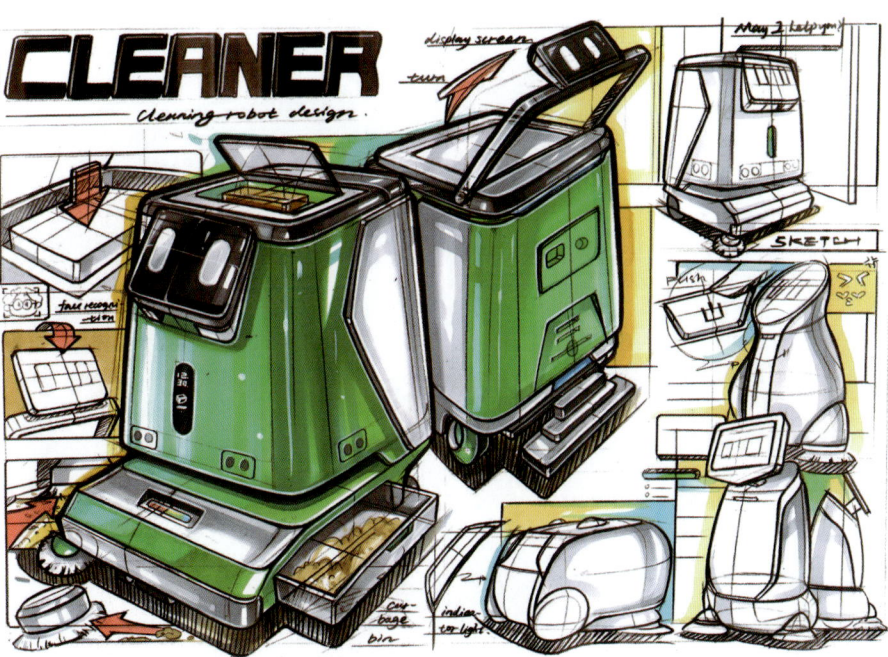

第12章 智能交互产品表达（偏硬件）

12_8 Smart Vehicles
智能交通工具

  智能交通工具是以信息技术、传感器技术和自动驾驶技术为支撑，能够提供智能、环保的驾驶、导航和乘坐体验的交通工具，既包含最常见的汽车，也涵盖了平衡车、飞行器等。以自动驾驶汽车为例，它搭载的高精度传感器和先进的人工智能算法，能够实现车辆的自主导航、避障以及交通状况预测，从而显著提升行车的安全性和效率。再如我国的高速铁路网络，凭借实时数据监控和自动调度系统，不仅提高了运营效率，还优化了乘客的出行体验。这些都是已经落地的智能交通工具实例。在智能交通工具设计与手绘表达中，我们应持续关注新技术带来的潜在变革，为交通工具赋予更加高效、安全和用户友好的新功能。

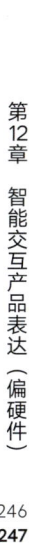

Hond

这是一款智能野营无人车,具备冷藏功能,还能搬运物品,在野营中能够充分解放用户双手。它支持语音对话,互动便捷。无论是居家周边游还是长途旅行,它都是人们的得力伙伴,能为野营生活增添无限乐趣与便利。

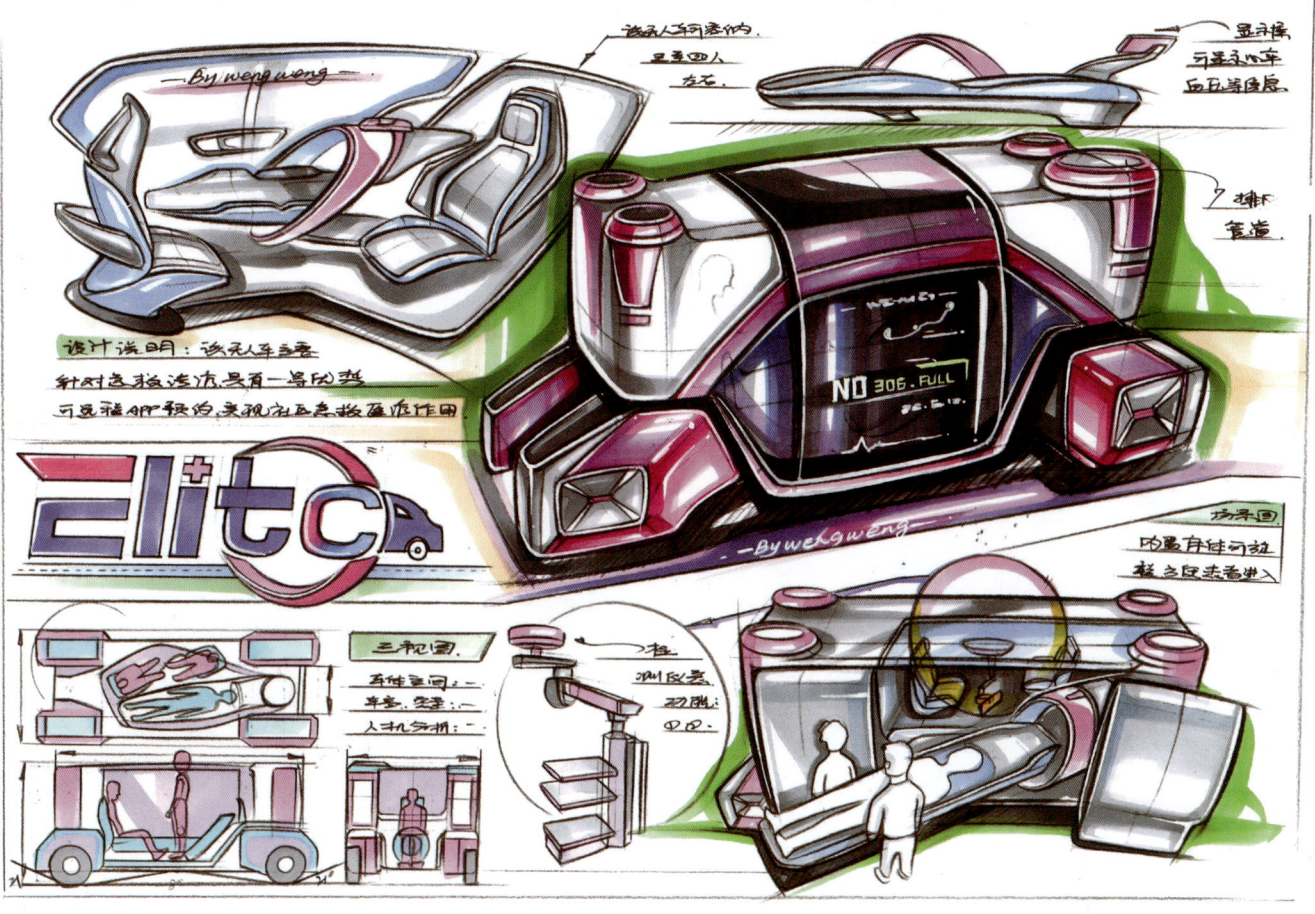

Elitc

这款社区医疗无人车是守护健康的贴心卫士。紧急时刻,它能够迅速响应医疗需求。车内配备旋转躺椅,使病人的安置更加轻松便捷。这款产品能为社区医疗救援提供高效、可靠的支持,为居民健康保驾护航。

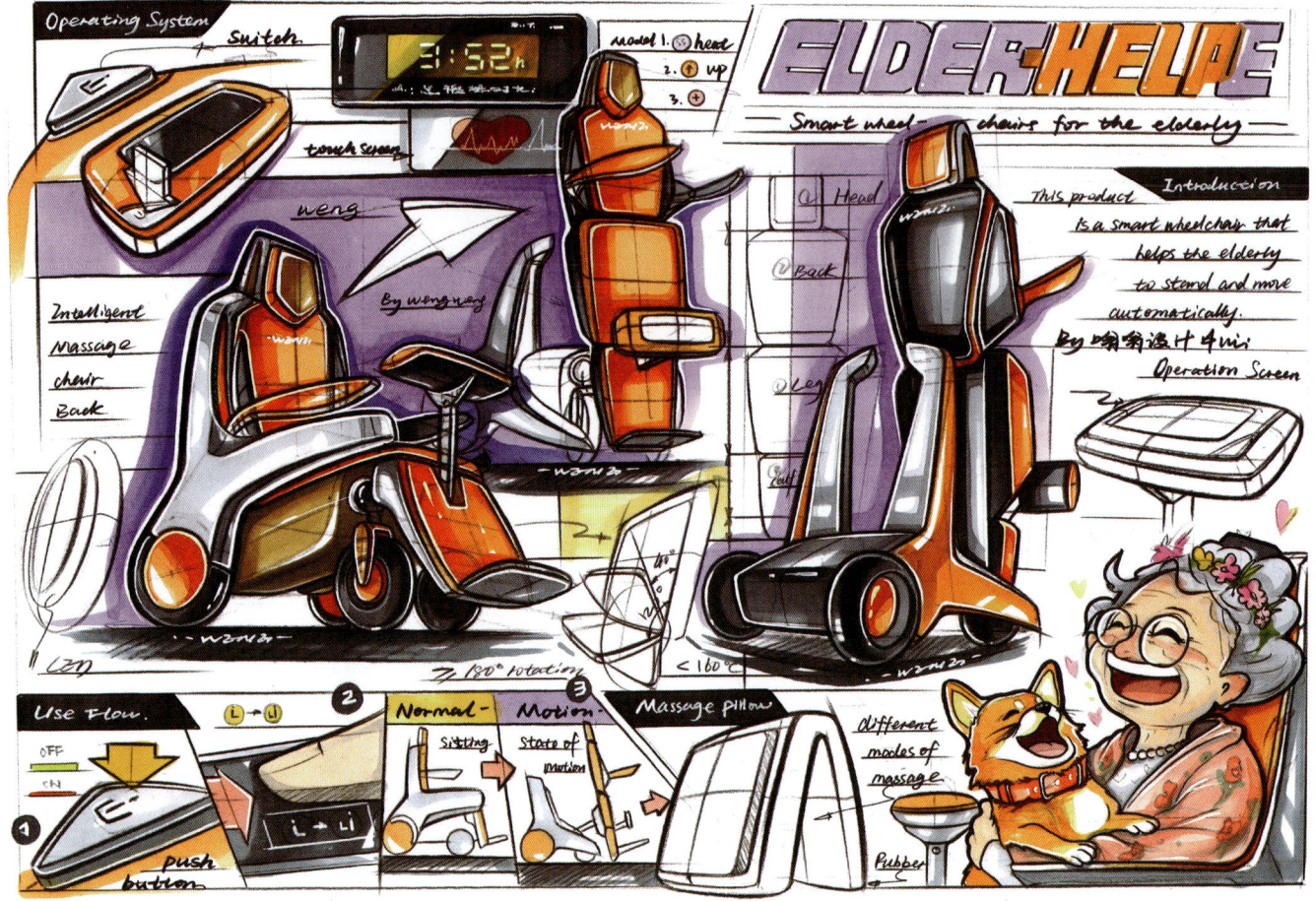

ELDER-HELP E

这款轮椅为老年人贴心打造,当用户准备坐下时,智能坐垫会提供支撑力,缓慢下降,极大降低坐空、摔倒风险,安全又舒适。其设计兼顾实用性与便捷性,外观简洁大方,操作方便,能为老年人的出行提供稳定的保障,是提升老年人生活品质、助力老年人自在出行的可靠伙伴。

海洋清洁卫士

这是一款海空两用的海洋清洁机器人,它能高效清理海洋中的藻类与垃圾,还可翱翔天际,全方位监测海洋环境。它采用太阳能充电,环保且节能。

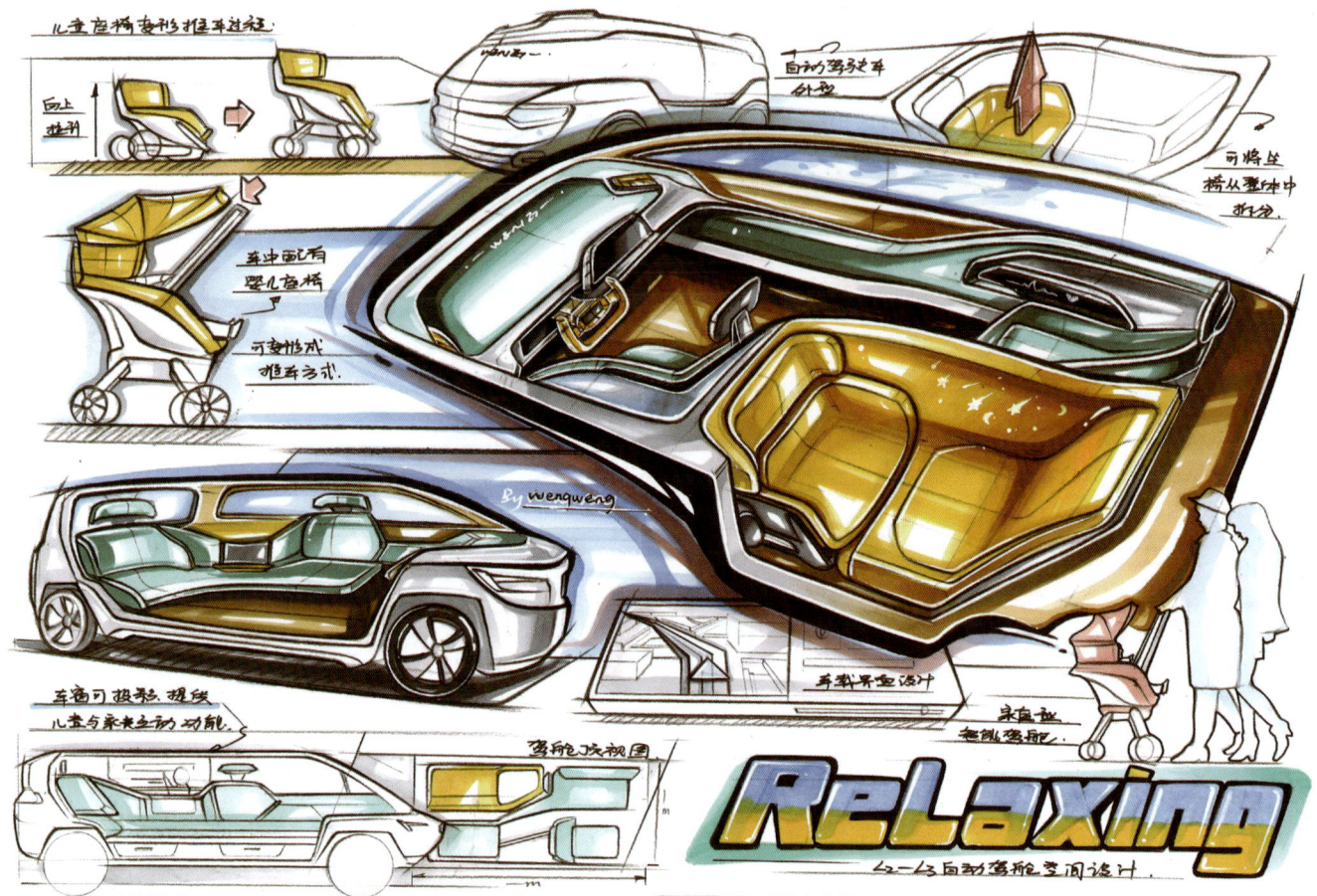

Relaxing

这是一款为家庭出行量身定制的自动驾驶汽车。车内座椅可抽出并变形为婴儿推车，无缝衔接家庭出行的不同场景。此产品空间设计灵活，内饰温馨，从车内到车外全方位满足家庭出行需求，开启便捷舒适的出行新体验。

BW-WHALE

这是一款鲸鱼仿生海洋探测器。凭借先进的技术，它能够精准探测水下地形与生物，为海洋科研提供珍贵数据。它巧妙模拟鲸鱼的形态，能灵活穿梭于海底，高效、隐蔽，能减少对海洋生态的干扰，是探索神秘海底世界的理想伙伴。

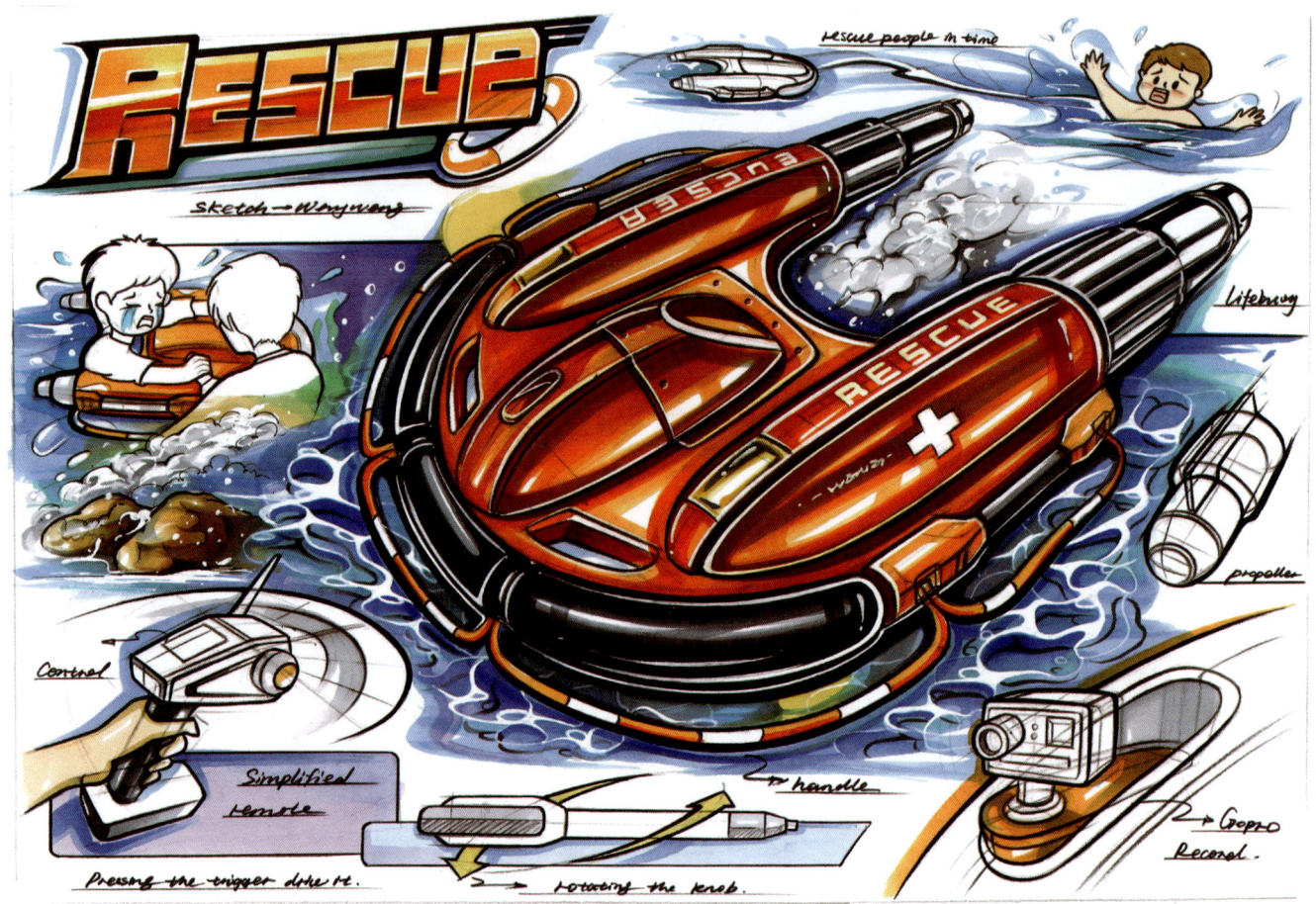

RESCUE

这是一款水上救援设备,配备摄像头,可精准定位落水者。发现落水者后,设备会自动靠近并迅速开展救援,将落水者带回岸上。设备也支持手柄远程控制方向,操作灵活。

易Easy-g

这是一款专为老年人便捷生活打造的轮椅。它可以使用操作手柄进行遥控,使用户行动更自主。其贴心设计能让老年人的出行等日常活动更加轻松、安全。

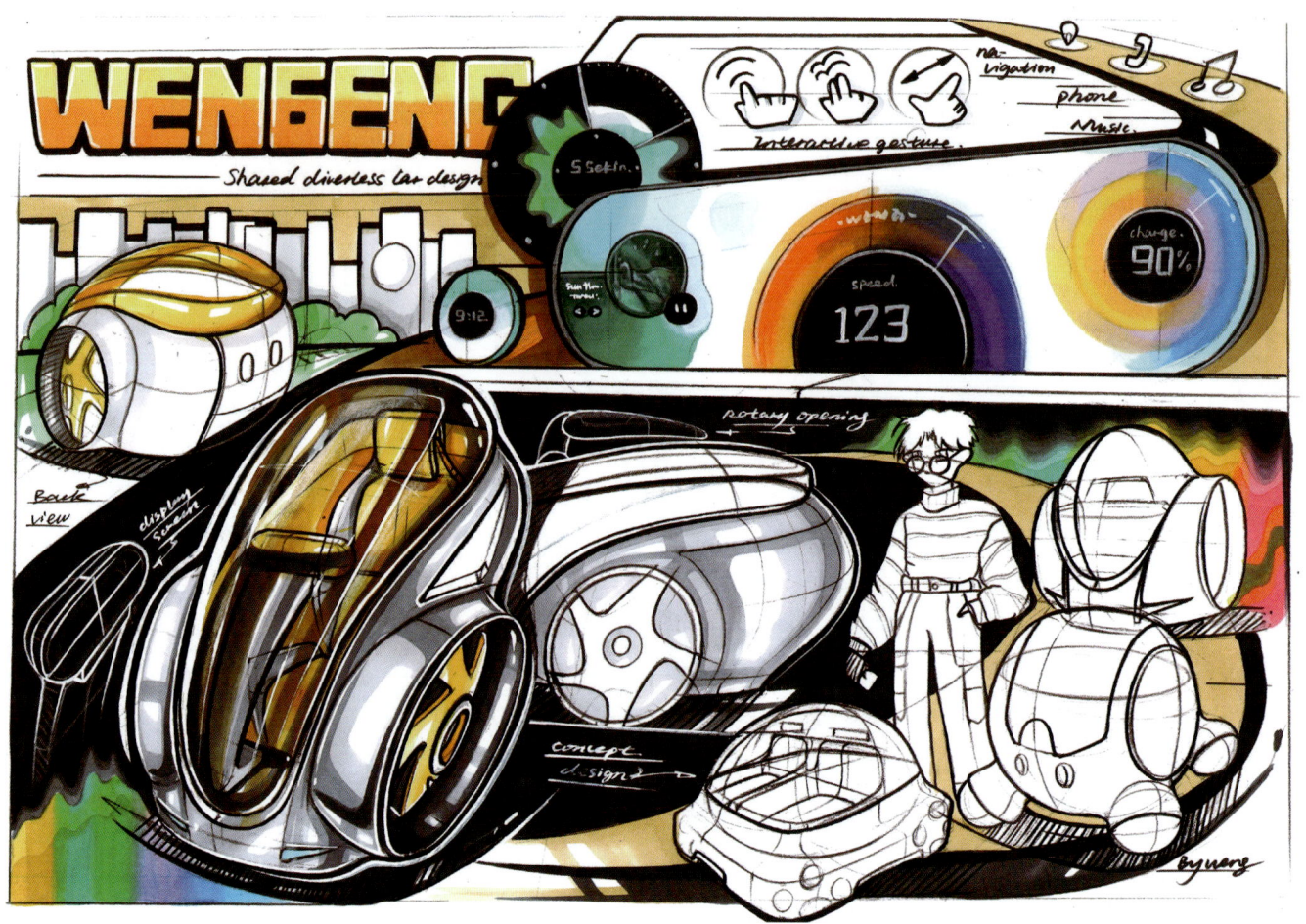

WENGENG

这是一款单人代步工具,外部造型可爱、圆润,内部设置封闭式座舱,为用户打造专属的私密空间。它的驾驶操作便捷,能灵活穿梭于城市街巷,为用户带来舒适、有趣的代步体验,开启便捷出行新时代。

Racing

这款无人车能够安全、便捷地将搭乘它的用户带到目的地,内部设有智能显示屏,可清晰地向用户展示当前的车辆行驶数据。

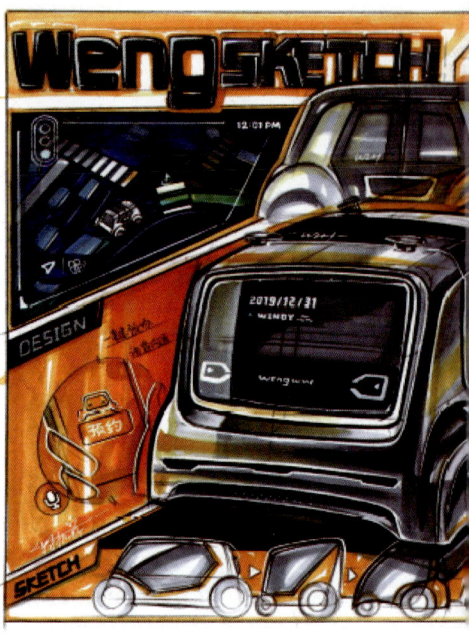
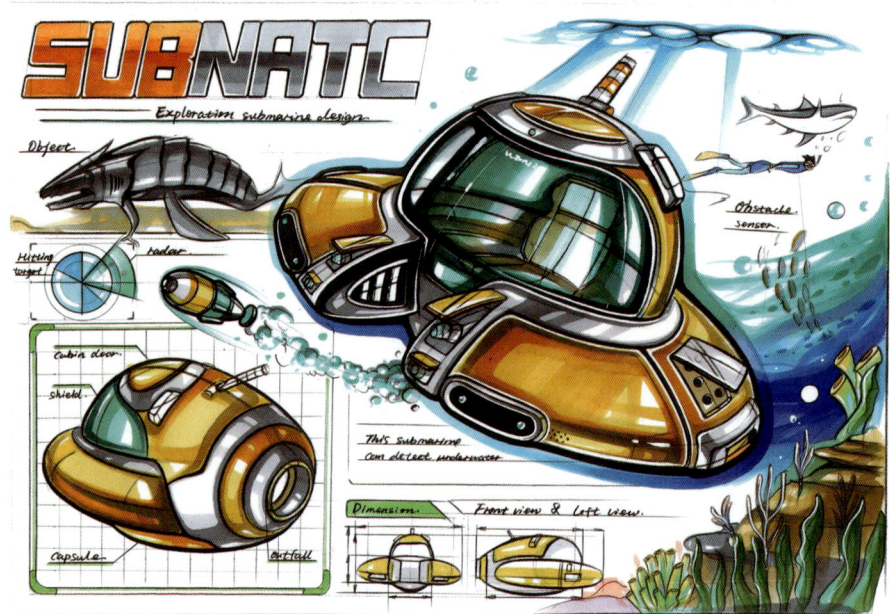

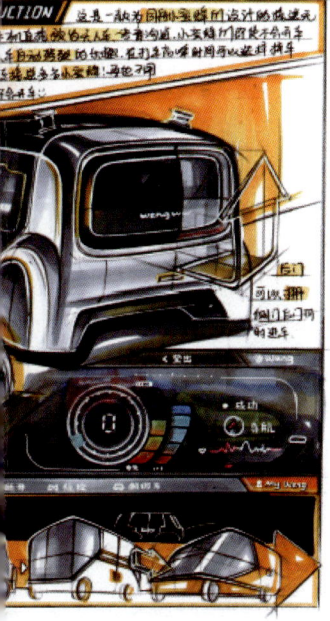
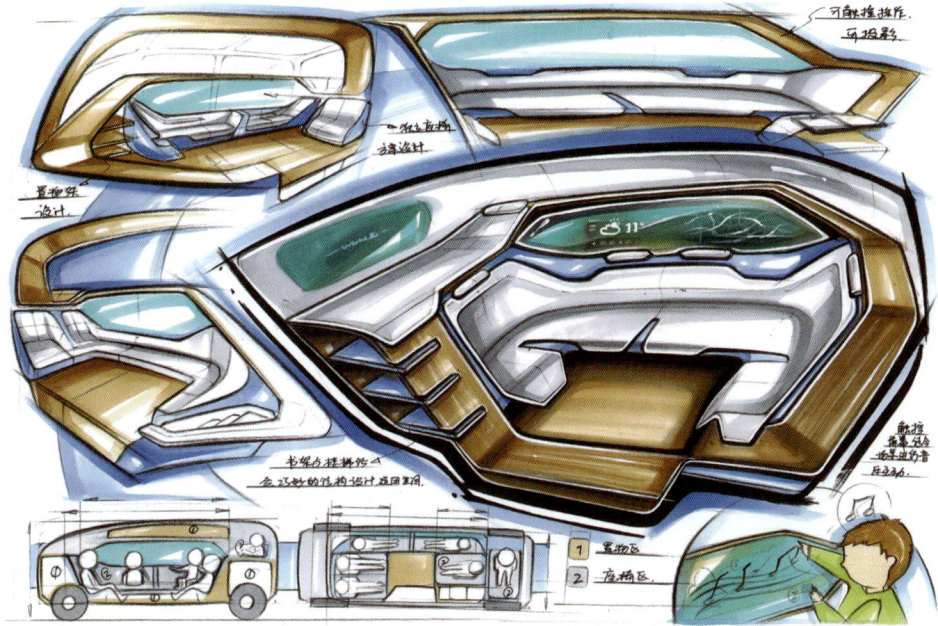

图书在版编目（CIP）数据

智能交互产品设计手绘：带你从0到1快速入门 / 翁振环, 张织璇, 李昕著. -- 上海：同济大学出版社, 2025.7. -- ISBN 978-7-5765-1692-0

Ⅰ. TB472-39

中国国家版本馆 CIP 数据核字第 2025XW2475 号

出版人　金英伟
责任编辑　晁艳
助理编辑　陈瑾霄
责任校对　徐逢乔
装帧设计　付超
版次　2025 年 7 月第 1 版
印次　2025 年 7 月第 1 次印刷
印刷　上海安枫印务有限公司
开本　889mm×1194mm　1/20
印张　13
字数　291 000
书号　ISBN 978-7-5765-1692-0
定价　128.00 元
出版发行　同济大学出版社
地址　上海市四平路 1239 号
邮政编码　200092
网址　http://www.tongjipress.com.cn
本书若有印装质量问题，请向本社发行部调换
版权所有 侵权必究

Design Sketching
of Smart Interactive Products
Guide You from 0 to 1 for a Quick Start

Weng Zhenhuan／Zhang Zhixuan／Li Xin
翁振环／张织璇／李昕　著

智能交互
产品设计手绘

带你从0到1快速入门